宁夏生态文明建设研究中心（智库）项目［宁教工委办（2018）12 号］
宁夏高等学校一流学科建设（生态学）资助项目（NXYLXK2017B06）
第三批宁夏青年科技人才托举工程项目（TJGC2018068）
宁夏重点研发计划项目（2021BEG02005）
联合资助

荒漠草原猪毛蒿生态适应性研究

陈　林　宋乃平　著

U0787529

中国环境出版集团・北京

图书在版编目（CIP）数据

荒漠草原猪毛蒿生态适应性研究/陈林，宋乃平著.
—北京：中国环境出版集团，2022.7
ISBN 978-7-5111-5137-7

Ⅰ.①荒… Ⅱ.①陈…②宋… Ⅲ.①蒿属－研究
Ⅳ.①Q949.783.5

中国版本图书馆 CIP 数据核字（2022）第 072285 号

出 版 人　武德凯
责任编辑　李恩军
责任校对　薄军霞
封面设计　岳　帅

出版发行　中国环境出版集团
（100062　北京市东城区广渠门内大街 16 号）
网　　址：http://www.cesp.com.cn
电子邮箱：bjgl@cesp.com.cn
联系电话：010-67112765（编辑管理部）
发行热线：010-67125803，010-67113405（传真）
印　　刷　北京中献拓方科技发展有限公司
经　　销　各地新华书店
版　　次　2022 年 7 月第 1 版
印　　次　2022 年 7 月第 1 次印刷
开　　本　787×1092　1/16
印　　张　20.5
字　　数　420 千字
定　　价　85.00 元

【版权所有。未经许可，请勿翻印、转载，违者必究。】
如有缺页、破损、倒装等印装质量问题，请寄回本集团更换

中国环境出版集团郑重承诺：
中国环境出版集团合作的印刷单位、材料单位均具有中国环境标志产品认证。

著者名单

ZHUZHEMINGDAN

主　著：陈　林　宋乃平

参　著：苏　莹　李月飞

前 言
QIANYAN

荒漠草原处于半干旱区与干旱区的边缘地带，是亚洲中部特有的、旱生性最强的草原类型，是草原向荒漠过渡的一种十分脆弱的草原生态系统，荒漠草原一直是生态、地理、环境和经济学者们关注并研究的热点区域。近些年，随着封育禁牧、退耕还林还草、生态移民等政策的实施，宁夏回族自治区的生态环境得到明显改善，植被覆盖度显著提高。但由于对草地生态系统的结构和功能缺乏了解，不重视草地资源的科学管理与合理利用，宁夏回族自治区中部盐池县荒漠草原多达 25%的草场以猪毛蒿为优势种。猪毛蒿为菊科蒿属植物，因具有较强的适应恶劣环境的能力而成为主要先锋物种和优势建群物种，单个样地覆盖度可达 50%，其含有挥发性物质，气味浓并带有苦味，适口性差，其他植物生长受到很大抑制，导致草地利用率低，猪毛蒿是影响荒漠草原恢复初期稳定性和群落进一步演替的关键物种。猪毛蒿对荒漠草原的适应性是研究其单优群落形成机制、荒漠草原植被恢复机制的关键性问题。

本书以分布在宁夏中部荒漠草原的猪毛蒿为研究对象，在对国内外相关研究态势与热点的基础上，通过野外调查、模拟试验、定期监测和室内分析，采用生态学、植物学、地理学、代谢组学等多种学科的研究方法，分别从种间关系（植物群落组成及生态位特征及其种间化感作用）和种内特征（分布格局、数量特征、动态变化、水分利用特征、繁殖特征、光合特征、代谢特征等）研究和分析了猪毛蒿个体、种群和群落之间的生态适应对策，以期为荒漠草原植被重建、评价和管理提供科学依据。

本研究承蒙宁夏生态文明建设研究中心（智库）项目［宁教工委办（2018）12 号］、宁夏高等学校一流学科建设（生态学）资助项目（NXYLXK2017B06）、第三批宁夏青年科技人才托举工程项目（TJGC2018068）、宁夏重点研发计划项目（2021BEG02005）联合资助，特致谢意。

由于生态适应性是植物经过漫长的历史进化而来，受到的影响因素较多且交互作用强烈，因此正如本书所述，目前尚存具有争议性的观点和未探明的机制机理，加之作者水平有限，书中可能存在疏漏之处，望各位专家、学者提出宝贵意见。也希望本书能够起到抛砖引玉的作用，为生态学、草学和植物学等方面的研究者提供帮助和启发。

陈　林　宋乃平

2022 年 5 月 9 日

目录

MULU

第一篇 相关研究进展

DIYIPIAN XIANGGUAN YANJIU JINZHAN

第1章 荒漠草原的研究态势与热点

全球草地面积为 3.50×10^9～5.25×10^9 hm^2，覆盖了26.0%～40.5%的陆地面积（White et al.，2000；沈海花等，2016），是陆地上分布最广的生态系统类型之一（马文红等，2008），占干旱-半干旱区总面积的88%，养育了世界25%的人口（白永飞等，2020）。草地不仅提供饲草饲料支撑畜牧业生产，在防风固沙、水土保持、水源涵养以及生物多样性保护中也扮演着重要角色（沈海花等，2016），并对全球碳循环和气候调节起着重要作用（Scurlock et al.，2002）。

我国草地主要分布在干旱与半干旱地区（Bai et al.，2004），从东北平原经内蒙古高原、鄂尔多斯高原、黄土高原直达青藏高原的南缘，绵延4 500多km，南北跨越23个纬度，是欧亚中高纬度草地生态系统的重要组成部分（陈佐忠和汪诗平，2000）。其中天然草地总面积为 4.0×10^8 hm^2，占国土总面积的41.7%，是耕地面积的3.2倍、森林面积的2.5倍（杜青林，2006）。北方草地总面积约 3.0×10^8 hm^2（李博，1997），是我国重要的绿色生态屏障，也是黄河、长江、澜沧江、滦河等江河的发源地和水源涵养区，对保障我国粮食安全、生态保护、提升生态系统服务和生态系统稳定性具有极其重要的作用（白永飞等，2020；方精云等，2016）。

荒漠草原是草原的重要组成部分，面积占草地总面积的8.1%（沈海花等，2016），地处草原向荒漠的过渡带，荒漠草原的物种多样性和潜在生产力最低（马文红等，2006；沈海花等，2016），被认为是草原的极限状态。根据中国草地分类系统，我国荒漠草原主要分布于温性草原和高寒草原类型中。其中温性荒漠草原集中分布在内蒙古中西部、宁夏中北部，零星分布在甘肃西部和新疆全境，高寒荒漠草原则主要分布在西藏北部、青海东部。荒漠草原生态系统脆弱，无论是植物生长还是土壤生态学过程，都受到水分条件的限制，其生产力具有很大的季节和年际变化（Sui et al.，2013），因此气候变化对荒漠草原生态系统的影响尤为重要（Yang et al.，2013；吕晓敏等，2014）。

文献计量学是图书情报学的分支学科（Chiu et al.，2007），借助文献各种特征的数据，采用数学与统计学的方法来描述、评价和预测科学技术或研究领域的现状与发展趋势，可以测度科学规模和科学生产力等方面的差异（蒋颖，2006），已在多个领域得到了很好的应用（童泽宇等，2019；闫金定，2014；杨俏俏等，2018；张开梅等，2019；张宗勇等，2020），因其客观性、使用广泛性、宏观性以及定量化研究等优势，已经成为国内外学者青睐的文献分析方法和期刊特定信息获取途径（张俊等，2020）。

目前，关于荒漠草原的研究，国内外发表了大量的科技文献，但尚未有应用文献计量学的方法来全面分析我国荒漠草原研究态势和热点的报告。因此，本书以 Web of Science①核心合集中的 Science Citation Index Expanded（SCI-E）数据库和中国知网（CNKI）为数据源，检索了 1985—2020 年有关荒漠草原发表的研究论文，并对其进行了文献计量分析，以期揭示 35 年来有关荒漠草原的研究领域及其发展态势，旨在推动相关学者在荒漠草原进行深入研究，为荒漠草原的恢复和发展提供参考。

1.1 研究方法

1.1.1 数据来源

科学论文是科学研究成果最主要的载体之一，因其时效性、专业性等特点及时全面反映了各个学科的前言与进展，是最具普遍意义的科学产出形式（闫金定，

① 是美国汤姆森科技信息集团基于 Web 开发的科学引文索引数据库。

2014）和研究视角（Newman，2001）。中国知网数据库是收录文献数量最多、学科覆盖面最全的中文数据库（孙雨生等，2014）。本书以“荒漠草原”为主题精确检索中文文献，检索时间跨度设置为1985—2020年，文献类型为：学术期刊和学位论文。逐条对检索结果进行检查，取消无效或重复类的记录，共检索文献3 147篇，其中期刊发表量为2 351篇、博士学位论文发表量为188篇，硕士学位论文发表量为608篇。

美国科学信息研究所的科学引文索引扩展版（SCIE）数据库收录了世界各学科领域内最优秀的科技期刊，其收录引文能及时反映科学前沿的发展动态（杨俏俏等，2018）。Web of Science 核心合集中的 Science Citation Index Expanded（SCI-E）数据库（WoS），采用高级检索方式（TS="desert steppe"，AND ALL= China）对1985—2020年发表的研究论文进行检索，文献类型为：Articles，Proceedings Papers，Reviews，共检索出504篇。

以上数据的检索时间为2021年2月3日。经细致筛选后，将CNKI和WoS数据库中所获得研究成果的题目、作者、关键词、出版期刊、研究机构、被引用次数、机构发文量等信息为数据源进行相关分析。

1.1.2 数据分析与制图

VOSviewer软件是荷兰莱顿大学Eck等（2010）基于VOS可视化技术，专门开发的一款分析文献知识单元的可视化工具（Eck et al.，2010）。其突出的优点是图形展示能力强，非常适合分析大规模样本数据（闫纪红等，2020）。可绘制作者及其合作关系、关键词（本书采用作者写明的关键词）共现网络可视图。

共词分析是用来统计一对关键词同时出现在一篇文献中的次数，用于反映词组之间的关联程度。BibExcel软件是一款用于数据清洗与文献计量的软件，具有强大的知识单元共现分析能力（姜春林等，2010）。本书将研究机构及其合作关系提取重新得到共现次数和关系矩阵，后采用VOSviewer绘制共现网络图。

年度发文量、高被引论文、高发文量作者、高发文量期刊等统计和绘图均在Excel 2019中进行。

1.2 结果

1.2.1 发文量分析

1985—2020 年，中国知网围绕中国荒漠草原共发表论文 3 651 篇，年均发表论文 101.42 篇。其中，中文论文 3 147 篇，SCI 收录论文 504 篇，如图 1-1 所示。2000 年前，发文量相对较少，其中检索到的 SCI 仅收录了 5 篇，年均发表 22.81 篇，呈缓慢增长的趋势。2000 年后，中国知网发文量开始大幅增加，年均发表论文 164.40 篇，虽然 2017—2018 年中文论文相对较少（发文量分别为 229 篇和 225 篇），但总体呈上升趋势；这一期间 SCI 收录的论文数据是逐年递增的，2019—2020 年有较大的增幅，年平均 SCI 收录论文 71 篇，如图 1-2 所示。

图 1-1 主题为荒漠草原的中、英文论文发表量

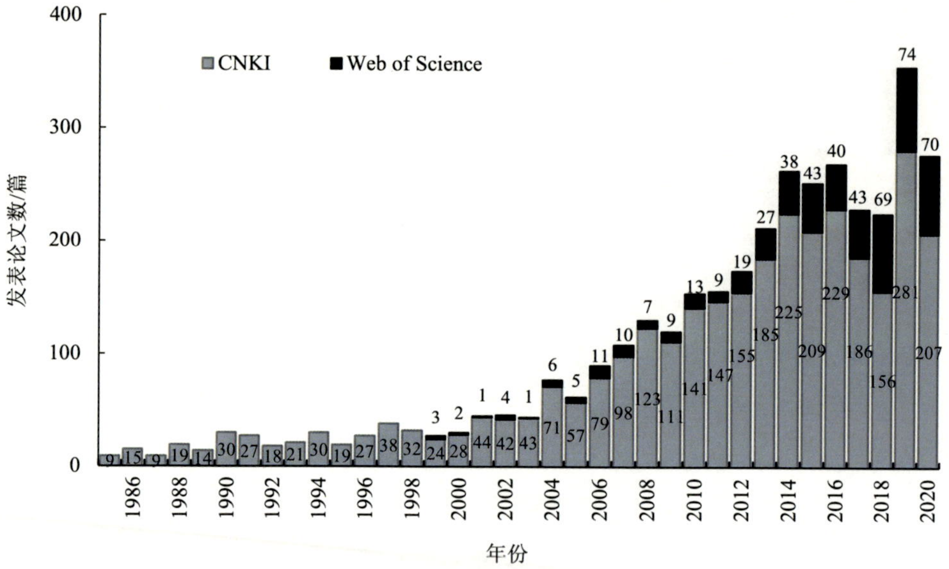

图 1-2　荒漠草原的中、英文论文年发表量

1.2.2　发文来源分析

3 147 篇中文论文来源于 451 种期刊和大学，出版量前 10 位的期刊和大学发文量之和为 1 038 篇，占中文论文总数的 32.98%。出版论文数量较多的大学是内蒙古农业大学（203 篇），其次是宁夏大学（89 篇）和内蒙古大学（88 篇），三所单位合计中文论文发文量占中文论文总数的 12.07%。期刊发表中文量较多的是《中国草地学报》《生态学报》和《草原与草业》，占中文论文总数的 10.55%，要高于其他期刊的刊出量，是荒漠草原研究成果的重要载体。

504 篇英文论文刊出在 189 种期刊。前 10 位的期刊发文量之和为 128 篇，占英文论文总数的 25.40%。在专业性较强的 *Rangeland Journal* 和综合性期刊 *PLoS One* 发文量相对较多，见表 1-1。

表 1-1 主题为荒漠草原的中、英文论文发表量前 10 位来源及其类型

序号	来源	中文论文数量/篇	占中文论文总数比例/%	类型	序号	来源	英文论文数量/篇	占英文论文总数比例/%	类型
1	内蒙古农业大学	203	6.45	硕/博士毕业论文	1	*Rangeland Journal*	21	4.17	期刊论文
2	中国草地学报	134	4.26	期刊论文	2	*PLoS One*	18	3.57	期刊论文
3	生态学报	101	3.21	期刊论文	3	*Remote Sensing*	14	2.78	期刊论文
4	草原与草业	97	3.08	期刊论文	4	*Journal of Arid Land*	12	2.38	期刊论文
5	宁夏大学	89	2.83	硕/博士毕业论文	5	*Ecological Indicators*	11	2.18	期刊论文
6	内蒙古大学	88	2.80	硕/博士毕业论文	6	*Paleogeogr Paleoclimatol Paleoecol*	11	2.18	期刊论文
7	畜牧与饲料科学	88	2.80	期刊论文	7	*Ecological Engineering*	11	2.18	期刊论文
8	草业科学	87	2.76	期刊论文	8	*Chinese Science Bulletin*	10	1.98	期刊论文
9	干旱区资源与环境	76	2.41	期刊论文	9	*Sustainability*	10	1.98	期刊论文
10	草业学报	75	2.38	期刊论文	10	*Ecology and Evolution*	10	1.98	期刊论文

1.2.3 发文被引分析

从被引频次来看，3 651 篇论文共被引频次为 50 793 次，篇均被引频次为 13.91 次。其中，中文论文共被引频次为 40 896 次，篇均被引频次为 13.00 次；英文论文共被引频次为 9 897 次，篇均被引频次 19.64 次。中文论文被引频次最高的是谢高地等于 2001 年在《自然资源学报》上发表的“中国自然草地生态系统服务价值”，被引频次高达 1 571 次；而英文论文被引频次最高的是 Cao et al. 2009

年在 *Journal of Applied Ecology* 上发表的“Impact of China’s Grain for Green Project on the landscape of vulnerable arid and semi-arid agricultural regions：a case study in northern Shaanxi Province”，被引频次为 246 次。中、英文论文被引频次前 10 位的论文发表时间最早的是张新时院士于 1994 年发表在《植物生态学报》上的“毛乌素沙地的生态背景及其草地建设的原则与优化模式”；最迟的是 Zhou et al. 2017 年发表在 *Global Change Biology* 上“Grazing intensity significantly affects belowground carbon and nitrogen cycling in grassland ecosystems：a meta-analysis”。可以看出，基于实际调查的评价方法和理论创新研究一直备受关注；而近些年利用大数据的方法开展相关领域研究得到了众多学者的认可，见表 1-2。

1.2.4 主要作者及其合作关系

3 147 篇中文论文共有 4 770 名作者参与，篇均作者为 1.52 名；504 篇英文论文共有 2 110 名作者参与，篇均作者为 4.19 名。

发表论文最多的作者是内蒙古农业大学草原与资源环境学院的韩国栋，共发文 149 篇，其中中文论文 123 篇，占中文发文量的 3.91%；英文论文 26 篇，占英文发文量的 5.16%，见表 1-3。其次是宁夏大学西北退化生态系统恢复与重建教育部重点实验室的宋乃平，共发文 80 篇，其中发表中文论文 74 篇，占中文发文量的 2.35%；发表英文论文 6 篇，占英文发文量的 1.19%。

由作者合作关系网络图可以看出（图 1-3），作者间的合作发文离散程度较高，合作发文以同一单位的研究团队为主，不同单位、不同团队交流合作较少，甚至出现了同一单位不同团队间的完全离散。其中，韩国栋和周广胜位于英文论文作者合作网络密集区域的中心；韩国栋、宋乃平和卫智军则位于中文论文作者合作网络密集区域的中心。

表 1-2 主题为荒漠草原的中、英文论文中被引频次前 10 位的论文

序号	题目（中文）	作者	期刊名称	发表年份	被引频次	序号	题目（英文）	作者	期刊名称	发表年份	被引频次
1	中国自然草地生态系统服务价值	谢高地，张钇锂，鲁春霞，郑度，成升魁	自然资源学报	2001	1 571	1	Impact of China's Grain for Green Project on the landscape of vulnerable arid and semi-arid agricultural regions：a case study in northern Shaanxi Province	Cao Shixiong，Chen Li，Yu Xinxiao	*Journal of Applied Ecology*	2009	246
2	中国草地生态系统服务功能间接价值评价	赵同谦，欧阳志云，贾良清，郑华	生态学报	2004	675	2	Phylogeography of the Qinghai-Tibetan Plateau endemic Juniperus przewalskii（Cupressaceae）inferred from chloroplast DNA sequence variation	Zhang Qian，Chiang Tzenyuh，George Miehe，Liu Jianquan，Abbott Richard	*Molecular Ecology*	2005	209
3	毛乌素沙地的生态背景及其草地建设的原则与优化模式	张新时	植物生态学报	1994	421	3	Response of seasonal vegetation development to climatic variations in eastern central Asia	Yu Fangfang，Price Kevin，Ellis James，Shi Peijun	*Remote Sensing of Environment*	2003	202
4	1982—2003 年内蒙古植被带和植被覆盖度的时空变化	陈效逑，王恒	地理学报	2009	336	4	Changes in soil properties and vegetation following exclosure and grazing in degraded Alxa Desert steppe of Inner Mongolia，China	Pei Shifang，Fu Hua，Wan Changgui	*Agriculture Ecosystems & Environment*	2008	164

序号	题目（中文）	作者	期刊名称	发表年份	被引频次	序号	题目（英文）	作者	期刊名称	发表年份	被引频次
5	内蒙古草原退化与恢复演替机理的探讨	刘钟龄，王炜，郝敦元，梁存柱	干旱区资源与环境	2002	317	5	Holocene vegetation and climate history at Hurleg Lake in the Qaidam Basin，northwest China	Zhao Yan，Yu Zicheng，Chen Fahu，Ito Emi，Zhao Cheng	*Review of Palaeobotany and Palynology*	2007	151
6	中国东北样带草地群落放牧干扰植物多样性的变化	杨利民，韩梅，李建东	植物生态学报	2001	231	6	Grazing alters ecosystem functioning and C：N：P stoichiometry of grasslands along a regional precipitation gradient	Bai Yongfei，Wu Jianguo，Clark Chris M.，Pan Qingmin，Zhang Lixia，Chen Shiping，Wang Qibing，Han Xingguo	*Journal of Applied Ecology*	2012	132
7	阿拉善主要草地类型土壤有机碳特征及其影响因素	傅华，陈亚明，王彦荣，万长贵	生态学报	2004	230	7	Holocene environmental and climatic changes inferred from Wulungu Lake in northern Xinjiang，China	Liu Xingqi，Herzschuh Ulrike，Shen Ji，Jiang Qingfen，Xiao Xiayun	*Quaternary Research*	2008	129
8	气候变化对中国北方荒漠草原植被的影响	李晓兵，陈云浩，张云霞，范一大，周涛，谢锋	地球科学进展	2002	225	8	Biomass carbon stocks and their changes in northern China's grasslands during 1982-2006	Ma Wenhong，Fang Jingyun，Yang Yuanhe，Mohammat Anwar	*Science China-Life Sciences*	2010	125

序号	题目（中文）	作者	期刊名称	发表年份	被引频次	序号	题目（英文）	作者	期刊名称	发表年份	被引频次
9	蒙古高原草原土壤微生物量碳氮特征	李香真，曲秋皓	土壤学报	2002	221	9	The evolution of dry lands in northern China and in the Republic of Mongolia since the Last Glacial Maximum	Yang Xiaoping，Rost Karl Tilman，Lehmkuhl Frank，Zhu Zhenda，Dodson John	*Quaternary International*	2004	120
10	新疆北部早春短命植物区系纲要	毛祖美，张佃民	干旱区研究	1994	216	10	Grazing intensity significantly affects belowground carbon and nitrogen cycling in grassland ecosystems：a meta-analysis	Zhou Guiyao，Zhou Xuhui，He Yanghui，Shao Junjiong，Hu Zhenhong，Liu Ruiqiang，Zhou Huimin，Hosseinibai Shahla	*Global Change Biology*	2017	118

表 1-3　荒漠草原中、英文论文发表量前 10 位的作者

序号	作者	中文论文数量/篇	占中文论文总数的比例/%	序号	作者	英文论文数量/篇	占英文论文总数的比例/%
1	韩国栋	123	3.91	1	Han Guodong	26	5.16
2	宋乃平	74	2.35	2	Zhou Guangsheng	25	4.96
3	卫智军	71	2.26	3	Wang Zhongwu	14	2.78
4	杨新国	64	2.03	4	Zhao Mengli	12	2.38
5	陈林	61	1.94	5	Chen Jiquan	12	2.38
6	赵萌莉	53	1.68	6	Zhang Xianzhou	11	2.18
7	王忠武	51	1.62	7	Wang Zhen	9	1.79
8	吕世杰	46	1.46	8	Shangguan Zhouping	9	1.79
9	王磊	31	0.99	9	Deng Lei	9	1.79
10	许冬梅	29	0.92	10	Wu Jianshuang	9	1.79

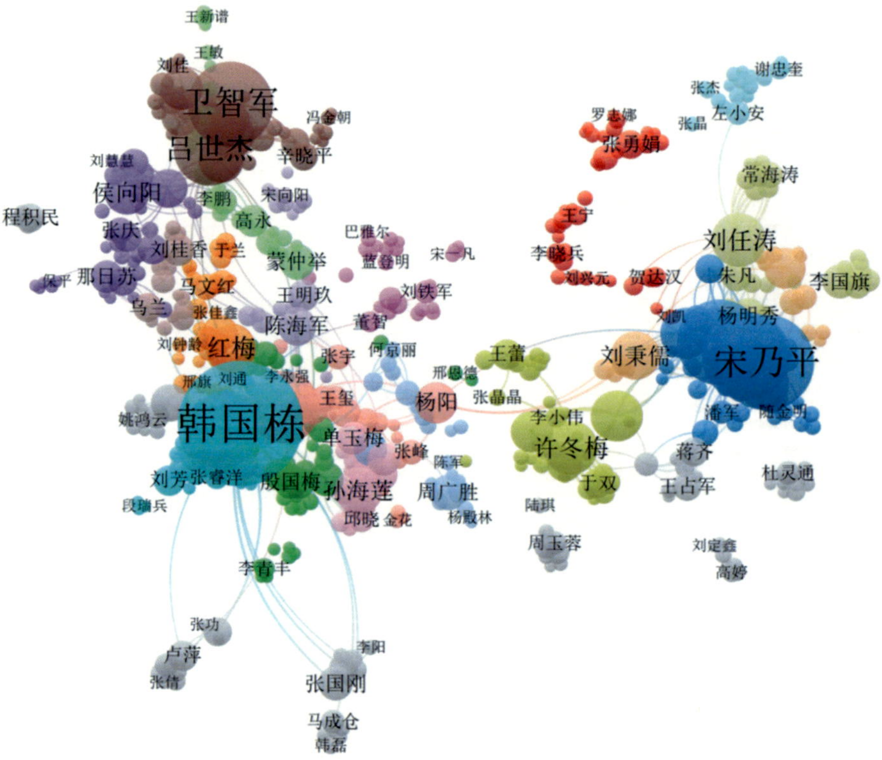

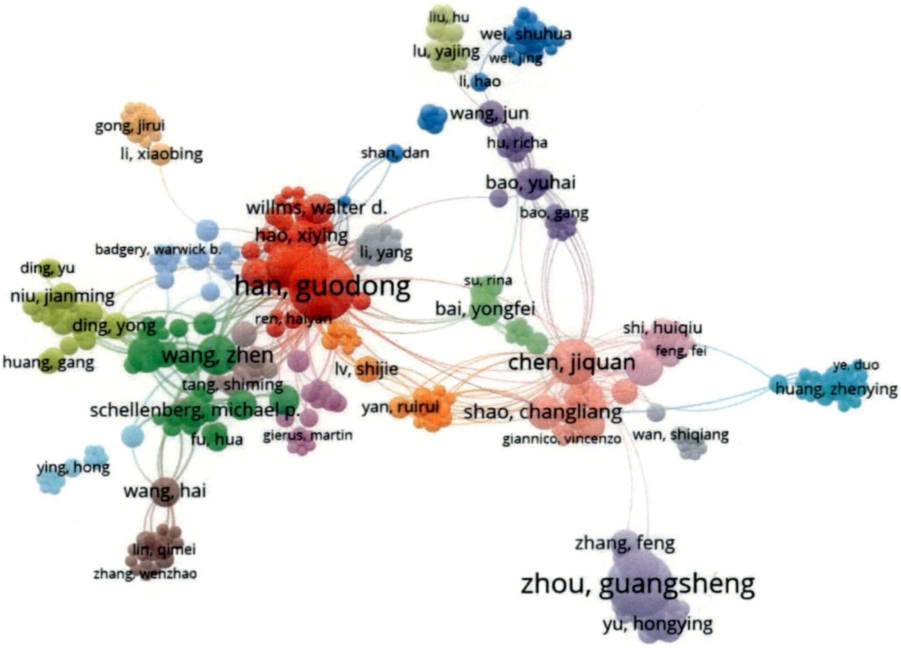

图 1-3 荒漠草原中、英文论文作者合作关系

注：每一个圆圈的大小代表这个关键字的权重，两个圆圈之间的距离表示了两个圆圈之间的合作性，如果合作性越强则距离越近，合作性越弱则距离越远。圆圈的颜色代表了各自的聚类。

1.2.5 主要研究机构及其合作关系

3 147 篇中文论文由 634 个机构发表，504 篇英文论文则由 432 个机构发表。中文发文量最多的是内蒙古农业大学，共发表 587 篇，其次是宁夏大学，发表 414 篇，两所单位合计中文发文量占中文总发文量的 31.81%。而英文论文的发表机构中，中国科学院英文总发文量最高，为 259 篇，占英文总发文量的 51.39%，从中文和英文发文量之和来看，内蒙古农业大学以 636 篇居于榜首，占发文总量的 17.42%，其次是宁夏大学和兰州大学，分别发表了 441 篇和 189 篇，分别占发文总量的 12.08%和 5.18%（表 1-4）。

表 1-4 荒漠草原中、英文论文发表量前 10 位的研究机构

序号	中文发文机构	中文论文数量/篇	占中文论文比例/%	序号	英文发文机构	英文论文数量/篇	占英文论文比例/%
1	内蒙古农业大学	587	18.65	1	Chinese Acad Sci	259	51.39
2	宁夏大学	414	13.16	2	Univ Chinese Acad Sci	91	18.06
3	内蒙古大学	157	4.99	3	Lanzhou Univ	50	9.92
4	兰州大学	139	4.42	4	Inner Mongolia Agr Univ	49	9.72
5	中国农业科学院草原研究所	110	3.50	5	Chinese Acad Agr Sci	41	8.13
6	内蒙古师范大学	93	2.96	6	Beijing Normal Univ	29	5.75
7	中国科学院植物研究所	76	2.41	7	Ningxia Univ	27	5.36
8	内蒙古农牧业科学院	64	2.03	8	Chinese Acad Meteorol Sci	26	5.16
9	新疆农业大学	58	1.84	9	Inner Mongolia Univ	25	4.96
10	甘肃农业大学	57	1.81	10	China Agr Univ	20	3.97

如图 1-4 所示，在中文论文中，与其他机构开展合作较多的是宁夏大学（西北退化生态系统恢复与重建教育部重点实验室和农学院）、其次是内蒙古农业大学生态环境学院、中国农业科学院草原研究所。中国科学院的英文发文量最高，与其他机构开展合作研究的数量也是最多的，居于研究机构合作网络密集区域的中心，主要以中国科学院植物研究所、中国科学院地理科学与资源研究所、中国科学院黄土高原土壤侵蚀与旱地农业国家重点实验室等与其他机构的合作较多；其次是内蒙古农业大学、兰州大学和中国农业科学院与相关机构的合作较为密切。国外主要以 Agriculture and Agri-Food Canada（加拿大农业与农业食品部）、Baylor University（美国贝勒大学）、Free University of Berlin（德国柏林自由大学）、Michigan State University（美国密歇根州立大学）、Mongolian Academy of Sciences（蒙古科学院）、University of California，Berkeley（美国加利福尼亚州大学伯克利分校）、University of Oklahoma（美国俄克拉荷马大学）、The University of Toledo（美国托莱多大学）、University of Western Australia（澳大利亚西澳大学）与国内

机构合作较多。

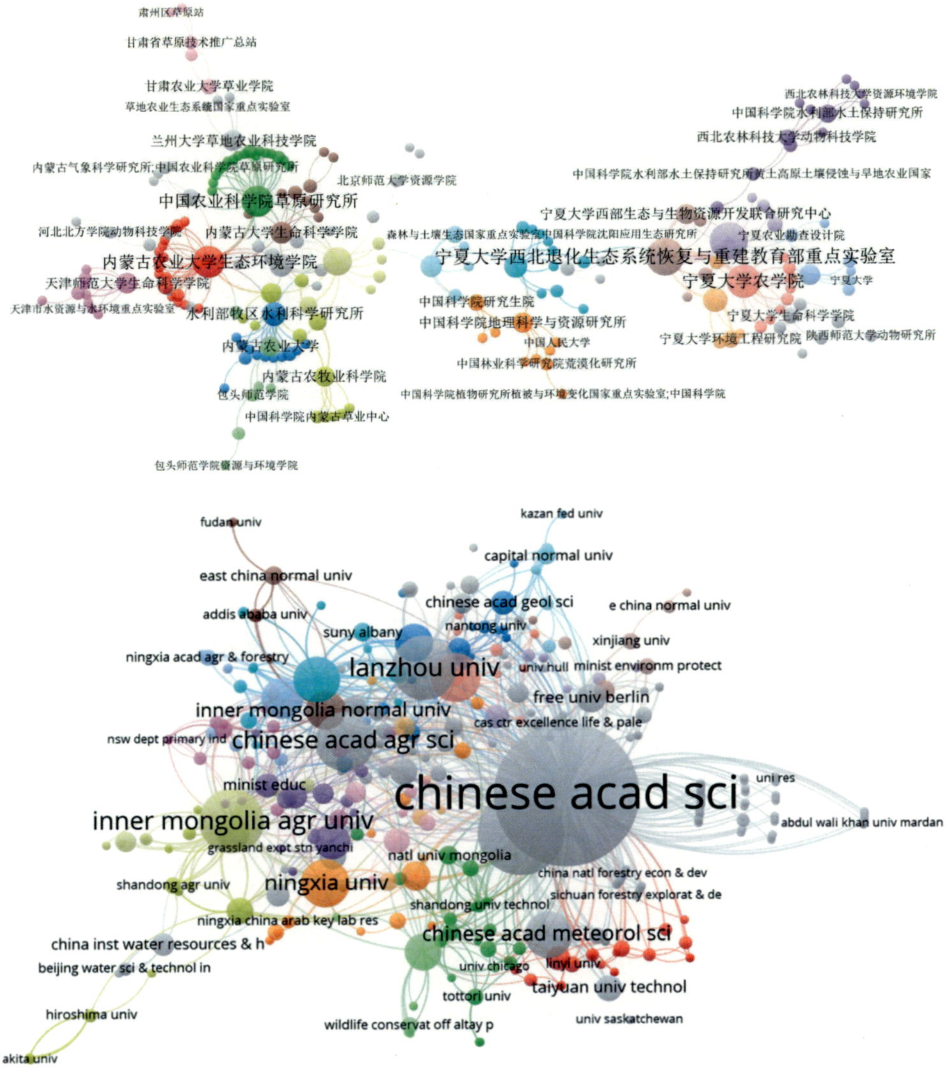

图 1-4 荒漠草原中、英文论文主要研究机构间合作关系

总体来看，中文论文研究机构的离散程度较高，多呈单线（两个机构间合作），且很少有国外机构的合作；英文论文的发文机构间合作呈现网格化，说明多机构间的合作较多，且国外机构的参与合作关系较密切。

1.2.6 关键词分析

根据关键词共现网络关系，如图 1-5 所示，中文论文中出现频次最多的前 10 个关键词分别是“荒漠草原、气候变化、生物量、放牧强度、内蒙古、载畜率、草地类型、短花针茅、群落特征、植被指数”。英文论文中出现频次最多的前 10 个关键词分别是“Desert Steppe、Climate Change、Inner Mongolia、Precipitation、Grassland、Vegetation、Grazing、Tibetan Plateau、Holocene、Pollen”。这些高频的关键词可以反映出荒漠草原的研究态势与热点领域，中、英文论文以荒漠草原为主题的研究主要集中在人类活动（主要是放牧活动）和气候变化（降雨和温度）对植被—土壤系统的影响、荒漠草原植被生产力及其影响因素、利用孢粉研究植被和环境变迁等方面，其中，中文论文研究焦点区域是内蒙古和宁夏的温性荒漠草原，而英文论文对青藏高原高寒荒漠草原的研究相对较多。

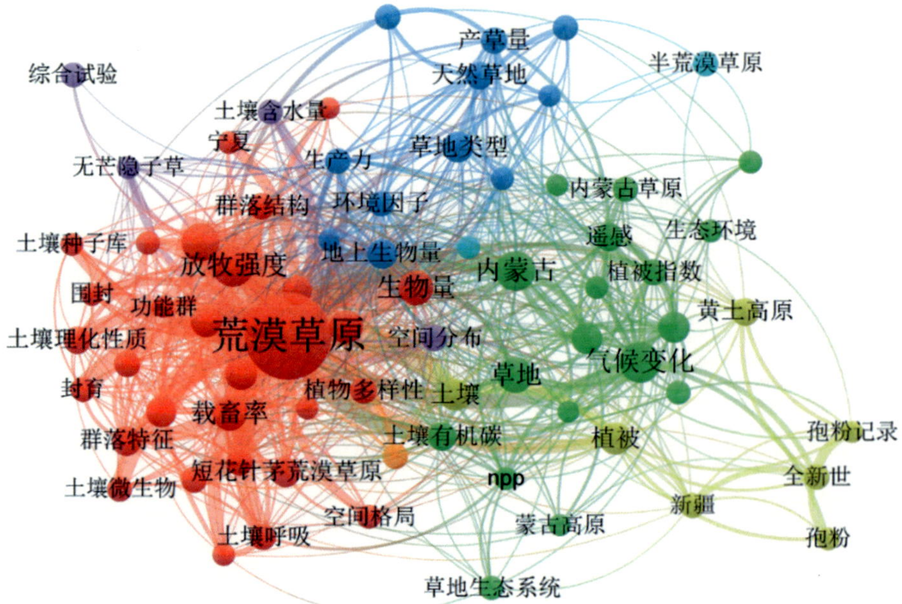

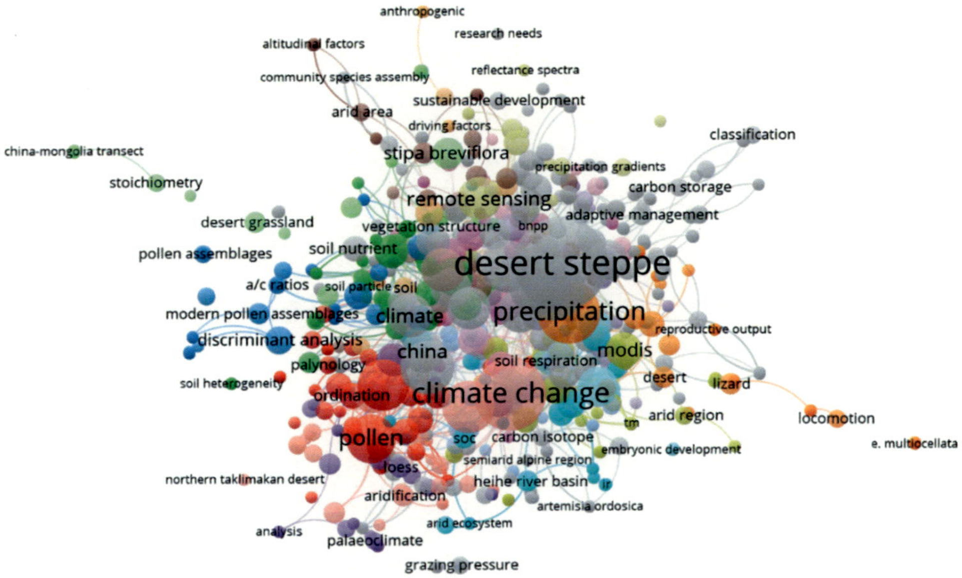

图 1-5 荒漠草原中、英文论文共现网络关键词

1.3 讨论及展望

1.3.1 论文发表量与质的变化

科研产出是科学发展的形式体现，而科研产出又可以从数量规模和学术影响方面加以测度和分析（陈晶等，2014）。以 2000 年为界，可以划分出缓慢增长（2000 年前）和快速增长（2000 年后）两个阶段，我国为有效治理退化草地，从 2000 年起实施了一系列退化草地治理工程（白永飞等，2018），如京津风沙源治理工程、退牧还草、退耕还林、草原生态保护奖励补助政策等，有关学者开始关注并持续开展相关研究。而且荒漠草原的研究主要发表在中文期刊上，中文论文的数量是英文论文的 6 倍多。以高寒和温性两大荒漠草原为主题的研究，年均论文发表量达到了 101.42 篇。

从学术影响方面来看，中文论文的被引频次偏低与发文期刊质量有关，虽然在《中国科学·生命科学》《中国科学·地球科学》《科学通报》《植物生态学报》等国内一流期刊上有相关论文，但占发文期刊总量的比重较小；而英文论文，同样在高质量、高影响力以及高认可度的一流期刊上发文较少，论文的整体质量偏低，部分成果是重复性研究，创新性成果较少。但从科技竞争的焦点来看，论文质量和影响力是以突破性、原创性、具有科学价值和实际应用价值为基础的，而不是以论文的数量来衡量。因此，增加在高质量期刊发文和高质量论文的数量和比例是提高篇均被引频次、扩大研究成果影响力的途径之一。

1.3.2 研究机构合作关系

在不同领域学科中信息资源相融、科技创新驱动、科研项目日趋复杂的大背景下，科研合作成为一种符合主流的发展趋势，促进了不同学科之间知识的流动和融合（贺超城等，2020）。现代科学已经进入大科学时代，大科学的增长不仅体现在科研规模的扩大，还体现在越来越多的来自不同研究机构间科学合作关系的建立（Chompalov et al.，1999）。通过科学合作可以提高研究的质量，这也是加快知识传播的一种重要方式。在信息时代，随着交流方式的改变，研究机构之间有了逐渐频繁的科研合作。从主要作者及其合作关系网络图（图 1-3）可以发现，代表性高产学者发挥了“领头羊”作用，其学术成就和科研队伍对荒漠草原研究贡献较大，也为青年骨干的快速成长和培养年轻研究人员提供了良好的条件，产生了“滚雪球”效应。

从图 1-4 可以看出，中文论文机构合作网络的内蒙古农业大学和宁夏大学，英文论文中的中国科学院、内蒙古农业大学、兰州大学、中国农业科学院、宁夏大学和中国大气科学研究所等具有中心性，均在网络中起到核心作用。在荒漠草原的研究中高等院校和研究所发挥着中流砥柱作用。虽然不同机构间的合作对荒漠草原研究领域的发展有推动性作用，但高产机构与低产机构的“贫富”差距逐年增大，分散程度较高，主要集中在荒漠草原所属或临近的地区。在中国科学院、中国农业科学院等少数几个单位开展了相关研究，这也体现了荒漠草原研究的地域性特征，与地理距离会阻碍创新合作（鲜果等，2018）和科研主导力扩散（贺超城等，2020）的结论相一致。因此，研究机构间的相互合作还有待进一步的提升，后期应注重建立研究院与研究院、研究院与高校、研究院与地方政府、高校与地方政府、国内与国外以及跨学科间的多元化的互惠合作机制。

本书揭示了研究荒漠草原的科研机构网络拓扑特征，但未能涉及系统地探讨研究机构间相互合作的多维邻近性及其影响因素，这将是下一步分析工作的重点。

1.3.3 研究热点和趋势分析

当前，过去容易被人们忽略的小草，其在草牧业乃至国民经济中的重要作用和地位逐渐被认识和重视（方精云等，2016）。学者们围绕当地生态、生产、生计等发展过程中遇到的“瓶颈”开展了诸多研究，也得出了很多好的成果和结论。但也存在不足之处，比如，研究的片面性：重视了草地的生产功能，而忽视其生态功能，导致生产功能过度利用，以及生态系统服务和生态功能降低；重视了生态功能，却无法满足当地居民的生计要求，使得区域生态系统不可持续。因此，将草地生产功能和生态功能合理配置对于区域的生态安全屏障至关重要（白永飞等，2020）。此外，还应加强荒漠草原基础生物学的研究，通过研究当地物种的生理学、生态学和代谢组学等的特性和规律，揭示种间相互作用和群落构建机制，建立科学布局重要生态系统保护和修复等重大工程，提高生产供给能力和保障生态功能的发挥。

本书虽然从宏观层面上分析了我国荒漠草原研究的发展态势，但有必要从中观、微观层面上开展更为深入的分析，比如，荒漠草原研究的必要性和优势特色、探讨研究人员间的合作机制、提出荒漠草原的有效恢复和管理机制等，以促进高影响力、高质量成果的产出，从而为该地区的生态文明建设和科学技术发展提供更多数据支撑。

第 2 章 蒿属植物研究进展

蒿属（Artemisia）属于菊科（Compositae）春黄菊族（Anthemideae）蒿亚族（Artemisiinae）（李真等，2011；周利娟等，2012），是该族中最大的属之一（Bremer et al.，1993；Kirschner et al.，1990；林有润，1982），为一、二年生或多年生草本，少数为半灌木或小灌木，常有浓烈的挥发性香气（岳远西等，2015），在全世界约有 380 种，我国有 180 余种和 44 个变种（姬明飞等，2013）。蒿属植物分布较广，主要分布在北半球，且多数集中在亚欧大陆，而在南半球鲜有分布（Torrell et al.，2001；Vallès et al.，2001），很多蒿属植物对生物或非生物因子胁迫具有良好的抗性（李真等，2011），在温带和热带山区、草原、荒漠、高山和亚高山草原等地区均有分布，多成为干旱与半干旱地区的优势种。在食物、医药、牧草、装饰等方面具有较高的经济价值（Vallès et al.，2001），为中医药以及民间常用药材（武月红，2014）。自 1972 年从该属植物黄花蒿中分离出抗疟有效单体——青蒿素，研发出我国首创的抗疟新药（杨立新等，1985），并在有关研究获得诺贝尔奖（张成岗，2015）和国家最高科学技术奖（屠呦呦）以来，对蒿属植物化学成分的研究日趋广泛和深入。

近年兴起的文献计量学（Bibliometrics）研究方法为客观的可视化综述研究提供了全新的支撑（桂钦昌等，2016），其概念由英国情报学家普里查德于 1969 年提出，是一种基于数理统计的定量分析方法（Nederhof，2006；张影等，2016）。文献计量分析可在某一领域内系统地评估科研结果重要程度，预示该领域近一段时期的发展方向，表征该项研究的分布情况（吴健等，2016）。近年来，知识图谱作为科学计量学的新方法和新领域在我国勃然兴起（张会巍等，2016），其以显著的客观性、定量化及模型化的宏观研究优势已被不少学科采用（邱均平等，2003）。CiteSpace 是一款应用于科学文献中识别并显示科学发展新趋势和新动态的软件，它能够通过分析文献的引用关系，有效地找出一门学科发展过程中产生关键影响的文献，显示一门学科或知识域在一定时期发展的趋势与动向，形成若干研究前沿领域的演进历程（钱凤魁等，2016），继而发现新兴的分支学科。所绘制的知识图谱由于其“一图谱春秋，一览无余；一图胜千言，一目了然”的优势特征得到了广泛应用（Chen et al.，2012b；Synnestvedt et al.，2005；Wei et al.，2015；张会巍等，2016）。

目前，针对全球蒿属植物研究热点和相关研究的论文数量快速增加，本书基于信息计量学分析方法，利用 CiteSpaceV 工具对全球蒿属植物相关研究的文献进行计量分析，以便准确掌握不同时期的内容热点、研究现状和前沿动态，有助于研究者了解该领域在全球发展的情况，廓清研究知识基础，明确未来的学科发展和研究方向，旨在为国内外该领域的科研工作者和管理者提供参考。

2.1 数据来源

Web of Science 数据库是由美国科技信息所（Institute for Scientific Information，ISI）推出的引文索引数据库，是目前提供引文回溯数据最深的数据库，所收录的文献覆盖了全世界最重要和最有影响力的研究成果，已成为国际公认进行科学统计与科学评价的主要检索工具（吴健等，2016）。本书以 Web of Science™ 核心合集数据库（1986 年至今）为数据源，采用基本检索方式，以“Artemisia”为检索主题，检索时间跨度为 1986—2016 年，数据检索时间为 2017 年 1 月 19 日，共检索文献 790 篇，其中首篇论文发表于 1987 年。

2.2 分析方法

2.2.1 文献计量方法

本书利用文献计量在线分析平台对文献产出时间、国家、机构和期刊等方面进行分析（郑莹等，2016）。

2.2.2 内容分析方法

本书所应用的软件为 CiteSpace，该软件是由美国德雷克赛尔大学陈超美博士团队开发的基于 Java 平台的信息可视化软件，是用来分析和可视共被引网络的应用程序，是一款功能十分强大的可视化文献分析软件。该软件免费向外界开放，可从陈超美个人网站自由下载，最新版本为 CiteSpace Ⅴ（5.0.R2 SE）。因此，本书采用 CiteSpace Ⅴ来构建蒿属植物研究学科分布、高被引频次论文和研究热点趋势的知识图谱。研究前沿的析出方法：用共引（现）词频+术语词组分析，从分析网图揭示研究前沿。新兴研究前沿析出方法：利用突现词频+共引（现）词频，分析网络揭示新兴前沿。知识图谱中节点表示被引用历史状况，节点的圆圈层被称为年轮，不同的颜色代表不同的年份。如文献共被引知识图谱中圆圈层被称为引文年轮，表示该文献发表至今被引用的历史，引文年轮采用不同颜色标识，每一年轮代表当年被引用的情况，而被引次数多的年限圆环的厚度大，因此，从引文年轮的大小、颜色能判断出该文献在研究发展过程中的学术贡献度（赵慧莎等，2016），其他图谱类同。

2.2.3 主要指标

发文量：即论文的产出篇数，发文量在文献计量学中一直是一个测度科研生产能力的重要指标（吴健等，2016）。

被引频次：指论文被其他论文作为参考文献的次数，论文被引频次越高，反映出该论文在该领域被关注的程度越高，该论文的价值也越高（吴健等，2016）。

研究前沿：指临时形成的某个研究课题及其基础研究问题的概念组合，也是正在兴起或突然涌现的理论趋势和新主题，代表一个研究领域的思想现状（祖艳红等，2016）。

研究热点：是某一时期内，有内在联系的、数量相对较多的一组文献共同探讨的科学问题或专题（祖艳红等，2016），频次较高的关键词在一定程度上可以看作是该领域的研究热点（Bailón-Moreno et al.，2005；Belvaux et al.，2000）。

突变词：是指某些年份发表文献中骤增的专业术语（Chen et al.，2003），适合表征研究前沿及发展趋势（姜春林等，2008）。

2.3 结果与分析

2.3.1 文献产出时间序列分析

时间是投射客观存在的一个普遍维度（李江等，2015），一些理论在时间发展序列中会表现出规律性（孙艳芝和沈镭，2016），因此许多问题都可以放在时间维度进行讨论。从时间上看，1987—2016 年，在 Web of Science 的核心合集数据库中，全世界有关蒿属植物研究的论文共有 790 篇，总体来看呈现上升趋势，如图 2-1 所示，增长趋势符合科技论文数量普遍增长的大趋势（Larsen et al.，2010），这与 SCI 期刊数的增长也有关系（王超等，2016）。关于蒿属植物相关研究的首篇论文出现于 1987 年，而当年仅有 1 篇蒿属植物相关研究，从 1990 年后数量迅速增加；1996—2004 年，论文篇数呈缓慢的波动式增长，最大差幅为 19 篇/年，年均论文数量为 27 篇；2005 年有较大降低，仅发文 14 篇；2006—2015 年，发文数增长迅速，年均论文数量 43.5 篇，最大值出现在 2013 年，发文量为 49 篇；2016 年较 2015 年下降了 10 篇，发文量为 30 篇。

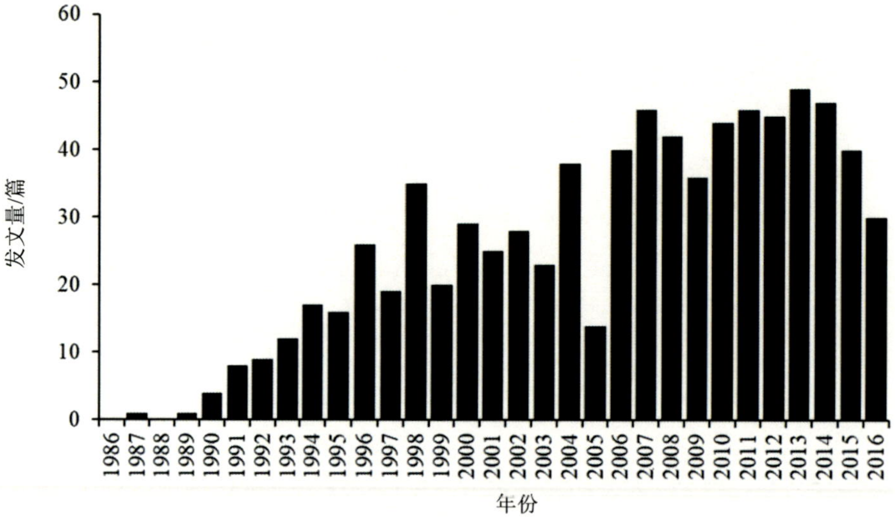

图 2-1 蒿属植物相关研究发文量时间序列变化

2.3.2 国家及合作关系

论文被 SCI 收录的数量在一定程度上反映了一个国家在某一研究领域的科研实力和影响力，基于文献计量在线分析平台，蒿属植物相关论文发表总量前 10 位的国家从高到低依次为：中国（148 篇）、美国（139 篇）、韩国（38 篇）、意大利（37 篇）、英国（37 篇）、德国（34 篇）、伊朗（29 篇）、西班牙（29 篇）、日本（26 篇）和印度（25 篇），占全球总发文量的 68.61%。其中，中国和美国的发文量明显高于其他国家，分别占全球总发文量的 18.73%和 17.59%。

从发文量来看，中国对蒿属植物的研究大体可划分为 3 个阶段：1986—1994 年基本为研究的空白期，1991 年，兰州大学化学系的 Tan R.X. 以第二作者在 *Phytochemistry* 杂志上发表了 1 篇文章；1995—2008 年为研究起步阶段，发展相对缓慢，14 年间有 59 篇文章被收录，年均发文量仅为 4.2 篇；2009—2016 年进入相对快速发展阶段，8 年间发表论文 88 篇，年均发文量为 11 篇，如图 2-2 所示。

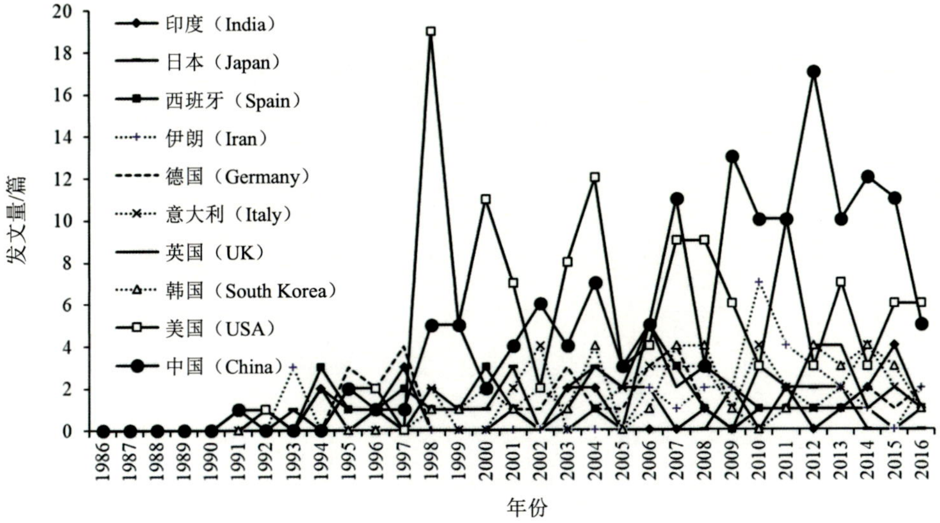

图 2-2　蒿属植物论文发表量居前 10 位的国家年发文趋势

随着科技全球化的发展，国际合作成为科技领域不可或缺的重要支撑，而最为有效且直观的评价模式就是国际合著论文（王超等，2016）。从图 2-3 A 可以看出，在蒿属植物论文发表方面，各个国家间均有不同程度的合作，这也反映了在本研究方面的国际合作水平。总体来看，美国的合作贡献最大（图 2-3 B），其与中国、日本、德国和英国的合作关系最强。中国排名第 2 位，其与英国合作最密切，有着较强的合作关系，其次与美国、加拿大、日本和德国合作。之前有研究得出地理分布上的邻近关系是影响国际合作的重要因素（Wang et al.，2015），但随着信息化和网络化的发展以及不同国家科技合作制度的出台，这种地理邻近性已不再成为影响国际合作的决定因素。

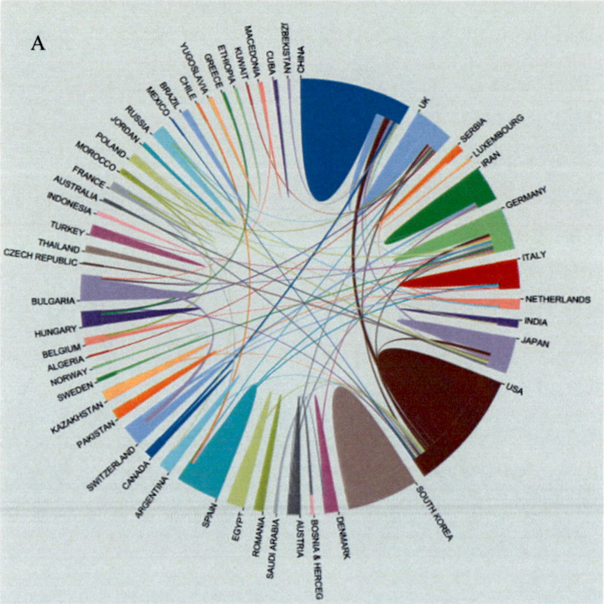
A
CHINA
UZBEKISTAN
CUBA
MACEDONIA
KUWAIT
ETHIOPIA
GREECE
YUGOSLAVIA
CHILE
BRAZIL
MEXICO
RUSSIA
JORDAN
POLAND
MOROCCO
FRANCE
AUSTRALIA
INDONESIA
TURKEY
THAILAND
CZECH REPUBLIC
BULGARIA
HUNGARY
BELGIUM
ALGERIA
NORWAY
SWEDEN
KAZAKHSTAN
PAKISTAN
SWITZERLAND
CANADA
ARGENTINA
SPAIN
EGYPT
ROMANIA
SAUDI ARABIA
AUSTRIA
BOSNIA & HERCEG
DENMARK
SOUTH KOREA
USA
JAPAN
INDIA
NETHERLANDS
ITALY
GERMANY
IRAN
LUXEMBOURG
SERBIA
UK

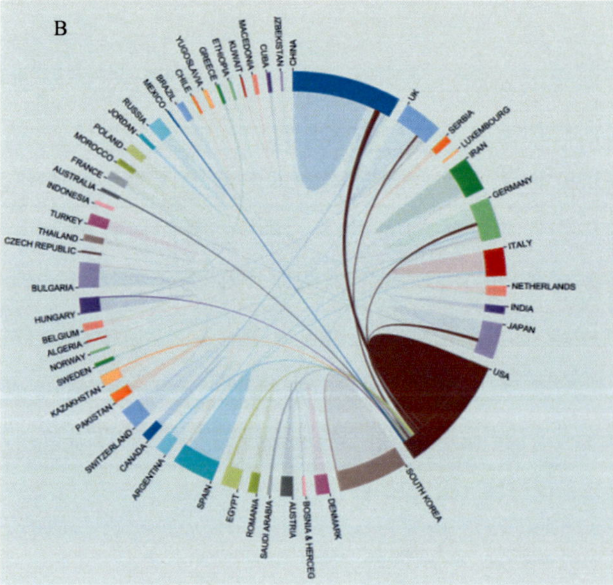
B
CHINA
UZBEKISTAN
CUBA
MACEDONIA
KUWAIT
ETHIOPIA
GREECE
YUGOSLAVIA
CHILE
BRAZIL
MEXICO
RUSSIA
JORDAN
POLAND
MOROCCO
FRANCE
AUSTRALIA
INDONESIA
TURKEY
THAILAND
CZECH REPUBLIC
BULGARIA
HUNGARY
BELGIUM
ALGERIA
NORWAY
SWEDEN
KAZAKHSTAN
PAKISTAN
SWITZERLAND
CANADA
ARGENTINA
SPAIN
EGYPT
ROMANIA
SAUDI ARABIA
AUSTRIA
BOSNIA & HERCEG
DENMARK
SOUTH KOREA
USA
JAPAN
INDIA
NETHERLANDS
ITALY
GERMANY
IRAN
LUXEMBOURG
SERBIA
UK

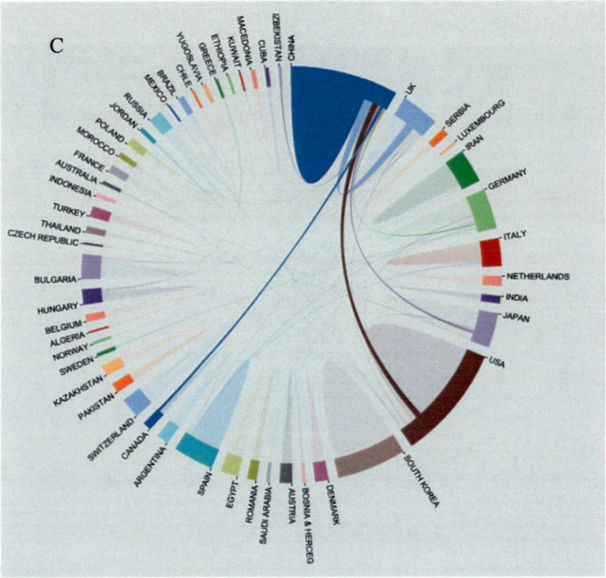

图 2-3 蒿属植物论文发表国家间 A 及与美国 B、中国 C 合作国家网络关系

注：China：中国；Uzbekistan：乌兹别克斯坦；Cuba：古巴；North Macedonia：北马其顿；Kuwait：科威特；Ethiopia：埃塞俄比亚；Greece：希腊；Chile：智利；Brazil：巴西；Mexico：墨西哥；Russia：俄罗斯；Jordan：约旦；Poland：波兰；Morocco：摩洛哥；France：法国；Australia：澳大利亚；Indonesia：印度尼西亚；Turkey：土耳其；Thailand：泰国；Czech Republic：捷克共和国；Bulgaria：保加利亚；Hungary：匈牙利；Belgium：比利时；Algeria：阿尔及利亚；Norway：挪威；Sweden：瑞典；Kazakhstan：哈萨克斯坦；Pakistan：巴基斯坦；Switzerland：瑞士；Canada：加拿大；Argentina：阿根廷；Spain：西班牙；Egypt：埃及；Romania：罗马尼亚；Saudi Arabia：沙特阿拉伯；Austria：奥地利；Bosnia & Hercegovia：波斯尼亚和黑塞哥维那；Denmark：丹麦；South Korea：韩国；USA：美国；Japan：日本；India：印度；Netherlands：荷兰；Italy：意大利；Germany：德国；Iran：伊朗；Luxembourg：卢森堡；Serbia：塞尔维亚；UK：英国。

2.3.3 研究机构影响力

发文量前 10 位的机构：中国 4 个；韩国 2 个；其他国家各 1 个。排名前 3 位的研究机构分别是中国科学院、香港大学和北京大学，中国科学院以 35 篇的数量居首，占前 10 位研究机构发文量的 24.65%。在总被引用次数方面：香港大学则以 133 次列于第 1 位；中国科学院发文总被引用次数排名第 2 位；北京大学和南京大学分列第 3 和第 4 位。在总数和被引次数方面：中国科学院总数位居第 1，但被引次数和发文总数略低的北京大学相同，均远低于香港大学的被引次数，见表 2-1。

表 2-1　发文量前 10 位的研究机构统计

机构	所在国家	发文量/篇	总被引用次数/次	平均被引次数/次	总数/篇	被引次数/次	平均被引用次数/次
中国科学院	中国	35	46	1.31	19	21	1.11
香港大学	中国	23	133	5.78	13	85	6.54
北京大学	中国	13	21	1.62	13	21	1.62
蔚山大学	韩国	13	0	0	4	0	0
保加利亚科学院	保加利亚	12	0	0	4	0	0
南京大学	中国	10	14	1.4	8	10	1.25
美国农业部农业研究局	美国	9	3	0.33	6	3	0.5
庆熙大学	韩国	9	1	0.11	3	1	0.33
塞格德大学	匈牙利	9	2	0.22	4	1	0.25
俄罗斯科学院	俄罗斯	9	0	0	3	0	0

2.3.4　期刊

统计分析刊载相关研究文献的期刊分布情况，可确定该领域的核心期刊，有助于研究人员选择重点期刊进行文献查阅和研究成果的发表（吴健等，2016）。可以看出，刊载发文量排名第 1 位的是 *Planta Medica*，刊登蒿属植物相关研究的文献最多，为 63 篇，占全部发文量的 7.97%，*Phytochemistry* 期刊发文量为 49 篇，排名第 2 位，占全部发文量的 6.20%，*Journal of Natural Products* 期刊发文量排名第 3 位。但从总被引用次数来看，*Phytochemistry* 期刊以绝对优势（110 次）占据榜首，*Tetrahedron* 排名第 2 位，*Journal of Natural Products* 期刊排名第 3 位。平均被引次数排名第 1 位的是 *Nature* 期刊（未出现在表 2-2 中），其刊载文章总数仅为 1 篇，总被引用次数为 5 次，*Tetrahedron* 期刊排名第 2 位，*Journal of Natural Products* 和 *Phytochemistry* 期刊分别排名第 10 位和第 11 位。总体来看，以上期刊均在蒿属植物相关研究领域中有着重要地位，见表 2-2。

表 2-2 刊载发文量前 10 位的期刊统计

期刊	文章总数/篇	排名	总被引用次数/次	排名	平均被引次数/次	排名
Planta Medica（药用植物）	63	1	3	18	0.05	58
Phytochemistry（植物化学）	49	2	110	1	2.24	11
Journal of Natural Products（天然产物杂志）	24	3	54	3	2.25	10
Tetrahedron（四面体）	18	4	80	2	4.44	2
Chemistry of Natural Compounds（天然化合物化学）	16	5	4	16	0.25	53
Diabetes（糖尿病）	16	6	0	—	0	—
Quaternary International（第四纪研究）	15	7	5	13	0.33	51
Proceedings: Shrubland Ecotones（灌木群落交错区进展）	14	8	0	—	0	—
Allergy（过敏症）	11	9	0	—	0	—
Chemical & Pharmaceutical Bulletin（化学与药物通报）	10	10	15	7	1.5	15

2.3.5 学科分布

数据导入到 CiteSpace V 中运行，经过 96 次迭代后，分析得到 82 个节点，114 条连线，其中植物科学占据首位，其次为化学学科，而药理学和配药学占据第 3 位。在排名前 10 位的学科中，从学科类别来看，涉及理学、医学、农学和工学类，其中理学占 50%，医学类占 30%，农学和工学各占 10%。从学科层次的划分来看，参考屈天鹏（2009）的研究，基础科学占 50%，其次为技术科学占 40%，形成了基础科学—技术科学—工程科学较为完整的体系。但工程科学发文量还有待进一步提高，应将基础科学研究和技术科学成果转化为工程科学应用，加大基础科学和技术科学对工程科学的支持力度，见图 2-4、表 2-3。

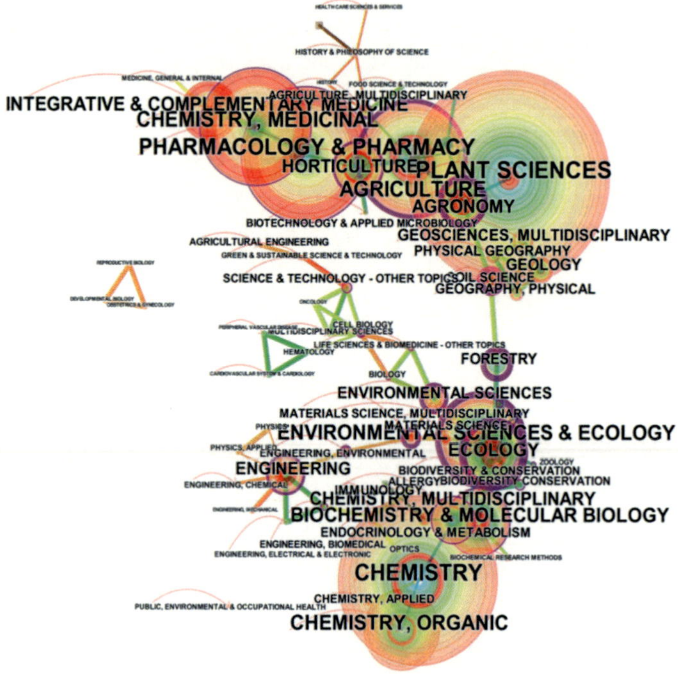

图 2-4　蒿属植物研究文献的主要学科分布

注：图中每个节点表示一门学科，节点的大小与学科的次数成正比，红色内核表示该学科在近年出现频次突然增多；节点之间的连线表示不同学科间共被引的关系，其粗细表明共被引的强度，连线的颜色则表示第一次共被引的时间，节点和连线的颜色从冷色调（蓝色）到暖色调（红色）的变化表明时间由远及近的变化。

表 2-3　蒿属植物研究排名前 10 位的学科分布情况

序号	学科领域	频次	学科类别	学科层次
1	Plant Sciences 植物科学	237	理学	技术科学
2	Chemistry 化学	187	理学	基础科学
3	Pharmacology & Pharmacy 药理学/配药学	144	医学	技术科学
4	Agriculture 农学	129	农学	基础科学
5	Chemistry，Medicinal 药物化学	129	医学	技术科学

序号	学科领域	频次	学科类别	学科层次
6	Environmental Sciences & Ecology 环境科学/生态学	97	工学	工程科学
7	Chemistry，Organic 有机化学	96	理学	基础科学
8	Biochemistry & Molecular Biology 生物化学/分子生物学	78	理学	基础科学
9	Integrative & Complementary Medicine 综合/辅助医学	66	医学	技术科学
10	Ecology 生态学	62	理学	基础科学

2.3.6 高被引频次论文

文献的被引次数是衡量其学术价值的重要参数，也是科研成果得到同行认同的反映（李杰等，2013），经典文献反映研究领域的知识基础（项国鹏等，2016）。CiteSpace 软件中的研究前沿时区视图是依据前沿热点的交互关系和演进路径设计的（张璇等，2012），能反映某个研究领域的文献被引概况和学术共同体（桂钦昌等，2016）。经过 622 次迭代后，分析得到 251 个节点，430 条连线，排名前 10 的高被引频次见表 2-4，其中被引频次最多的是 1998 年由 Sy et al.（1998）发表在 *Tetrahedron* 上的“A novel endoperoxide and Related sesquiterpenes from *Artemisia annua* which are possibly derived from allylic hydroperoxides”，提出从黄蒿中提取的一些新的倍半萜类化合物可以通过从二氢青蒿酸氧化氢过而形成。其后续相关研究结果分别在 2001 年和 2002 年（Sy et al.）发表在 *Tetrahedron* 上，同样具有较高的被引频次。其次是 Marco et al.（1990）在 *Studies in Natural Products Chemistry* 上发表的“Natural products from the genus *Artemisia* L.”。而近几年被引频次较高的是 Wen et al.（2010）从奇蒿的地上部分分离出的几种化学成分并对它们的结构进行了化学和光谱分析测定，同时对细胞毒活性的效果进行了评价，研究结果显示 2010 年在 *Journal of Natural Products* 上以“Dimeric Guaianolides and Sesquiterpenoids from *Artemisia anomala*”题目发表，如图 2-5 所示。

表 2-4　蒿属植物研究排名前 10 位的高被引频次分布情况

序号	作者	年份	期刊来源	被引频次
1	Sy LK	1998	*Tetrahedron*	11
2	Marco JA	1990	*Studies in Natural Products Chemistry*	10
3	Wen J	2010	*Journal of Natural Products*	8
4	Brown GD	2003	*Phytochemistry*	8
5	Haynes RK	1997	*Accounts of Chemical Research*	7
6	Sy LK	2001	*Tetrahedron*	7
7	Bertea CM	2005	*Planta Medica*	7
8	Graham JH	1995	*American Journal of Botany*	7
9	Wallaart TE	1999	*Journal of Natural Products*	7
10	Arnold ML	1997	*Natural Hybridization*	6

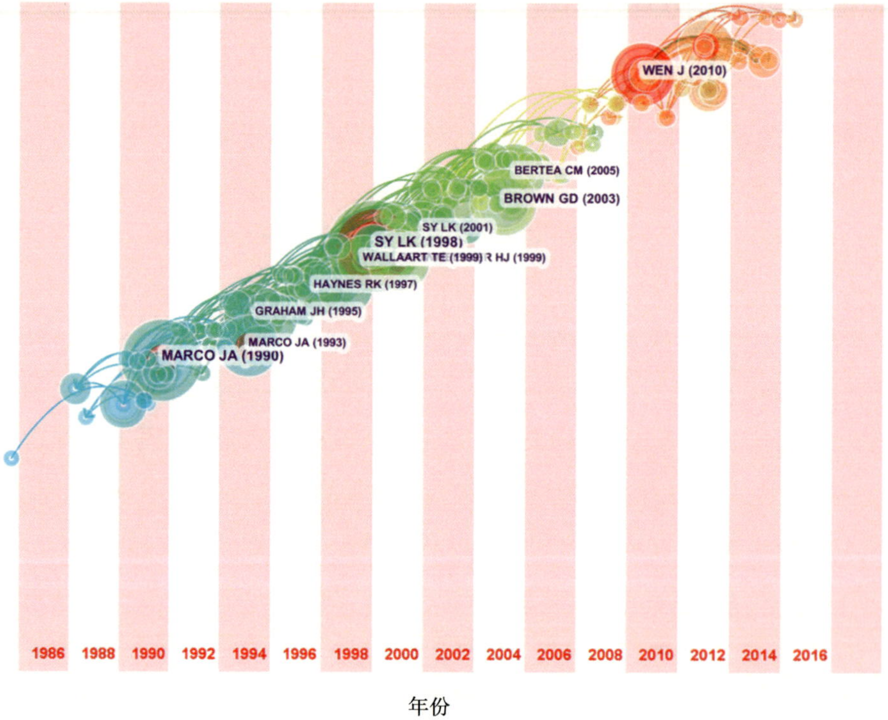

图 2-5　蒿属植物研究文献被引用时区视图

注：图中每个节点表示一篇参考文献，节点的大小与该文献的被引频次成正比，红色内核表示该文献在近年被引频次突然增多；节点之间的连线表示两篇文献共被引的关系，其粗细表明共被引的强度，连线的颜色则表示第一次共被引的时间，节点和连线的颜色从冷色调（蓝色）到暖色调（红色）的变化表明时间由远及近的变化。

2.3.7 研究前沿趋势分析

通过对研究前沿趋势进行分析，能够把握研究变化动态，预测未来研究动向（项国鹏等，2016）。综合分析研究前沿区视图、突变词和具体学术文献，有助于掌握了解该研究领域的前沿趋势。本书采用 CiteSpace 提供对突变词探测的技术，对蒿属植物研究领域趋势进行分析。如图 2-6 所示，研究前沿区视图是依据前沿热点的交互关系和演进路径设计的，是 CiteSpace 软件区别于其他可视化软件的独特功能（张璇等，2012）。经过 287 次迭代后分析得到 207 个节点、323 条连线，其中出现频次较高的关键词有倍半萜内酯、青蒿素（*Artemisia Annua* 或 *Artemisinin*）、组成的（Constituent）、衍生的、香精油、菊科、疟疾、生物合成、愈创木内酯、生长、酸、三齿蒿、类黄酮、药用植物和桉烷醇甙，可以看出，关于蒿属的研究热点和演进主要围绕化学成分和医药方面的内容进行。

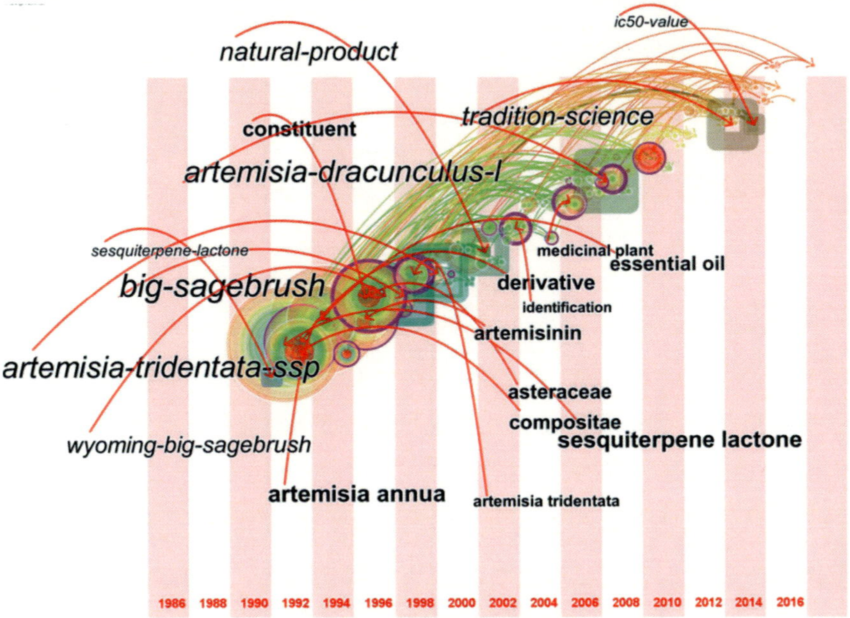

图 2-6 研究前沿区视图

注：图中黑色斜体字体表示突现关键词，黑色加粗字体表示引文关键词；方形节点代表突现词语，方形大小表示突现词的权重，方形位置体现突现词出现的时间；圆形节点反映高被引论文，圆形大小反映该论文被引频次，通过高被引论文作为参照，可以反映出该突现词出现的背景特征；红色内核表示该关键词在近年被引频次突然增多。

图 2-7 为 12 个重点突增关键词，蒿（俗称）为关键词的新兴研究热点从 1986—1997 年持续了 10 年，而类黄酮则是近几年的热点关键词。随着时间的变化，结合图 2-6 和图 2-7，关于蒿属研究的突变词，从新兴的大类基础调查研究（菊科、大蒿、三齿蒿）到细微的成分及其作用研究（倍半萜内酯、大根香叶内酯、单萜、类黄酮、抗氧化剂活性、抑菌浓度），可以看出，目前新兴研究前沿是围绕蒿属植物的化学成分及其作用方面的内容开展。

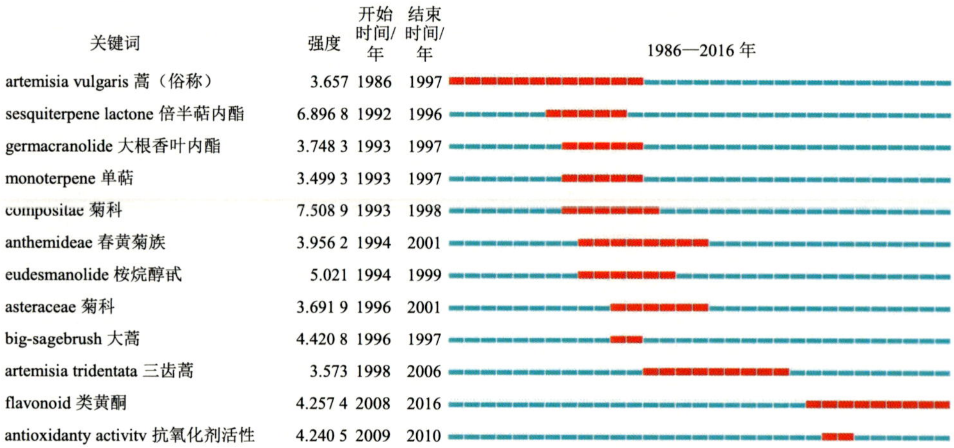

图 2-7　蒿属植物研究引用 12 个重点突增关键词

2.4　小结及展望

关于蒿属植物全球发文量总体呈上升趋势，这与其他研究方向的论文增长规律也是一致的（Li et al.，2009；Liao et al.，2014；Zhang et al.，2010），但总发文数量仅为 790 篇，远低于其他领域研究的发文量，且多集中在基础科学和技术科学研究方面。中国发表文献起步较晚，发文量增长较快，从发文量和研究机构影响力方面来看，中国在蒿属植物方面研究具有一定的领先地位，但在顶级期刊和高质量文献发表方面有待进一步提高，且在国际合作的国家数量上低于美国，随着科技全球化，应加强与不同国家间的科技合作。

有关蒿属植物研究的文献较多，通过分析发现，已产出研究内容、研究热点和新兴研究前沿多集中在化学成分分析、作用以及医药利用等方面，但有关蒿属植物在不同环境条件下植物功能性状、种间相互作用关系以及对群落多样性和稳定性、群落演替过程、群落构建机制等生理生态功能方面的研究尚缺，而同一研究对象的研究内容、研究方法和研究结果的多元化将有助于学科的发展，因此建议今后加大对蒿属植物在不同学科、内容和方法等方面的研究。

第3章 猪毛蒿相关研究进展

猪毛蒿是一种C_3植物，却呈现类似CAM植物的叶片特性（杜华栋等，2016），广布于欧、亚大陆温带至亚热带地区（李克昌等，2012；马德滋，1986），在我国新疆、内蒙古、宁夏、陕西、云南等大部分地区均有分布，在半干旱或半温润地区的山坡、林缘、路旁、草原、黄土高原、荒漠边缘地区都有分布，局部地区往往可形成单一优势种群和次生演替的先锋物种，单个样地覆盖度可达50%以上（焦菊英等，2008）。

信息可视化分析软件（CiteSpace）是一款应用于科学文献中识别并显示科学发展态势的软件，利用统计分析、网络分析、聚类分析等数学工具，综合信息可视化方法、文献计量学方法和数据挖掘算法，定量地研究学科热点，将繁杂而枯燥的文献统计数据，利用知识图谱生动而快捷地展现出来，已成为广大科技工作者了解研究领域学科专业的利器（代锋刚等，2015；秦晓楠等，2014）。目前，建立猪毛蒿研究领域的相关知识图谱，结合可视化技术和计量分析手段进行猪毛蒿研究成果的分析和挖掘方面的工作较少，本书将利用CNKI网络分析工具和目前使用广泛的CiteSpace软件，对该研究领域相关文献进行可视化分析和数据挖掘，明确研究热点，以使科研工作者能更好地了解和掌握该领域的学科分布、研究人员、研究机构及其合作网络关系等，从而把握发展趋势和研究方向，为后续研究提供指导。

3.1 分析工具和数据来源

3.1.1 分析工具

利用 CNKI 官网的分析工具对文献进行初步认识：产出时间、资源类型、学科、支持基金分布等方面（侯林丽，2013；雷润玲等，2016；李彩虹等，2014）。

采用 CiteSpace 软件来构建研究机构、研究学者和研究热点的知识图谱。该软件是由美国德雷克赛尔大学陈超美博士团队开发（Chen，2004）、基于 Java 平台的引文分析程序（Chen，2012），依靠数据库与软件的结合使用，分析和可视共被引网络、发现关键点、显示学科和领域发展趋势与动态、形成研究前沿历程的知识图谱（Chen et al.，2010；Chen et al.，2014），是实现信息可视化分析的软件（Chen，2006）。

3.1.2 数据来源

中国知网数据库是收录文献数量最多、学科覆盖面最全的中文数据库（孙雨生等，2014），为保证基础数据的全面性、准确性，本书以中国知网数据库中“期刊”“特色期刊”“博士”和“硕士”四个库为数据源，排除了“会议”“报纸”“年鉴”“专利”“标准”等类别，同时以 *Artemisia scoparia* 或者以猪毛蒿为主题进行精确检索，检索时间跨度为 1953—2016 年，数据检索并下载时间为 2017 年 2 月 15 日，逐条对检索结果进行检查，取消无效或重复类的记录，共检索文献 391 篇，其中首篇论文发表于 1953 年。所有文献均采用 Refworks 格式保存并进行分析。

3.2 文献分析与挖掘

3.2.1 文献时间分布

研究成果随时间变化趋势可以反映该研究领域在一定时间内的发展状况（张

颖和陈桂芬，2016；赵丙军等，2012），发文量即论文的产出篇数，在文献计量学中是一个测度科研生产能力的重要指标（吴健等，2016）。图 3-1 为猪毛蒿相关研究文献发文量年度统计分析图，截至 2016 年，已发表相关文献共计 391 篇，总体呈上升趋势。其中首篇论文出现在 1953 年，为中国科学院植物研究所的侯学煜等（1953）发表在《植物学报》，题目为《河北省北戴河海滨附近植物群落的初步研究》的文献，调查了群落中猪毛蒿（*Artemisia scoparia*）的分布特点和生境情况，可以认为是基础科学领域的开篇之作。到 1965 年，化学工业部北京医药工业研究院的胡润生等（1965）发表于《药学学报》上的《滨蒿（*Artemisia scoparia* Waldst et Kit.）利胆有效成分的研究——Ⅰ. 提取物的水溶部分》，首次从其水溶物中提取并分离出了绿原酸，这是在医药卫生科技方面的首作。1983—2003 年，对猪毛蒿的研究受到学者们的逐渐关注，但期间研究的总发文量仅为 62 篇，年均发文不到 3 篇。2004—2016 年相关研究热度不断上升，发文量达到 323 篇，年均发文 25 篇，说明以猪毛蒿为研究对象已成为学者们较大的兴趣点。

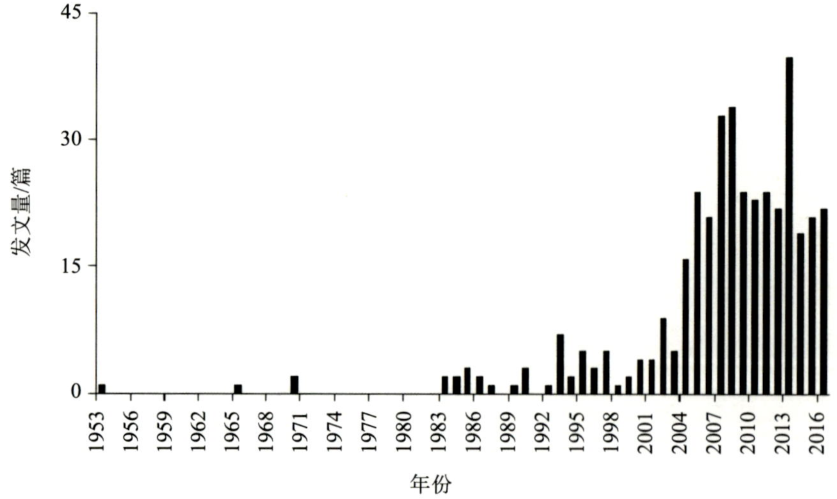

图 3-1　猪毛蒿相关研究发文量时间分布

3.2.2 基础识别

从资源类型分布来看，有关猪毛蒿的研究主要发表于各类期刊杂志，占到了总发文量的66.24%；其次为硕士论文，占26.34%；博士论文仅为7.42%。而在学科分布情况中，关于农业科技方面的文献占比较高，为45.68%；基础科学和医药卫生科技方面依次位列第2和第3，分别占28.02%和15.93%；工程科技和哲学与人文科学所占比例较小。从所支持相关研究的基金分布来看，在国家级课题中，以国家自然科学基金所支持的文献占比单项发文量最高，占所有发文量的22.80%；其次为国家科技支撑和攻关计划，占4.51%；国家重点基础研究发展计划占3.33%；中国科学院对这一研究领域投入支持较大，所设立的知识创新工程基金和“西部之光”基金占总发文量的7.13%；而以各种省部级、厅局级、横向课题和其他国家级课题所组成的基金和项目分布占比最大，达到62.23%，见图3-2。

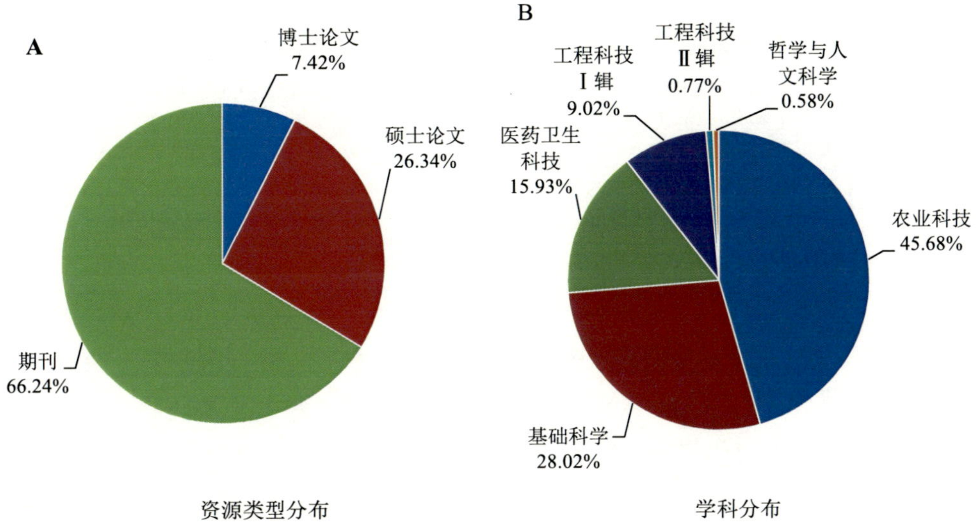

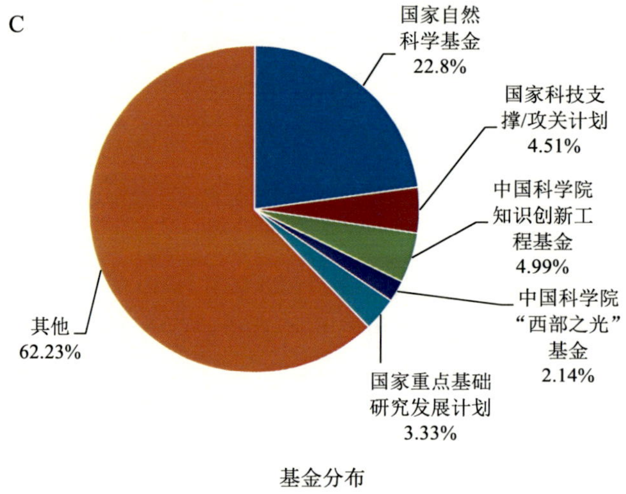

图 3-2　猪毛蒿相关研究基础识别分布

3.2.3　研究机构及其合作网络分析

数据导入到 CiteSpace V 中运行，经过 409 次迭代后分析得到 187 个节点、101 条连线，所建立的知识图谱中，每一个节点代表一个研究机构，节点的大小代表该机构发表文献的数量，节点大小与该机构发文量成正比，节点间的连线代表各机构之间的合作关系，连线颜色代表机构首次合作的时间（吴彬彬等，2014），连线的粗细代表机构间合作关系的密切程度，连线越粗，说明各机构间合作越密切。节点的年轮表示发文量随时间变化的分布情况，年轮的颜色则代表相应文献发表时间，年轮中每一轮的薄厚代表相应时间发文量的多少，越厚则代表发文量越多，反之亦然。节点、连线和年轮的颜色从冷色调（蓝色）到暖色调（红色）的变化表明时间由远及近的变化。其他知识图谱类同。

由于中国科学院水利部水土保持研究所和西北农林科技大学采取“一套机构，两块牌子”的方式运行，即二者为同一单位的两个牌子，故本书将其看作一个研究共同体。从图 3-3 可以看出，该研究共同体的影响力明显大于其他研究机构，从合作网络关系来看，与该共同体合作密切的有北京林业大学水土保持学院、中国科学院西北高原生物研究所、宁夏农林科学院资源与环境研究所、沈阳农业大学水利学院、西北大学化学系和中国科学院城市环境研究所等单位，且其内部间（西北农林科技大学资源环境学院、生命科学学院、林学院和动物科技学院等）的相互合作网络也较密切（图 3-4），所形成的合作网络分布较广泛，在该研究领域的学术成果产出较多、影响力较大。被引频次居于第 2 位的是中国中医研究院中药研究所，该研究机构仅与中国医学科学院协和医科大学药物研究所有合作关系，研究内容主要集中在化学成分及其含量测定方面。内蒙古农业大学生态环境学院和中国农业科学院草原研究所形成了相互合作关系，主要研究牧草营养价值和青贮特性。中国科学院沈阳应用生态研究所独立完成相关研究，在繁殖体特性方面颇有建树。青海省气象局在气象条件和群落关系方面进行了相关研究。北京林业大学水土保持与荒漠化防治教育部重点实验室则研究了群落多样性方面的内容。

图 3-3 猪毛蒿研究的科研机构知识图谱

注：图中每个节点表示一个科研机构，红色内核表示该机构在近年出现频次突然增多；节点之间的连线表示不同机构间共被引的关系，连线的颜色则表示第一次共被引的时间，节点和连线的颜色从冷色调（蓝色）到暖色调（红色）的变化表明时间由远及近的变化。

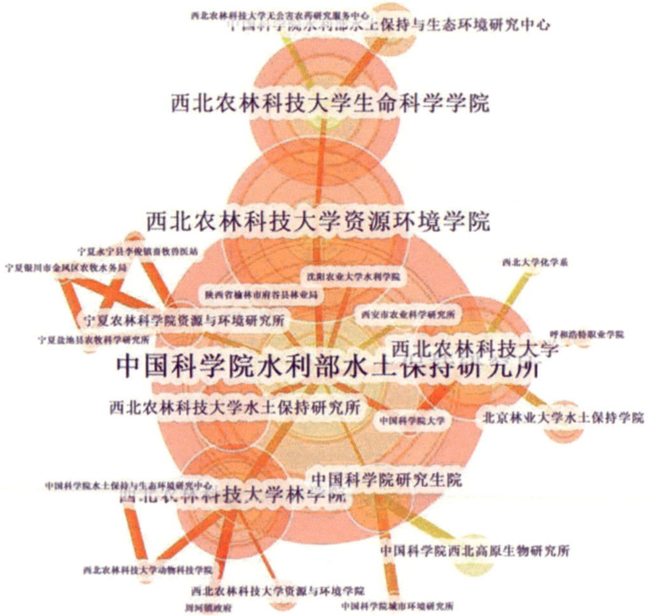

图 3-4　猪毛蒿研究的机构共同体网络图谱

由软件运行分析得到的节点数（研究机构数）与连线数（合作网络关系）及其比值（1.9∶1），可以看出，研究机构数量大于合作网络关系数量，说明国内各个科学研究机构在相互合作上的关系尚有待加强，同时应重视与国际相关或跨领域研究的科技合作。

3.2.4　研究学者及其合作关系分析

数据导入到 CiteSpace V 中运行，经过 4 795 次迭代后分析得到 613 个节点、945 条连线，其中出现频次最高的研究学者为中国科学院水利部水土保持研究所的焦菊英研究员，从 2005 年开始围绕黄土丘陵沟壑区主要开展群落演替及其恢复等方面的相关研究，师从于焦菊英的王宁、白文娟、贾燕锋、张振国和杜华栋等在相关研究方面也颇有影响力。其次为梁宗锁研究员，其从 2003 年开始对陕北黄土丘陵区蒿属植物群落特征、生理生态和解剖学特性进行了相关研究，所带的研究生杜峰在该领域引用频次也较高，见表 3-1、图 3-5。

表 3-1 猪毛蒿研究的高被引频次作者

序号	被引频次	年份	作者	序号	被引频次	年份	作者
1	40	2005	焦菊英	11	9	2010	张小彦
2	20	2003	梁宗锁	12	9	2011	刘燕
3	17	2003	杜峰	13	9	2007	王慧
4	17	2007	王宁	14	8	1996	张兴
5	16	2005	白文娟	15	8	2002	张启伟
6	16	2007	贾燕锋	16	8	2007	韩小冰
7	12	2007	张振国	17	7	2003	山仑
8	11	2005	焦峰	18	7	2011	姚华
9	10	2010	杜华栋	19	7	2011	黄华
10	9	2005	温仲明	20	7	2005	陈小燕

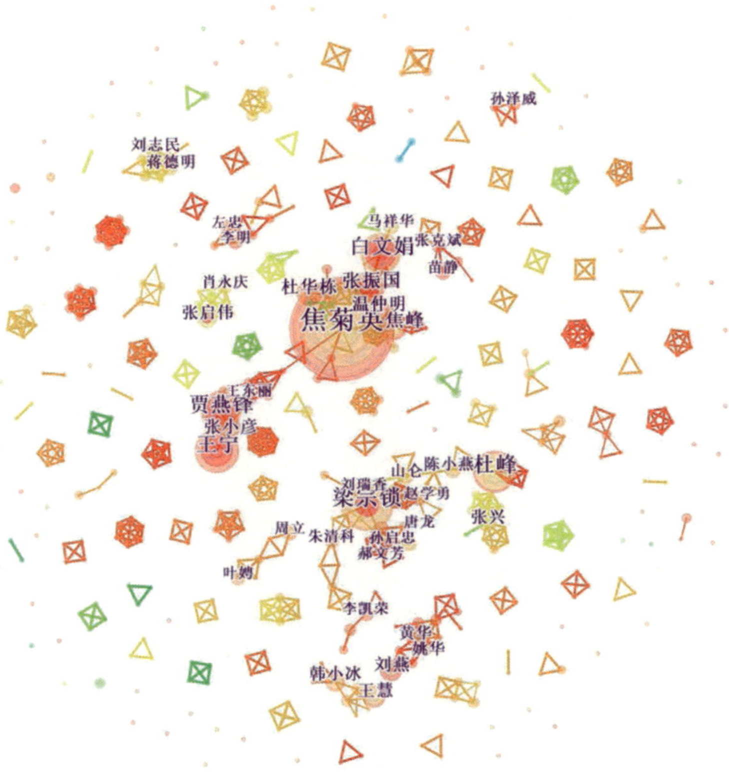

图 3-5 猪毛蒿研究的研究学者知识图谱

注：图中每个节点表示一位研究学者，红色内核表示该学者在近年被引频次突然增多；节点之间的连线表示不同学者间共被引的关系，连线的颜色则表示第一次共被引的时间，节点和连线的颜色从冷色调（蓝色）到暖色调（红色）的变化表明时间由远及近的变化。

而关于医药卫生科技方面的研究，新疆维吾尔自治区药物研究所的刘燕在关于总黄酮提取物抗病毒作用方面的研究被引频次较高。其次为东北林业大学的王慧，在硕士和博士攻读期间一直从事蒿属植物杀虫活性成分的提取、分析及制剂配制的研究。西北农林科技大学无公害农药研究服务中心的张兴对几种菊科植物杀菌活性进行了研究。中国中医研究院中药研究所的张启伟则重点分析了其化学成分和研究了利胆成分的含量及其测定。以上研究学者的被引频次均居于相关研究的前列。

分析知识图谱中的节点数（研究学者人数）与连线数（合作网络关系）及其比值（1∶1.5），深入查询研究学者间的合作关系，发现科研合作者存在着明显的空间群集现象（即以上学术团体大多为同一个学校、研究所或城市内进行合作），与外单位的研究人员合作关系相对较少，同时，缺少与国外相关研究学者的合作，应开阔国际视野和扩展国际科研合作的规模与深度。这与 Phillips 于 2016 年发表在 *Nature* 杂志上的《2016 自然指数——科研合作》报告得出的结论一致。

3.2.5 研究热点分析

研究热点是某一时期内，有内在联系的、数量相对较多的一组文献共同探讨的科学问题或专题（祖艳红等，2016），频次较高的关键词常被用来确定一个研究领域的热点（Bailón-Moreno et al.，2005；Belvaux et al.，2000）。分析生成的猪毛蒿有关研究关键词知识图谱发现（图 3-6），共有 126 个关键词节点，节点最大的为“黄土丘陵沟壑区”一词，频次为 28，起始于 2005 年，与排名第 7 位、起始于 2004 年的关键词“黄土丘陵区”有部分重合，这反映了研究对象的分布区域主要集中在黄土丘陵地区。频次排在第 2 位的关键词是“植被恢复”，这与黄土丘陵地区的生态问题密切相关，反映了研究主体的意义与目的。通过分析以上两个关键词所形成的关系［如图 3-7（a）所示］，与之有着共被引关系的关键词有“土壤种子库”“植物群落”“物种多样性”“生态位”“土壤侵蚀”“生态位重叠”“土壤养分”“退耕地”和“生态位宽度”等，主要是有关猪毛蒿水土保持、生态恢复和群落演替等方面的研究。而关键词“猪毛蒿”位列第 3，考虑到部分学者或用其他中文名，因此进一步研读其拉丁名为“*Artemisia scoparia*”的相关文献，同样发现是主体研究对象，分析与“猪毛蒿”形成网络的关系图［图 3-7（b）］，有着共被引关系的关键词分别是“抑菌活性”“挥发油”“蒿属植物”“化学成分”“化感作用”“生物活性”“含量测定”“杀虫活性”“植物精油”和“杀螨活性”等，主要与猪毛蒿的植物化学和医药用途有关，涉及猪毛蒿所含的化学物质及其测定，到成分的含量及其作用。

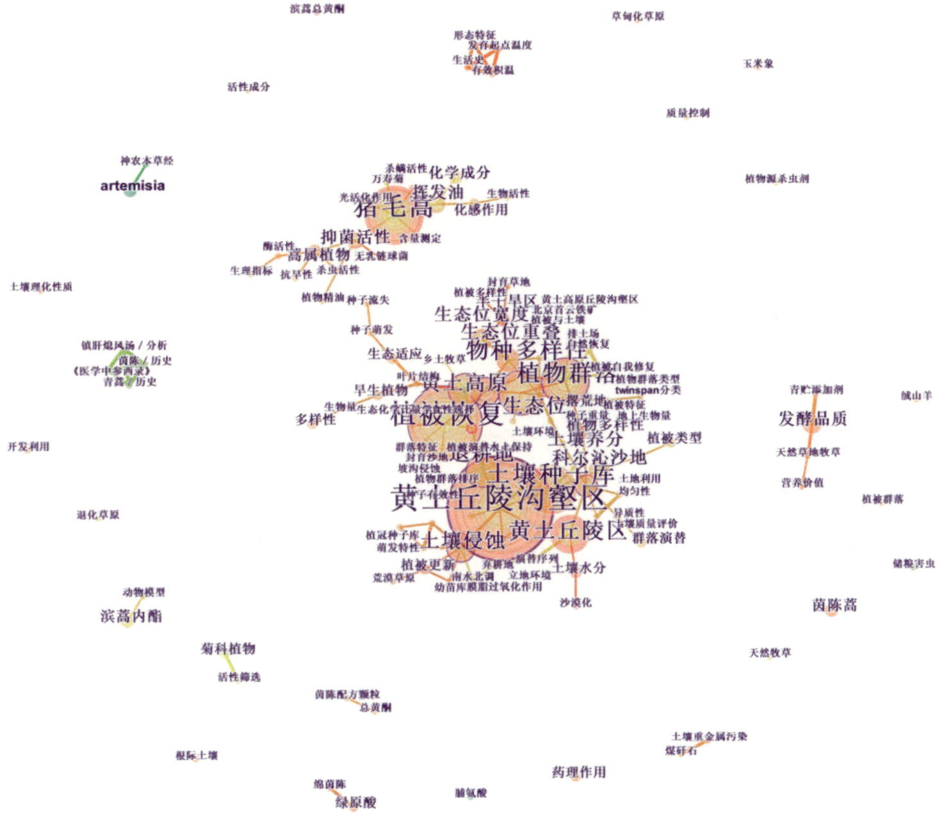

图 3-6　猪毛蒿研究的关键词知识图谱

注：图中每个节点表示一个关键词，红色内核表示该关键词在近年出现频次突然增多；节点之间的连线表示不同关键词间共被引的关系，连线的颜色则表示第一次共被引的时间，节点和连线的颜色从冷色调（蓝色）到暖色调（红色）的变化表明时间由远及近的变化。

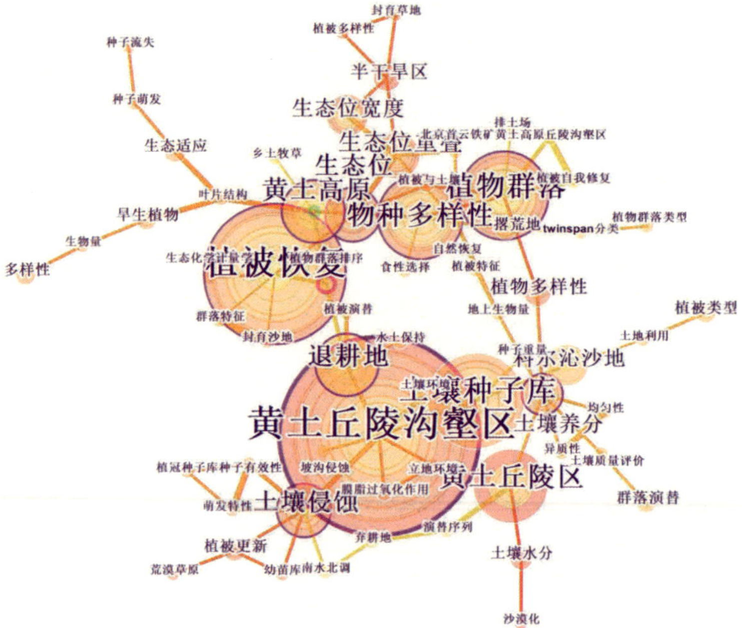

（a）

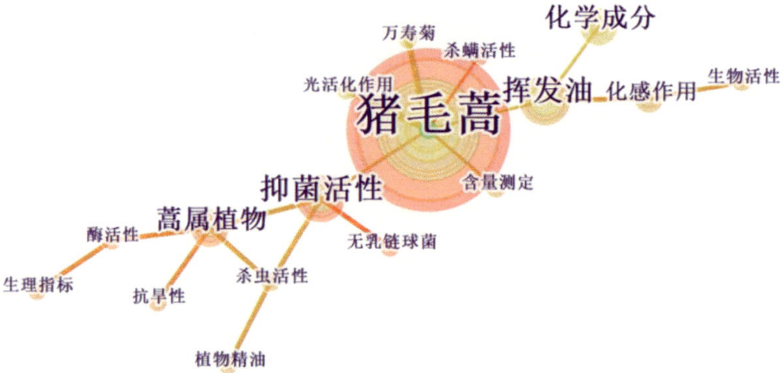

（b）

图 3-7　猪毛蒿研究的关键词网络图谱

3.3 小结及展望

利用 CNKI 官网上的分析工具和 CiteSpace 软件可以较好地全面了解以“猪毛蒿”或“*Artemisia scoparia*”为主题发表的相关研究文献，对发表文献的基础认知、研究机构和相关学者及其合作关系能较好地可视化展示，有助于对研究领域热点全面、准确及客观的认识，为后续提炼研究方向提供了一定的指导意义。分析发现，以“猪毛蒿”或“*Artemisia scoparia*”为主题词的相关文献随着时间的变化呈现出上升趋势，但较其他研究主题总发文量要少。相比硕士论文和博士论文，发表于各类期刊杂志的数量占比较高，主要集中在农业科技类方面，国家自然科学基金和中国科学院对这一研究领域支持较大。从研究学者和研究机构及其合作网络关系来看，存在空间集群现象，合作关联相对较少，应加强不同团队间、国内外相关或跨领域研究的交流和科技合作。

本书在对 1953—2016 年猪毛蒿研究相关文献收集的基础上，利用 CiteSpace 分析软件，通过得到的研究关键词共现关系图谱，以可视化手段分析该领域研究热点，结果显示国内关于猪毛蒿研究领域主要集中在“生态恢复和群落演替”“植物化学和医药用途”2 个聚类领域，有着不同的研究内容与侧重点，研究的内涵及体系较为丰富，既有区域单元的宏观调查工作，又有菌油类的微观试验工作，主题特征明显、研究内容充实，但还存在一定的问题，对不同生境条件下植物功能性状、种群动态、繁殖特征、种间相互作用关系以及对群落稳定性和构建机制等方面的研究尚显不足，这些方面可作为今后猪毛蒿研究的选题方向。此外，在多学科协同发展的大趋势下，应依托生态学、草学、地理学及植物学等多学科，以专业方法和理论做指导，加强多学科、多领域间的合作研究。

第二篇 群落水平

DI'ERPIAN QUNLUO SHUIPING

第4章 荒漠草原植物群落组成及生态位特征

自然界中异质生境在不同尺度上普遍存在，不但影响了植物的生长和分布，还对物种的生态适应策略产生影响。对植物产生影响的生境因素有很多，如土壤水分含量、土壤类型和植被类型等，加之有不同的组合，使植物适应环境的“对策”也必然是多种多样的。生境异质性往往造成资源可利用性的差异，会导致物种的生态位分化。一般认为种群间相互关系可以通过植物利用资源的状况反映（赵成章等，2013），因此资源利用状况是认识群落组成形成机制的主要问题，而生态位理论可以揭示物种间对可利用资源的量化问题（陈波等，1995）。经典的生态位理论认为，物种在某种或多种环境资源利用上存在差异，即物种间的生态位分化，这是物种共存的基本机制之一（Chesson，2000），也是群落组成变化和群落演替的主要动力（Tilman，2000）。当然，除生境中的可利用资源外，其他因素也会影响生态位分化，如人为环境干扰（Silvertown，2004）以及空间大小因素（Murrell et al.，2010）。荒漠草原是草原向荒漠过渡的一个生态系统类型，植物群落结构简单，物种组成、植被类型与分布等容易发生变化，对外界扰动非常敏感，长期受人为和自然干扰，引起了生境破碎化，具有生态脆弱性和不稳定性，承受着巨大的压力（李国旗等，2018；宋乃平等，2018）。围栏封育是保护退化草地植被简便有效和便于推广应用的技术措施之一，能够促进荒漠化物种对资源利用的能力和生态位功能的发挥，进而使草地植物群落的组成和功能发生规律性的变化，草地生态系统在自身弹性下得以恢复和重建（龚容等，2016）。宁夏荒漠草原原生硬质灰钙土斑块散布在广大沙化土地中，形成类似“土岛”的土被结构（宋乃平等，2018），部分裸露的基岩风化物也呈嵌套状分布，水分、养分等可利用资源数量贫乏且时空不均、人为干扰不断等影响物种共存的因素较多，植被常呈现出不连续斑块状分布，用生态位理论解释物种共存也许能得到较好的回答。

目前，较多学者在荒漠草原开展了大量的研究工作，涉及的内容主要集中在生物多样性及共存机制（Liu et al.，2015；Luo et al.，2016；高雪峰等，2017；宋乃平等，2018）、放牧影响及管理（李永强等，2016；刘文亭等，2017；闫宝龙等，2018）、退化机理及恢复措施（Tang et al.，2015；沈艳等，2015；阎欣等，2017）等方面，但对围栏内外以及放牧条件下不同土壤类型生境中植物群落组成和主要种群生态位特征的研究尚少见相关报道。因此，本书基于经典的生态位理论，通过调查荒漠草原植物群落数量特征，分析以上异质生境中主要种群的生态位宽度和生态位重叠，以期回答以下问题：①荒漠草原植物群落种类组成及其数量特征对异质生境的响应；②异质生境群落中各植物种群的生态位是否相同以及优势种的生态位特征发生怎样的变化。希望通过此研究，能够对揭示植物种群间的相互关系、物种的生态适应性和共存机制，深入研究该区域异质生境下群落演替及植被恢复和保护提供科学依据。

4.1 试验设计与方法

4.1.1 试验设计

以荒漠草原不同生境（围栏内外下的不同土壤类型）的植物群落为研究对象，于 2018 年 7—8 月进行样方调查，考虑到依据样方中个别土样反映出的土壤属性，其结果存在很大的不确定性（沈泽昊和方精云，2001），因此，本书在风沙土、灰钙土和基岩风化沉积土生境下，采用代表性样地法分别选择不同围封年限和不同放牧程度的群落样地。其中，1～2 年为短期围封样地，10～12 年为长期围封样地；放牧程度参照任继周（1998）对放牧强度的划分标准，采用放牧农户调查与野外实地观察相结合的方式，划分出轻度放牧（0.30～0.45 头/hm^2）、中度放牧

（1.00～1.20 头/hm^2）和重度放牧（1.45～1.50 头/hm^2）。每个生境下选择具有代表性、面积为 100 m×100 m 的样地，经统计，风沙土生境下共布设 15 个样地（短期围封、长期围封、轻度放牧、中度放牧和重度放牧样地各 3 个），灰钙土生境下共布设 12 个样地（短期围封、长期围封、轻度放牧和中度放牧样地各 3 个），基岩风化沉积土生境下共布设 4 个样地（短期围栏和中度放牧样地各 2 个）。每个样地随机布设 5 个 1 m×1 m 的草本样方，各样方间的距离不低于 10 m。调查并记录各样方盖度和植物种类，以及各植物物种的高度、盖度、密度、频度和生物量等。高度为植物的自然高度；盖度测量选择常用的目测估算法；密度为实际测量值；频度为各样地随机设置 20 个直径为 20 cm 的圆圈，统计其出现的植物种类；将每个样方内不同物种的植物齐地面刈割后，分别装入信封带回实验室，在（105±2）℃烘箱内杀青 30 min 后将温度调至（65±2）℃烘干至恒重，用万分之一天平称重，记为生物量。

4.1.2 测定项目与方法

生态位测定的基本步骤是以资源轴的梯度进行划分。通常有两种不同的做法（张继义等，2003）：一种是对资源类型根据实际测量的数据，分成不同间隔的梯度，然后将调查数据归入各个资源梯度进行计算；另一种是把群落调查的每个样方作为多种资源的综合状态，以各个物种在不同样方的重要值等指标进行计算，可以认为这综合反映了不同物种对多种资源的利用，也反映了不同物种的空间关系。基于此，本书以所调查的样方作为资源状态，样方数作为资源梯度的数目进行生态位相关指标的计算。

4.1.2.1 重要值

重要值可确定各群落的优势物种，能较客观地表达不同植物在群落中的作用与地位。以群落中物种的盖度、密度、高度和频度作为单项指标确定相对盖度（RC）、相对密度（RA）、相对高度（RH）和相对频度（RF），重要值（IV）计算方法如下：

$$IV = \frac{RC + RA + RH + RF}{4}$$

式中，$RC = \frac{某物种的盖度}{全部种的盖度之和} \times 100\%$

$$RA = \frac{某物种个体数}{全部种的个体数之和} \times 100\%$$

$$RH = \frac{某物种植株平均高度}{全部种植株平均高度之和} \times 100\%$$

$$RF = \frac{某物种出现的样方数}{全部种出现的样方数之和} \times 100\%。$$

4.1.2.2 物种多样性

选用物种丰富度（S）、Shannon-Wiener 多样性指数（H）和 Pielou 均匀度指数（E）进行植物群落物种多样性的测定，其计算公式为：

$$S = 所在样方内的物种数$$

$$H = -\sum_{i=1}^{s} P_i \cdot \ln P_i$$

$$E = \frac{H}{\ln S}$$

式中，P_i——样方中物种 i 在群落中的重要值（IV）。

4.1.2.3 生态位宽度

生态位宽度是描述物种对环境资源多样性利用的一种表示方法，利用群落调查资料，采用常用的 Levins 生态位宽度（B_i）表示，计算公式如下。

$$B_i = \frac{1}{\sum_j^r \left(n_{ij} / N_i\right)^2}$$

式中，n_{ij}——物种 i 利用资源状态 j 的数量（本书以物种 i 在第 j 个样方的重要值表示）；

N_i——物种 i 的总量（样地中物种 i 的重要值之和）；

r——样方数。

指数 B_i 值越大，说明生态位越宽，该种利用的资源总量越多，竞争力越强。

4.1.2.4 生态位总宽度

生态位总宽度（TB）计算公式如下：

$$\mathrm{TB}=\sqrt{\sum_{i=1}^{r}B_i^2}$$

式中，TB——物种在第 i 个样地的生态位总宽度；

r——样地的数量。

4.1.2.5 生态位重叠

生态位重叠值（NO）是指在一定资源序列上，两个或者多个物种利用同等级资源而相互重叠的情况，是一种生态特性，不仅可以反映不同物种在某些生态因子需求上的相似程度，又可以反映不同种群同时利用相同资源的状况（王鑫等，2017）。高的生态位重叠意味着种间有一部分环境资源是共同利用的，可能存在资源利用性竞争。主要有 Pianka 生态位重叠和 Petraitis 生态位重叠等，本书采用方法相对简单、结果对称的 Pianka 生态位重叠公式计算：

$$\mathrm{NO}=\sum_{j=1}^{r}(n_{ij}\times n_{kj})\Big/\sqrt{\sum_{j=1}^{r}n_{ij}^2\times\sum_{j=1}^{r}n_{kj}^2}$$

式中，n_{ij} 和 n_{kj}——物种 i 和物种 k 在资源 j 上的 IV，该方程的值域为[0，1]。

4.1.2.6 生态位重叠值的总平均值

样地全部种群间生态位重叠值的总平均值（TANO）的计算公式如下：

$$\mathrm{TANO}=\frac{\mathrm{TNO}}{\mathrm{TP}}$$

式中，TNO——样地内全部种群间生态位重叠值总数；

TP——总种对数。

4.1.2.7 DCA 排序/聚类分析

物种的分布和数量与生态位的宽度和重叠值、物种的聚类和排序均有着密切关系，也就是与物种利用环境资源的能力有关（唐以杰等，2006）。DCA 排序图可以综合反映各物种空间分布的综合对比关系以及不同物种间的生态特性相似程度，生态学特性相近的种在排序图上往往比较接近（张海艳等，2013）。研究各种群之间资源利用和空间分布的相互关系，应用 DCA 排序结合生态位特征分析的方法，可以得到更为全面的研究结果（董林水等，2007）。本书以重要值作为指标，建立物种×样方矩阵，利用 Cannon 5.0 软件进行在不同生境条件下物种间的生态相似性 DCA 排序。

4.1.3 数据处理

所有数据在 SPSS 21.0 软件中进行统计、计算和制图，采取单因素方差分析和最小显著差异法进行方差分析和多重比较。数量分类和排序的研究方法多应用于群落的类型划分，也有不少学者将其应用于物种的归类和排序，也取得了较好的效果，研究结果同样可以反映出物种的空间分布格局和生态适应性（曹杨等，2005；董林水等，2007）。DCA 排序不但包括了生态位方面的信息，更多的综合了物种之间的相互关系（董林水等，2007）。因此，本书采用 Canoco 5.0 软件绘制出在不同土壤类型生境下各物种生态位重叠指数的物种系统聚类排序图。

4.2 结果与分析

4.2.1 种类组成与数量特征

实际调查结果显示（图 4-1），研究样地内共有 42 个植物种，分别属于 15 科，36 属。总体来看，植物群落主要以豆科、禾本科、菊科和藜科为主，4 科植物在不同土壤类型生境下样地的数量占比之和分别为 59.64%（风沙土）、61.96%（灰钙土）和 76.32%（基岩风化沉积土）。从单科来看，风沙土生境排序为：豆科＞菊科＞藜科＞禾本科＞其他单科；灰钙土生境排序为：豆科＞禾本科＞菊科＞藜科＞其他单科；基岩风化沉积土生境排序为：豆科＞菊科＞禾本科＞藜科＞其他单科。从围封样地和放牧样地来看，围封样地植物所属科数高于放牧样地。除风沙土生境中重度放牧会明显减少各科植物的种类外，相同土壤类型生境间轻度或中度放牧没有造成样地中植物科数量的明显变化。

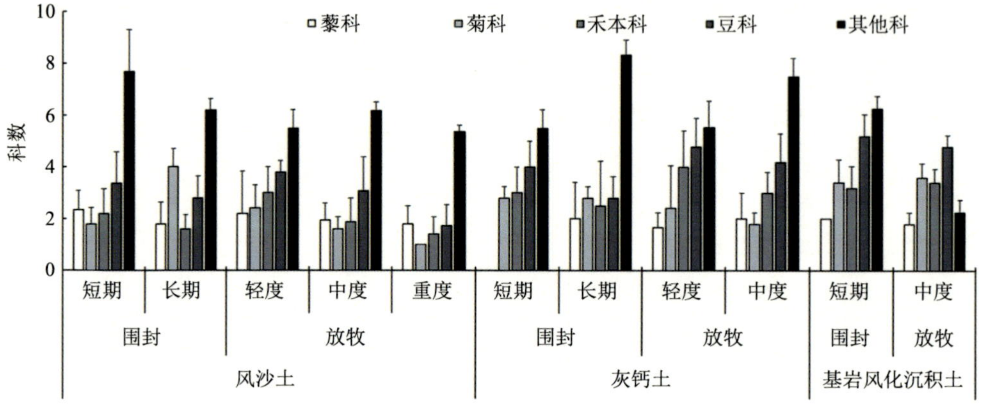

图 4-1　各样地植物所属科数量

研究区以多年生的植物为主，其次是一年生和一年生至多年生植物，如图 4-2 所示。其中，风沙土生境中多年生植物平均为 6.55 种，明显低于灰钙土（10.05 种）和基岩风化沉积土生境（12.00 种）。一年生植物中，风沙土生境平均为 3.59 种，明显高于基岩风化沉积土生境（2.8 种）和灰钙土生境（1.70 种）。而一年生至多年生植物的种数在风沙土生境（1.63 种）、灰钙土生境（1.50 种）和基岩风化沉积土生境（1.10 种）中差异不大。从围封和放牧来看，3 种土壤类型放牧样地中多年生植物的种类（7.41 种）少于围封样地（9.49 种），而增加了一年生植物的种类（3.05 种）。

草本占有绝对优势，物种数占比均高于 85%，其次为半灌木，调查样方内无灌木和乔木出现，如图 4-3 所示。在不同土壤类型生境下，风沙土中草本植物平均有 10.81 种，灰钙土中有 11.75 种，均低于基岩风化沉积土生境中的 14.50 种；而风沙土中半灌木平均为 0.97 种，低于灰钙土中的 1.50 种和基岩风化沉积土中的 1.40 种。从围封和放牧来看，放牧样地中草本植物平均物种数为 10.98 种，低于围封样地的 12.52 种，半灌木植物的物种数则差异不大。风沙土生境中，随着放牧程度的加重，草本植物的平均物种数显著降低，而对半灌木物种数影响不大。

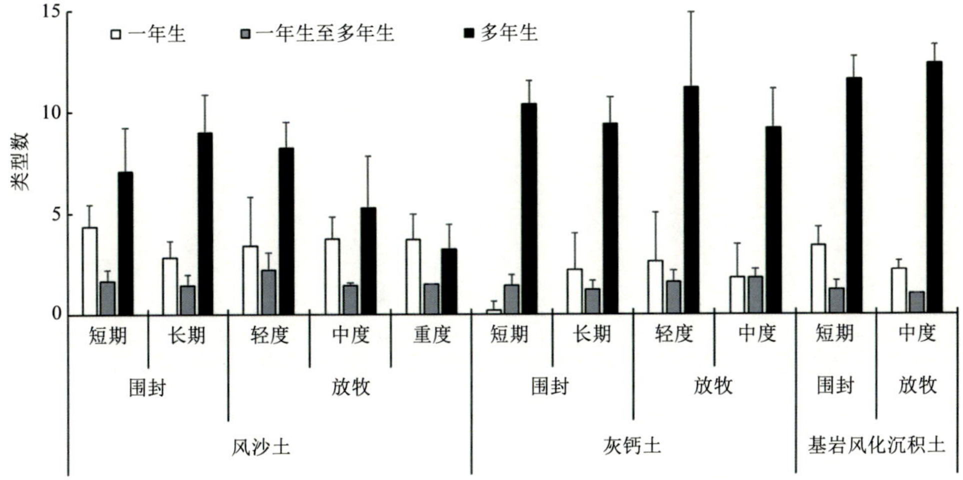

图 4-2 各样地植物功能类群

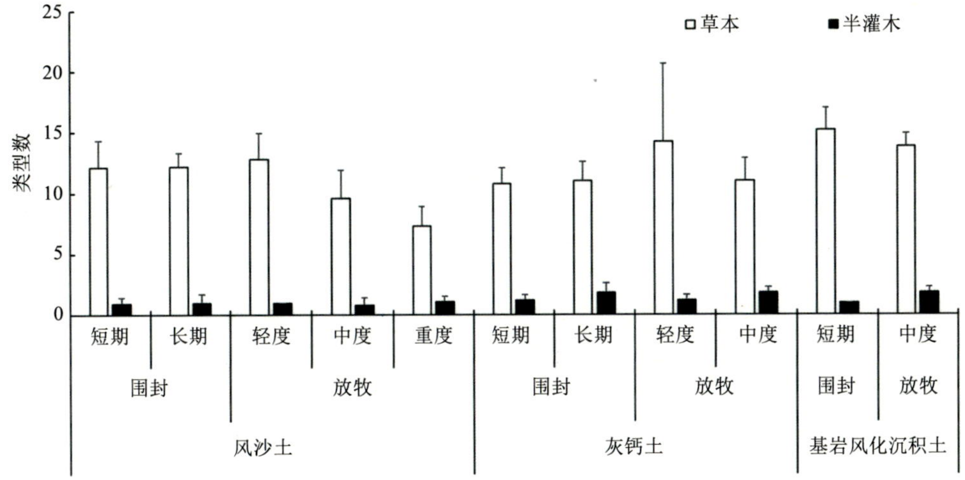

图 4-3 各样地植物生长型

从表 4-1 可以看出，不同生境下调查样地中植物群落数量的特征有着明显的差异。总体来看，在不同土壤类型下，风沙土生境中的植物群落平均生物量最高为 113.60 g/m^2，其次为灰钙土生境中的植物群落平均生物量为 101.52 g/m^2，基岩风化沉积土中最低，平均值仅为 61.70 g/m^2。灰钙土中的植物群落平均盖度最高，为 52.63%，其次是风沙土生境中平均盖度为 46.54%，基岩风化沉积土中最低，仅为 34.20%。风沙土生境中平均密度高达 526.67 株/m^2，基岩风化沉积土中平均密度为 515.30 株/m^2，灰钙土生境中最低，为 388.10 株/m^2。植物群落中的平均高度在 3 种土壤类型生境下差异不明显，大小排序为：基岩风化沉积土（129.43 cm）＞灰钙土（118.41 cm）＞风沙土（100.89 cm）。

表 4-1　调查样地群落数量特征

土壤类型	围封/放牧		生物量/（g/m^2）	盖度/%	密度/（株/m^2）	高度/cm
风沙土	围封	短期	128.51±46.92	60.20±14.66	570.90±347.74	133.87±36.18
		长期	141.60±41.09	48.60±6.09	304.60±137.18	126.17±35.77
	放牧	轻度	118.52±49.85	41.40±4.87	450.40±91.33	87.45±15.46
		中度	102.11±33.06	53.90±17.21	1 021.93±335.10	87.19±25.18
		重度	77.25±26.99	28.60±11.79	285.5±249.28	69.77±34.01
灰钙土	围封	短期	103.31±14.36	59.00±3.02	277.10±115.22	125.20±8.37
		长期	125.24±44.27	67.90±7.99	255.60±66.21	173.07±43.38
	放牧	轻度	75.59±22.82	38.00±11.77	337.80±149.21	111.33±42.46
		中度	101.93±19.31	45.60±8.51	681.90±360.06	64.03±16.40
基岩风化沉积土	围封	短期	75.96±28.04	36.20±17.72	636.40±325.97	150.39±35.02
	放牧	中度	47.43±10.38	32.20±6.01	394.20±131.06	108.47±14.62

总体来看，3 种土壤类型生境下放牧均会减少植物群落的平均生物量，同时引起群落平均盖度和高度的降低。放牧生境下植株密度（528.62 株/m^2）高于围封生境下植株密度（408.92 株/m^2），在风沙土和灰钙土生境下，中度放牧明显增加了群落的密度。但重度放牧则会降低样地内植株密度。在基岩风化沉积土生境中短期围封植株密度高于中度放牧条件，但差异不明显。

4.2.2　多样性分析

物种多样性可以体现生物与生物、生物与环境间的关系，还可以体现生物资源的丰富性。研究不同生境样地草本植物多样性指数见表 4-2，其中，平均丰富度的变化范围为 8.40～16.20，风沙土生境中丰富度的平均值为 11.77，灰钙土生境中丰富度的平均值为 13.25，基岩风化沉积土生境中丰富度的平均值为 15.90。从围封和放牧来看，围封样地平均丰富度为 13.46，略高于放牧样地（12.73）。除风沙土生境中重度放牧会明显减少物种丰富度外，相同土壤类型生境间轻度或中度放牧没有造成样地中物种丰富度的明显变化。这和野外调查所观察到的植物生长状况是一致的。

Shannon-Wiener 多样性指数用来估算群落多样性的高低，其变化范围为 2.45～5.03，其中，风沙土生境多样性平均值为 3.53，灰钙土生境多样性平均值为 4.07，基岩风化沉积土生境多样性平均值为 4.92。围封样地生境多样性平均值为 4.13，略高于放牧样地生境多样性平均值（3.85），在风沙土生境中轻度放牧的多样性指数略高于围封样地，但无明显差异，而重度放牧的多样性指数明显低于围封样地，且随着放牧程度的增加，多样性指数呈降低的趋势。

Pielou 均匀度指数用来描述物种中个体的相对丰富度或所占比例，变化范围为 1.15～1.80，其中，风沙土生境多样性平均值为 1.43，灰钙土生境多样性平均值为 1.57，基岩风化沉积土生境多样性平均值为 1.77。从围封和放牧来看，围封样地均匀度指数平均值（1.59）略高于放牧样地（1.50），风沙土生境下随着放牧程度的增加，均匀度指数也呈降低的趋势。而在灰钙土生境下，轻度放牧较之围封可以提高样地内植物群落的均匀度指数，但无明显差异。

表 4-2　荒漠草原不同生境草本植物多样性指数

土壤类型	围封/放牧		丰富度（S）	多样性指数（H）	均匀度指数（E）
风沙土	围封	短期	13.07±2.99	3.97±1.06	1.54±0.28
		长期	13.20±1.64	4.01±0.56	1.55±0.14
	放牧	轻度	13.80±2.17	4.16±0.83	1.58±0.24
		中度	10.40±2.59	3.08±0.86	1.31±0.24
		重度	8.40±1.84	2.45±0.52	1.15±0.14
灰钙土	围封	短期	12.00±1.41	3.72±0.42	1.50±0.12
		长期	12.80±2.17	3.94±0.75	1.54±0.20
	放牧	轻度	15.40±6.58	4.67±2.15	1.69±0.53
		中度	12.80±2.17	3.93±0.86	1.54±0.25
基岩风化沉积土	围封	短期	16.20±1.79	5.03±0.64	1.80±0.16
	放牧	中度	15.60±1.14	4.80±0.56	1.74±0.17

4.2.3 重要值

从重要值总和来看（表 4-3），排名前 10 位的分别是猪毛蒿、虫实、牛枝子、针茅、蒺藜、糙隐子草、苦豆子、阿尔泰狗娃花、砂珍棘豆、狗尾草，而且猪毛蒿占有绝对优势。从不同土壤类型条件来看，风沙土生境中重要值最大的是猪毛蒿，其次为虫实和蒺藜，重要值最小的是球果荠；灰钙土生境中重要值最大的为猪毛蒿，其次为牛枝子、针茅和赖草，最小的是地锦；基岩风化沉积土中猪毛蒿最大，其次为虫实、糙隐子草和草木犀状黄芪，而重要值最小的是二色补血草和牻牛儿苗。这和野外调查所观察到的植物生长状况是一致的。

表 4-3　荒漠草原不同生境各物种重要值

物种	风沙土					灰钙土				基岩风化沉积土		总和
	围封		放牧			围封		放牧		围封	放牧	
	短期	长期	轻度	中度	重度	短期	长期	轻度	中度	短期	中度	
猪毛蒿 *Artemisia scoparia*	0.484	0.386	0.495	0.459	0.094	0.230	0.315	0.36	0.487	0.262	0.195	3.769
虫实 *Corispermum mongolicum*	0.116	0.122	0.026	0.187	0.264	—	0.045	0.025	0.096	0.197	0.125	1.204
牛枝子 *Lespedeza potaninii*	0.101	0.152	0.138	0.058	0.007	0.136	0.268	0.134	0.100	0.045	0.019	1.158
针茅 *Stipa capillata*	0.020	0.017	0.013	0.027	—	0.288	0.143	0.092	0.029	—	0.005	0.634
蒺藜 *Tribulus terrester*	0.036	0.079	0.015	0.046	0.309	0.005	—	0.036	0.033	—	—	0.560
糙隐子草 *Cleistogenes squarrosa*	0.068	—	0.025	0.008	—	0.079	0.014	0.064	0.042	0.083	0.177	0.560
苦豆子 *Sophora alopecuroides*	0.063	0.105	0.047	0.118	0.016	0.038	0.033	0.032	0.033	0.029	0.03	0.546
阿尔泰狗娃花 *Heteropappus altaicus*	0.027	0.032	0.084	0.025	—	0.048	0.068	0.021	0.099	0.032	0.041	0.477
砂珍棘豆 *Oxytropis racemosa*	0.028	0.023	0.045	0.044	0.007	0.041	0.018	0.04	0.048	0.033	0.090	0.417

物种	风沙土					灰钙土				基岩风化沉积土		总和
	围封		放牧			围封		放牧		围封	放牧	
	短期	长期	轻度	中度	重度	短期	长期	轻度	中度	短期	中度	
狗尾草 *Setaria viridis*	0.032	—	0.005	0.081	0.211	—	0.027	0.019	0.022	0.012	—	0.410
白草 *Pennisetum centrasiaticum*	0.040	0.064	0.033	0.030	0.081	0.019	0.021	0.013	0.015	0.021	0.057	0.395
赖草 *Leymus secalinus*	0.048	—	—	0.004	—	0.1	0.074	0.067	—	0.048	0.044	0.384
草木犀状黄芪 *Astragalus melilotoides*	0.024	0.037	—	0.030	—	—	0.06	0.023	—	0.109	0.072	0.357
老瓜头 *Cynanchum komarovii*	0.006	0.012	—	0.052	0.044	0.005	0.032	0.017	0.058	—	0.022	0.248
猪毛菜 *Salsola collina*	0.044	0.014	0.028	0.023	—	—	0.025	0.030	0.026	0.034	0.022	0.244
披针叶黄华 *Thermopsis lanceolata*	0.011	—	—	0.031	—	0.017	0.007	0.062	—	0.037	0.069	0.234
米口袋 *Gueldenstaedtia verna*	0.022	—	0.025	0.021	—	0.039	0.016	0.034	0.051	0.014	0.010	0.233
丝叶山苦荬 *Ixeris chinense*	0.010	0.029	0.02	0.014	—	0.02	0.031	0.016	0.026	0.03	0.026	0.222
菟丝子 *Cuscuta chinensis*	0.029	0.03	0.036	0.032	0.019	—	—	0.017	0.01	0.013	—	0.187
大戟 *Euphorbia pekinensis*	0.013	0.02	0.023	0.022	—	0.006	0.015	0.021	0.024	0.024	0.012	0.179
雾冰藜 *Bassia dasyphylla*	0.010	0.01	0.063	0.025	0.024	—	0.021	—	0.02	—	—	0.173
远志 *Polygala tenuifolia*	0.021	0.023	0.005	0.024	—	0.026	0.024	0.014	0.028	—	—	0.164
冬青叶兔唇花 *Lagochilus ilicifolius*	0.057	—	—	—	—	—	0.061	—	0.042	—	—	0.160
角蒿 *Incarvillea sinensis*	0.028	—	0.023	—	—	—	0.038	—	—	0.021	—	0.110
二色补血草 *Limonium bicolor*	—	0.051	—	—	—	—	0.052	—	—	0.004	—	0.107
二裂委陵菜 *Potentilla bifurca*	—	—	—	0.013	—	—	0.072	—	0.017	—	—	0.102

物种	风沙土					灰钙土				基岩风化沉积土		总和
	围封		放牧			围封		放牧		围封	放牧	
	短期	长期	轻度	中度	重度	短期	长期	轻度	中度	短期	中度	
田旋花 *Convolvulus arvensis*	0.011	0.005	—	0.015	—	—	0.015	0.047	—	—	—	0.093
叉枝鸦葱 *Scorzonera divaricata*	0.005	0.042	—	0.014	—	—	—	0.010	—	—	0.015	0.087
灰绿藜 *Chenopodium glaucum*	0.014	—	0.009	—	0.015	—	0.045	—	—	—	—	0.084
地锦 *Euphorbia humifusa*	0.022	—	0.007	0.019	0.009	0.005	—	0.005	—	0.011	0.005	0.082
银灰旋花 *Conuoluulus ammannii*	0.006	—	—	0.011	—	0.013	—	0.032	—	—	—	0.062
画眉草 *Eragrostis pilosa*	—	—	—	—	0.041	—	—	—	—	—	0.014	0.054
砂蓝刺头 *Echinops gmelini*	—	—	—	0.019	—	—	—	0.019	—	0.015	—	0.053
乳苣 *Mulgedium tataricum*	—	0.045	—	—	—	—	—	—	—	—	—	0.045
脓疮草 *Panzeria alaschanica*	—	—	—	—	—	—	0.019	—	0.021	—	—	0.040
骆驼蓬 *Peganum harmala*	0.029	—	—	—	—	0.01	—	—	—	—	—	0.039
地梢瓜 *Cynanchum thesioides*	0.021	—	—	—	—	—	—	—	—	0.017	—	0.038
猫头刺 *Oxytropis aciphylla*	—	—	—	—	—	—	0.014	—	0.014	—	—	0.029
沙蓬 *Agriophyllum squarrosum*	0.011	—	—	—	—	—	—	—	—	—	—	0.011
火烙草 *Echinops przewalskii*	—	—	—	—	—	—	—	—	—	0.005	—	0.005
牻牛儿苗 *Erodium stephanianum*	—	—	—	—	—	—	—	—	—	0.004	—	0.004
球果荠 *Neslia paniculata*	<0.001	—	—	—	—	—	—	—	—	—	—	<0.001

注："—"表示此物种在该样地中未出现，下同。

综合围封和放牧条件来看，研究区内围封条件下主要优势物种集中在猪毛蒿、牛枝子、虫实和针茅等植物之间，物种的生活型以一年至多年生和多年生草本或半灌木为主。而放牧条件下优势种为猪毛蒿、虫实、蒺藜、牛枝子和狗尾草，生活型是一年生草本植物比重有所增加。这和刘小丹等（2015）的研究结果一致。

总体来看，研究区内猪毛蒿是主要优势种，但在不同土壤类型生境下，其重要值不同，风沙土生境下最大，其次为灰钙土，基岩风化沉积土生境中最小。但由于该植物不是优良牧草，其占据优势必然会导致草场质量下降。而牛枝子和针茅则表现为灰钙土生境最大，风沙土和基岩风化沉积土次之。放牧会导致荒漠草原植物群落中多年生草本和半灌木重要值比重的下降，反之，会增加一年生草本的重要值。

4.2.4　生态位宽度

生态位宽度和生态位重叠值是解释植物对资源环境的利用状况和对资源竞争情况最好的指标（徐治国等，2007；字洪标等，2016）。生态位宽度是生物利用资源多样性的一个指标，在一定程度上表现了物种对环境的适应性和利用资源的能力。物种生态位越宽，利用资源的能力越强，分布则更为广泛。

不同生境草地种群生态位的总宽度排名前 10 位的分别为：猪毛蒿、牛枝子、砂珍棘豆、虫实、苦豆子、丝叶山苦荬、糙隐子草、白草、阿尔泰狗娃花、猪毛菜，生态位总宽度接近或大于 10.00，见表 4-4。这些物种在研究区内广泛分布，是典型的泛化物种。在不同土壤类型条件下，风沙土生境中生态位宽度最大的是猪毛蒿，其次是猪毛菜和虫实；灰钙土生境中重要值最大的为猪毛蒿，其次为牛枝子、米口袋和针茅；基岩风化沉积土中猪毛蒿最大，其次为赖草、阿尔泰狗娃花、丝叶山苦荬、虫实和老瓜头。同一种群不同土壤类型条件下的生态位宽度也不同，分布较广的猪毛蒿种群生态位宽度值在灰钙土生境下最高，为 4.74，风沙土生境下最高为 4.58，基岩风化沉积土生境下最高为 4.50。多数一年生植物（如虫实、猪毛菜、狗尾草、地锦等）在风沙土生境下生态位宽度最高，而多年生植物（如针茅、白草、远志、米口袋等）在灰钙土生境下往往生态位宽度值相对较高。

表 4-4 荒漠草原不同生境各物种生态位宽度

物种	风沙土					灰钙土				基岩风化沉积土		生态位总宽度
	围封		放牧			围封		放牧		围封	放牧	
	短期	长期	轻度	中度	重度	短期	长期	轻度	中度	短期	中度	
猪毛蒿 *A. scoparia*	4.81	4.68	4.96	4.92	3.56	4.85	4.48	4.79	4.84	4.18	4.81	15.40
牛枝子 *L. potaninii*	4.07	3.53	3.11	3.09	2.00	4.96	4.44	2.88	4.53	4.40	3.37	12.49
砂珍棘豆 *O. racemosa*	2.55	3.48	4.34	2.90	1.00	4.42	1.00	4.49	4.74	3.89	2.69	11.51
虫实 *C. mongolicum*	3.65	2.95	1.78	4.64	4.21	—	2.83	1.77	2.96	4.65	3.96	11.03
苦豆子 *S. alopecuroides*	3.68	1.30	2.91	3.78	3.14	2.96	1.98	3.57	3.44	2.61	3.89	10.34
丝叶山苦荬 *I. chinense*	1.56	3.23	2.81	1.21	1.00	4.29	4.47	1.98	1.00	3.77	4.97	10.27
糙隐子草 *C. squarrosa*	3.43	—	4.66	1.00	—	3.93	1.00	3.08	2.77	3.69	4.73	10.20
白草 *P. centrasiaticum*	3.41	2.72	4.84	2.74	1.58	1.76	1.90	2.26	3.06	2.75	4.51	10.08
阿尔泰狗娃花 *H. altaicus*	2.28	3.80	3.12	2.00	—	3.54	2.63	1.67	2.46	4.68	4.09	10.02
猪毛菜 *S. collina*	3.41	2.87	4.57	3.34	—	—	1.00	2.94	1.00	4.81	3.73	9.98
米口袋 *G. verna*	2.12	—	3.74	2.39	—	4.04	2.79	4.24	3.84	1.74	1.00	9.22
针茅 *S. capillata*	2.85	3.93	2.29	1.00	—	4.88	1.68	3.93	2.83	—	1.00	8.99
赖草 *L. secalinus*	1.79	—	—	1.00	1.00	2.23	1.86	4.08	—	4.68	4.24	8.38
披针叶黄华 *T. lanceolata*	2.92	—	—	1.35	2.88	1.74	1.00	2.44	—	4.40	3.92	7.96
菟丝子 *C. chinensis*	3.51	4.85	1.87	3.02	1.00	—	—	1.83	1.28	2.87	—	7.92
蒺藜 *T. terrester*	2.85	1.98	3.00	2.34	4.69	2.00	—	1.67	2.29	—	—	7.78

物种	风沙土					灰钙土				基岩风化沉积土		生态位总宽度
	围封		放牧			围封		放牧		围封	放牧	
	短期	长期	轻度	中度	重度	短期	长期	轻度	中度	短期	中度	
狗尾草 *S. viridis*	2.70	—	2.00	2.54	4.53	—	2.58	2.88	1.00	1.73	—	7.57
远志 *P. tenuifolia*	2.19	1.85	1.00	1.00	1.00	3.43	4.36	1.97	2.95	—	—	7.39
大戟 *E. pekinensis*	1.65	2.46	1.00	1.30	3.25	1.00	1.00	1.97	1.00	3.63	3.41	7.33
草木犀状黄芪 *A. melilotoides*	1.00	3.23	—	1.99	—	—	1.00	1.97	—	3.14	4.13	6.87
老瓜头 *C. komarovii*	1.00	1.00	—	1.00	2.87	1.00	2.96	1.00	1.00	—	4.28	6.42
地锦 *E. humifusa*	2.78	—	1.83	3.12	2.94	1.00	—	1.98	—	1.00	1.00	6.03
叉枝鸦葱 *S. divaricata*	1.00	4.21	—	1.41	—	—	—	1.00	—	—	2.59	5.33
雾冰藜 *B. dasyphylla*	1.14	1.00	1.25	1.47	2.42	—	1.99	—	1.67	—	—	4.32
角蒿 *I. sinensis*	1.48	—	2.97	—	—	—	1.00	—	—	1.00	—	3.61
田旋花 *C. arvensis*	2.36	1.00	—	1.00	—	—	1.55	1.00	—	—	—	3.31
灰绿藜 *C. glaucum*	1.00	—	1.55	—	1.87	—	1.89	—	—	—	—	3.24
猫头刺 *O. aciphylla*	—	—	—	—	—	—	1.00	—	2.91	—	—	3.08
地梢瓜 *C. thesioides*	2.72	—	—	—	—	—	—	—	—	1.00	—	2.90
银灰旋花 *C. ammannii*	1.00	—	—	1.00	—	1.00	—	1.88	—	—	—	2.55
脓疮草 *P. alaschanica*	—	—	—	—	—	—	1.89	—	1.71	—	—	2.55
二裂委陵菜 *P. bifurca*	—	—	—	1.00	—	—	1.00	—	1.96	—	—	2.42

物种	风沙土					灰钙土				基岩风化沉积土		生态位总宽度
	围封		放牧			围封		放牧		围封	放牧	
	短期	长期	轻度	中度	重度	短期	长期	轻度	中度	短期	中度	
冬青叶兔唇花 *L. ilicifolius*	1.00	—	—	—	—	—	1.86	—	1.00	—	—	2.33
砂蓝刺头 *E. gmelini*	—	—	—	1.79	—	—	—	1.00	—	1.00	—	2.28
二色补血草 *L. bicolor*	—	1.00	—	—	—	—	1.00	—	—	1.00	—	1.73
骆驼蓬 *P. harmala*	1.35	—	—	—	—	1.00	—	—	—	—	—	1.68
沙蓬 *A. squarrosum*	1.31	—	—	—	1.00	—	—	—	—	—	—	1.65
画眉草 *E. pilosa*	—	—	—	—	1.00	—	—	—	—	—	1.00	1.41
牻牛儿苗 *E. stephanianum*	—	—	—	—	—	—	—	—	—	1.00	—	1.00
火烙草 *E. przewalskii*	—	—	—	—	—	—	—	—	—	1.00	—	1.00
乳苣 *M. tataricum*	—	1.00	—	—	—	—	—	—	—	—	—	1.00
球果荠 *N. paniculata*	＜0.01	—	—	—	—	—	—	—	—	—	—	＜0.01

综合围封和放牧条件来看，围封条件下生态位宽度排名靠前的分别是猪毛蒿、牛枝子、菟丝子、虫实、丝叶山苦荬和阿尔泰狗娃花等植物，而放牧条件下生态位宽度较大的为猪毛蒿、苦豆子、砂珍棘豆、糙隐子草、虫实和白草。放牧对猪毛蒿种群生态位宽度的影响较小，但对其他物种，特别是一年生草本（如菟丝子、丝叶山苦荬和阿尔泰狗娃花）生态位宽度的影响较大，寄生草本菟丝子生态位宽度由围封样地的 3.74 急剧下降到放牧样地的 1.80。而长期围封显著降低了灰钙土生境下的多年生草本针茅的生态位宽度，但在风沙土生境下则相对提高。

总体来看，在不同生境条件下猪毛蒿的生态位宽度均为最大，说明这种植物是研究区的主要优势种，环境适应性强，占据大部分可利用资源，中度放牧生境下较围封条件下的猪毛蒿生态位宽度值大，但重度放牧会降低其生态位宽度。而牻牛儿苗、火烙草和乳苣的生态位宽度较小，均为 0.100，球果荠的生态位宽度实际值＜0.01，说明这些植物生态位宽度较窄，具有选择性利用资源的特点，在资源竞争中处于劣势，此类植物对研究区环境的要求较高，资源利用较低，对环境的适应能力较弱，这几种植物均为偶见种，其生态位宽度与实际调查中观察到的现象一致。

从调查样地植物群落中各植物生态位宽度和重要值的相关关系来看，在 3 种土壤类型生境下，两者均呈正相关关系，但解释变量 R^2 均较低，所以生态位宽度和重要值呈弱相关关系。各物种生态位总宽度和重要值间呈极明显正相关，解释变量相对较高，如图 4-4 所示。一般来说，重要值越大的物种，往往生态位宽度也就越大，对资源的利用和对环境的适应能力也越强（钱逸凡等，2012），但也有研究发现重要值大小并非是生态位宽度大小的唯一因素，即重要值最大的物种其生态位宽度并非最大（字洪标等，2016），说明群落中物种生态位宽度与其重要值不一定呈正相关关系。本书中虽然呈现出正相关关系，但解释变量较低，这可能和调查样地中不同立地的土壤理化性质存在差异叠加上人类活动干扰，所形成的复杂异质性生境有关。

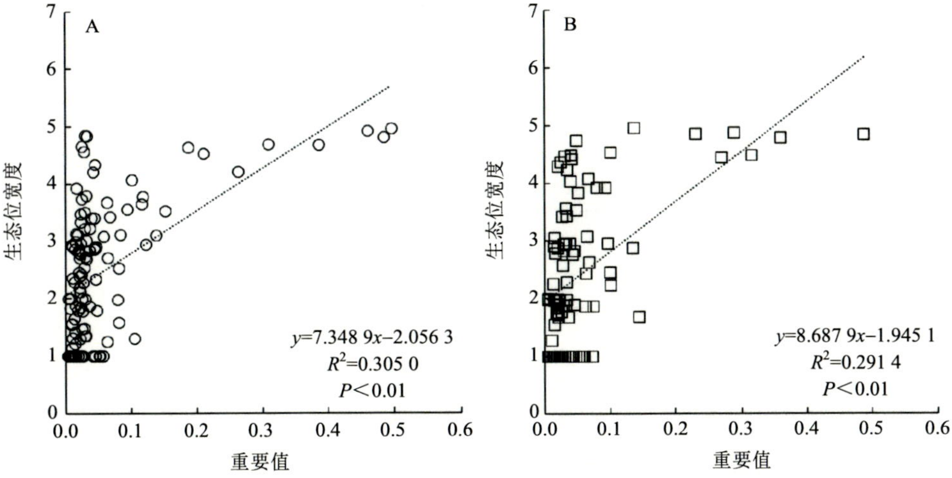

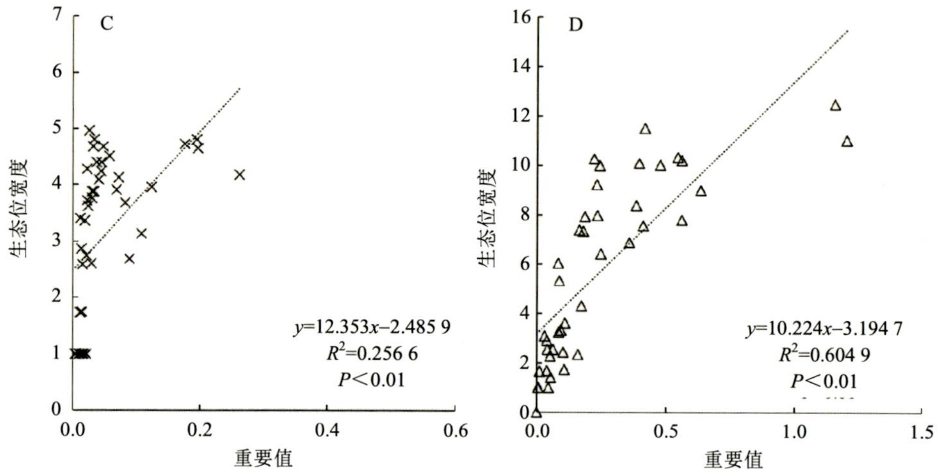

图 4-4　荒漠草原不同生境物种生态位宽度、总宽度与重要值相关关系

4.2.5　生态位的重叠值及其排序

在分析植物生态位宽度的基础上进一步分析物种间生态位的重叠，可以更精确地刻画出群落的动态、物种组成及物种的优势度等特征（原野等，2016）。本书中，相同植物种间在不同生境下的生态位重叠指数是不同的（见附录 1）。猪毛蒿种群在放牧和短期围栏内与其他物种的生态位重叠指数均较高，原因主要是猪毛蒿植株本身的繁殖特性、对胁迫条件的耐受性以及对环境资源的普适性特征造成其分布范围较广，所以在各生境条件下均能存活。总体来看，中度放牧生境较围封条件下猪毛蒿生态位的重叠值较大。但在长期围封样地中，特别是灰钙土生境下，猪毛蒿与其他物种间的重叠指数比重有所降低，而牛枝子、草木犀状黄芪、针茅等多年生的植物与伴生种的生态位的重叠指数比重则明显提高。可以看出在不同生境条件下生态位的重叠值最大的植物，其生态需求较为相似，有着较好的共生关系，但在资源利用上存在竞争关系。而冬青叶兔唇花与大多数共生种的生态重叠指数普遍较低，说明冬青叶兔唇花和其他物种对环境资源的需求存在差异。以上结果和野外调查所观察到的植物分布生长状况基本一致。

研究区内具有高生态位宽度物种之间具有高生态位重叠，但在某些生境条件下，生态位较窄的物种也会出现较大的生态位重叠，有部分植物种间（如雾冰藜和老瓜头、草木犀状黄芪和冬青叶兔唇花、老瓜头和二色补血草）的生态位重叠值为 1.00，接近完全重叠。出现上述情况可能是植物种群为了在特殊的生境条件下获得生存，对有限的环境资源（水分、养分等）展开竞争的结果。事实上，两个物种之间对资源空间的生态位的占有只是无限接近，故重叠也只是无限接近 1.00（刘小丹等，2015）。这也说明生态位宽度与生态位重叠之间并不存在直接的线性关系，这是由于物种可利用的环境资源和空间分布的异质性而造成的。

将不同土壤类型生境下各物种生态位的重叠指数的物种系统聚类排序图（图 4-5），与各物种的重要值和生态位宽度值对比可知，分布于 DCA 排序图周边的多为重要值较小和生态位宽度较低的物种，如虮牛儿苗（S39）、二色补血草（S37）、角蒿（S29）、地梢瓜（S9）等。而重要值较大和生态位较宽的猪毛蒿（S1）、虫实（S2）、猪毛菜（S3）、牛枝子（S14）和针茅（S35）等则分别位于或靠近各生境排序图的中心。从综合分析排序图（图 4-5 D）也可得出相同的规律，说明越靠近排序图中心的物种，在群落中越占有重要地位。

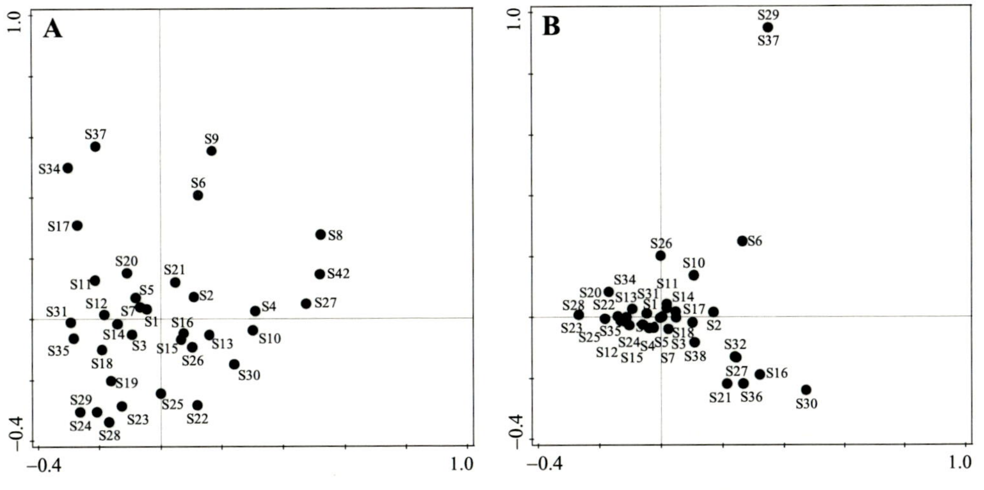

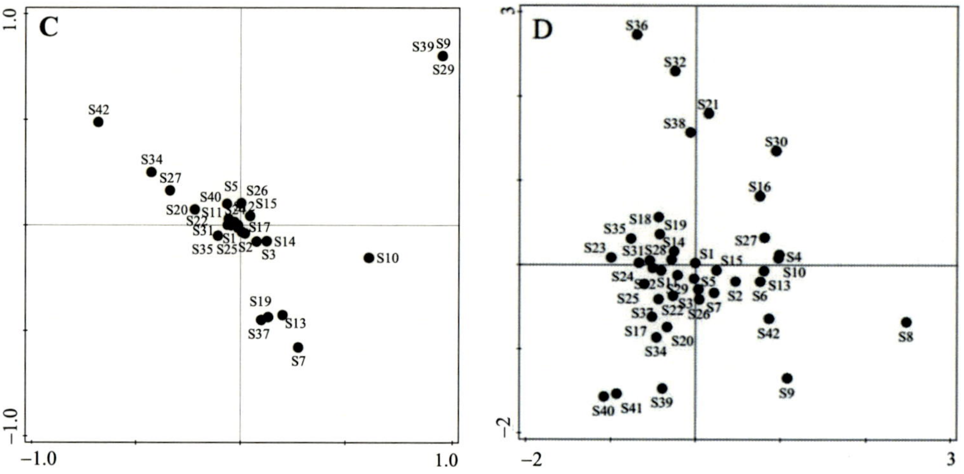

图 4-5　生态位重叠指数的物种系统聚类 DCA 排序

注：S1：猪毛蒿；S2：虫实；S3：猪毛菜；S4：蒺藜；S5：白草；S6：田旋花；S7：菟丝子；S8：沙蓬；S9：地梢瓜；S10：狗尾草；S11：丝叶山苦荬；S12：砂珍棘豆；S13：地锦；S14：牛枝子；S15：苦豆子；S16：雾冰藜；S17：草木犀状黄芪；S18：远志；S19：米口袋；S20：砂蓝刺头；S21：二裂委陵菜；S22：披针叶黄华；S23：银灰旋花；S24：糙隐子草；S25：赖草；S26：大戟；S27：老瓜头；S28：骆驼蓬；S29：角蒿；S30：灰绿藜；S31：阿尔泰狗娃花；S32：脓疮草；S33：球果荠；S34：叉枝鸦葱；S35：针茅；S36：冬青叶兔唇花；S37：二色补血草；S38：猫头刺；S39：牻牛儿苗；S40：火烙草；S41：乳苣；S42：画眉草。

有研究发现，DCA 排序图可以综合反映各物种空间分布的综合对比关系，生态学特性相近的物种在排序图上往往比较接近（董林水等，2007）。本研究中发现有较多的物种在排序图中比较接近。这与种群生态位除受外部环境因子的影响外，还受植物自身特性的制约（李斌等，2010）。进一步分析发现这些聚集的物种对在不同土壤类型生境下的生态位的重叠值较大、生理生态学特性比较接近，如牛枝子和骆驼蓬、地梢瓜和角蒿等。

4.2.6　生态位重叠指数的总平均值

不同生境草地群落植物种群的生态位重叠指数的总平均值具有明显差异（图 4-6）。从不同土壤类型条件来看，风沙土生境中生态位重叠指数总平均值为 0.43，灰钙土生境中生态位重叠指数总平均值为 0.48，基岩风化沉积土生境中生态位重叠指数总平均值为 0.58。这说明基岩风化沉积土中各种群物种间的重叠程度最大，而风沙土中物种间的重叠程度最小。

从围封和放牧条件来看，在风沙土和灰钙土生境下轻度放牧增加了各生境下物种间的生态位的重叠指数，在基岩风化沉积土生境下中度且较短期放牧显著增加了生态位的重叠指数。但在风沙土生境下，随着放牧程度的增加，生态位的重叠指数呈减小的趋势。

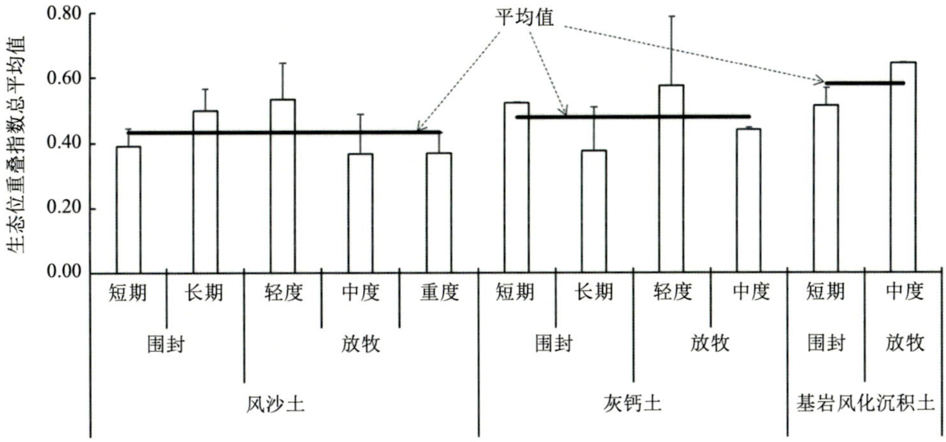

图 4-6 荒漠草原异质生境植物种群生态位重叠指数总平均值

4.3 讨论与小结

生态位理论能较好地解释种群的环境适应性和资源利用能力（彭文俊等，2016；吴会峰等，2017），已在研究种间关系、群落结构、群落演替、生物多样性、物种共存及进化等方面得到了广泛的应用和较好的解释（Levine et al.，2009；杜峰等，2006b；王刚，1990；原野等，2016），并得到了不断丰富和发展（林勇等，2017）。

4.3.1 异质生境下群落组成与生态位特征

自 2003 年以来，宁夏回族自治区全面实施围封禁牧，给草场提供了一个休养生息的机会，大部分草地的生态环境均得到了好转。但研究表明，长期围封禁牧会导致草地多样性减少，而适度的干扰可提高物种丰富度（井光花等，2015）。也有研究发现，封育措施使得植被数量明显高于未封育区，有利于沙化草地植被恢复与群落稳定，但随着封育年限的延长，枯枝落叶等物质在地表不断增加以及较厚的生物结皮的形成导致植物生长受到抑制，也就是说，长期的竞争排除等生态过程作用使得种群之间的演替产生了某种程度的生态位分离，群落结构特征即出现波动（刘小丹等，2015）。本研究发现，围封样地物种的丰富度、多样性和均匀度指数均高于放牧样地，说明围封措施使荒漠草原植物群落组成多样性更为丰富。有学者对典型草原围封内外样地研究发现，猪毛蒿等优势物种的生态位宽度排位靠前，说明其在群落中分布广泛，对资源的利用能力较强（龚容等，2016）。本书对荒漠草原的研究结果表明，猪毛蒿种群与其他物种的生态位的重叠指数均较高，但在长期围封样地，特别是灰钙土生境下，猪毛蒿与其他物种间的重叠指数比重有所降低，而其他多年生的植物（如牛枝子、草木犀状黄芪、针茅等）与伴生物种间的生态位重叠指数则显著提高，且不同物种生态位宽度差异有减小的差异，说明长期围封后，以上几种多年生植物在灰钙土生境下能均衡地利用环境资源，实现协同生长。

同一物种在不同生境中的生态位宽度会存在差异，如牛枝子、砂珍棘豆、虫实和苦豆子等，在野外调查中，在某一生境下是优势种，但在另一个生境中只是伴生种，这主要是生境条件差异所导致同一物种表现出不同的生态位。有学者发现土壤因子将会改变荒漠植物的分布格局（Ping et al.，2015），本书也发现在不同土壤类型下的物种组成是不一样的，除了种类和数量不同，其优势物种也是不同的。风沙土具有降水入渗快、渗漏快的特点，发育了能够适应土壤水分冲击式波动且种群数量或生物量在降雨特别丰富的时期暴发式增长的猪毛蒿、猪毛菜、绵蓬等植物（宋乃平等，2018），而灰钙土内部紧实、黏粉粒含量较高而导致降水入渗少，但能保持水分，针茅、牛枝子多生长于此。这说明荒漠草原原始生境的破碎化或者退化会明显改变群落物种共存格局，降低了物种对资源利用的相似性（宋乃平等，2018）。这和黄至欢等（2017）研究发现喀斯特地区石灰岩土壤和红壤间断分布是影响该地区植物群落内物种组成的重要因素之一的结果相一致。因此，建议针对不同的立地条件，采取不同的人为措施，以促进或抑制某一目标植物的生长（刘小丹等，2015）。当然，影响生态位的因素较多，物种的生态习性也是重要原因（王鑫等，2017）。针茅对生境条件的要求较高，资源范围较窄，多生长于坡顶向阳、硬质灰钙土或裸露基岩生境中，且往往成为优势种，而风沙土，特别是流动性强的生境不适宜针茅生存，使其生态位宽度骤然减少，甚至消失。此外，资源本身的有效性及可利用范围往往限制植物种群的生态位扩展，导致其生态位宽度处于较窄的范围内（王正文等，2004）。在研究不同土壤类型中，风化基岩沉积土和灰钙土的硬度较大，导致根系延伸受到了一定的限制，使其生长的植物生态位宽度有所降低。

4.3.2 荒漠草原优势种群生态位的特征

一般种群生态位宽度的大小与它们对环境的适应能力呈正相关。种群生态位越大，表明占用生态位空间越大，对各种环境资源的利用越充分，分布范围越广，往往发展成为群落中的优势群体。反之则说明该物种的特化程度较高，可能分布在局限的区域内。本书中猪毛蒿、牛枝子、砂珍棘豆和虫实等物种较宽的生态位及资源利用决定了它们在该地区的优势地位，由于其往往通过表型可塑性保护个体，拓展领域范围，以提高对环境资源的利用程度和自身的抗逆性（杜华栋等，2016），具有较强的资源竞争能力，因此在荒漠草原地区作为植物群落的泛化种出现。这和吴会峰等（2017）在黄土丘陵区研究的结果相一致。而球果荠、乳苣、火烙草、牻牛儿苗等物种生态幅小的特化种，其在样方中出现频率较低，说明这些植物具有较弱的资源竞争能力，因此生态位宽度与优势度均处于较低水平。

当然，生态位宽度与物种本身的生理生态适应性、利用资源数量等因素有关（白晓航等，2017）。猪毛蒿为菊科蒿属植物，抗干旱、抗风沙能力较强，具有类似 CAM 植物的叶片形态、根蘖性强及繁殖可塑性强的生物生态复合特征，且猪

毛蒿是典型的 r 对策物种，以极强的适应特性能够成功地侵入和定居在不同的生境中，如细小的种子能滞留在土壤中，不至于随风滚动丢失，种子萌发后胚根能以极快的速度生长，使苗体牢牢固着于土壤中抵御风蚀的侵害。其对裸地利用能力也很强，逢雨迅速生长，具有较高的扩散能力，且在沙化生境中占据优势地位，加之其具有强烈的化感作用（金海洙等，2001），生态位宽度值较大，往往成为该地区的优势建群物种（王勇等，2014），在自然演替过程中成为先锋物种（杜华栋等，2016），很大程度上抑制了其他植物的生长，不利于物种共存，使得物种间生态位重叠降低（吴会峰等，2017），导致群落生物多样性偏低。

第 5 章 群落植物间化感作用关系

物种共存问题是群落构建和生物多样性维持机制的重要组成部分，通常以局域尺度上的群落为研究对象，侧重于非生物环境和生物选择下群落内相互作用的组分种之间的关系（储诚进等，2017）。植物往往会通过直接或者间接的相互作用对邻近植物产生有益或有害的作用（Xia et al.，2016）。因此，植物种间相互作用是决定植物群落组成、结构和生态系统生产力的一个重要因素（Ratzke et al.，2020；张炜平等，2013），也是洞察种群和群落动态演变机制的必要条件和最佳研究方式（中国生态学学会，2020）。植物间的相互作用一直是生态学基础科学问题（孔垂华，2020），也是当前研究热点之一（潘元琪等，2020）。在自然界中，大部分植物周围都有同种或异种个体，它们之间必定存在着相互作用关系（Pierik et al.，2013）。以往研究都是从资源竞争（如营养、水分和空间等）的角度来探讨物种间相互作用（Cahill et al.，2011；Zhang et al.，2020），然而非资源因素（如化学作用）也是驱动植物间相互作用的重要机制（Chen et al.，2012a），对植物群落形成和维持同样有着重要影响（Chomel et al.，2016；Meiners et al.，2012）。由此植物生物学与化学之间一个新的前沿交叉学科——化学生物学随之诞生，并在短时间内取得了重要进展（徐佳慧等，2020）。所以从化学角度来揭示植物间的相互作用关系，将会为阐明物种共存形成与维持机制提供新的视野。

生态系统中存在着共同生长的植物通过根、茎、叶向周边生境释放某些特殊的化学物质而影响有机体生长发育的化学生态学现象，即化感作用（Inderjit et al.，

2011；Rice，1983），其广泛存在于自然界中（Jones et al.，2013），在植物间较为普遍（Went，1973）。化感作用不仅直接或间接影响周围的植物或后续植物的生长，而且在群落水平上也影响着物种的组成、群落的动态以及营养循环等问题（Kaligariä et al.，2011；Meiners，2014）。其中，化感物质往往会成为迅速排挤其他植物的“利器”，从而有助于自身种群的快速建成，由此产生了“新武器假说”（Callaway et al.，2004）。化感作用可以使植物种群在生存竞争中处于优势地位，利于种群扩大和繁衍，也可以促进或延缓群落演替的过程（马瑞君等，2005）。因此，化感作用是生态系统中植被共存或竞争的重要化学调控机制（Meiners et al.，2012），也是植物适应生境的重要策略（Bais et al.，2003；万方浩等，2011），在区域植物群落组成和结构中的作用不容忽视，已成为群落生态学最活跃的领域之一。彭少麟等（2001）指出，植物的化感作用更有助于进一步合理地解释生态系统中植物群落的组成与结构分布、群落演替和协同进化等现象。以往的研究多认为，干扰［放牧（Tang et al.，2013）、开垦（侯向阳，2016）和资源开采（Xue et al.，2011）等］是造成草原群落组成和结构改变的主要诱因，很少有研究关注植物之间的相互作用，特别是化感作用在荒漠草原群落组成与结构变化中的影响。

在美国俄克拉何马地区，一年生禾草（三芒草）分泌的二培酸和酚类物质抑制了硝化细菌和固氮菌的生长，使土壤中氮素积累减慢，致使需氮量高的多年生禾草不易繁殖，而一年生禾草自身耐受低氮环境，故生长正常（Rice，1979）。Nell等（1971）研究了在弃耕地演替和分布格局中的优势种——毛果破布草，会抑制它周围的一种三芒草。Rice（1964）则发现毛果破布草的根、茎、叶对几种固氮菌、硝化细菌和根瘤菌具有抑制作用，使其在次生演替中成为优势种的一个重要原因。我国青藏高原毒杂草黄帚橐吾通过释放的萜类化合物不仅可以保护自身不受侵害，还可以抑制牧草种子萌发，降低可食牧草的建植与分布，增强自身生存竞争力，形成单优势种群落（马瑞君等，2006）。紫茎泽兰分泌的化学物质可以抑制普通针毛蕨的孢子萌发和配子体发育，而这就是蕨类植物没法在紫茎泽兰群落中建群的原因（Liang et al.，2008）。黄土丘陵区铁杆蒿作为建群种，所释放的化感物质影响了其他伴生种的生长，化感作用在群落演替过程中担负着驱动力的角色（王辉等，2012），这可能是形成以蒿属植物为优势种植被群落的重要原因之一，从化学生态学的角度解释了黄土丘陵区植被演替初期植物之间的关系以及群落结构形成的原因，为认识自然恢复的内在机理提供了新的视角（孙庆花等，2016）。

有研究发现，随着猪毛蒿浸提液浓度的上升，小麦幼苗中的过氧化物酶的活性整体呈现上升趋势，而可溶性蛋白含量呈下降趋势（王硕等，2006）。猪毛蒿精油提取物对稗草、含羞草、小麦、油菜和水稻的生长有明显的抑制作用（万树青等，2004），但对针茅的生长有促进作用（王辉等，2012）。目前，国内外学者对猪毛蒿的研究多集中在生态恢复和群落演替过程中形态和生理特性、化学成分的分离鉴定及其医药用途方面（陈林等，2017）。猪毛蒿对伴生种植物的生长是否具有抑制或促进作用？化感作用是否在猪毛蒿生存竞争和形成单优势种群中起着不容忽视的作用？特别是荒漠草原猪毛蒿的“化学武器策略”在其生态适应性方面的作用，尚缺乏深入的研究。

菊科植物中至少有 39 个属存在化感作用（周凯等，2004），其中蒿属植物有较多的研究报道（Arroyo et al.，2017；Morvillo et al.，2011；Ni et al.，2012）。由于目前猪毛蒿含量的测定标准未开发，因此有学者（尼玛次仁等，2009）建立了 HPLC 法测定猪毛蒿绿原酸的含量，用于监制猪毛蒿药材的质量。还有学者用 GC-MS-DS 对猪毛蒿挥发油化学成分进行了测定，发现丁香酚的含量最高，不同地区的猪毛蒿挥发油成分存在较大的差异（张介玲等，1991）。猪毛蒿不同溶剂的提取物与菌丝生长的抑制作用对比后，发现猪毛蒿最适提取溶剂为丙酮（韩小冰等，2008）。猪毛蒿精油杀虫的主要成分为 1-苯基-2,4-己二炔（徐汉虹等，1994）。不同质量分数的猪毛蒿精油对玉米象体内 4 种解毒酶活力的影响不同，低质量的猪毛蒿精油能诱导谷胱甘肽—S—转移酶活性升高，而高质量的猪毛蒿精油将抑制酶的活性（尚利娜等，2010）。猪毛蒿精油对特定的杂草具有光活化防除效果（Singh et al.，2009），为了进一步明确猪毛蒿中具有杂草防除的化感物质，有学者（滕春红等，2016）通过 GC-MS 检验，发现猪毛蒿的叶片中的萜类物质是主要成分，对生物活性有重要影响。

目前，关于猪毛蒿的化感作用主要集中在成分鉴定和医药用途等方面，而关于猪毛蒿的化感作用在荒漠草原群落组成与结构变化中的作用相关研究尚少。因此，本书通过水浸提猪毛蒿不同部位的化感物质，以荒漠草原常见植物种（野生种和人工种植种）为受试材料，在室内模拟研究了猪毛蒿的化感作用，并结合气质联用技术对其化学成分进行了定性和定量分析，以期从化学生态学的角度解释荒漠草原植物种间关系，深入探索猪毛蒿的生态适应策略及其化感作用在荒漠草原植被群落组成和结构中的作用，为荒漠草原自然恢复过程的内在机理提供新的解释视角。

5.1 材料与方法

5.1.1 材料

供体植物猪毛蒿样品采集于宁夏回族自治区盐池县皖记沟行政村的天然草地，2017 年 9 月收集猪毛蒿活体鲜样，带回实验室风干后，分别选取其植株地上部分（除根系以外的器官）和地下部分（根系）作为浸提液的来源。

选择苦豆子、草木犀、蒙古冰草、沙蒿、扁穗冰草、沙生冰草、蒙农杂交冰草、沙米、胡枝子和针茅 10 种荒漠草原常见植物种和人工建植种作为受体植物。测试种子特征采用全自动种子分析仪进行相关指标的测定，见表 5-1。

表 5-1 受体植物种子特征

物种	长/mm	宽/mm	面积/mm^2	周长/mm	当量直径/mm	长宽比	偏心率	圆度	致密性	粗糙度	千粒重/g
苦豆子	4.06±0.43	3.05±0.35	9.30±1.85	13.72±1.47	3.42±0.36	1.36±0.20	0.66±0.10	1.06±0.09	0.74±0.02	0.28±0.04	17.55±0.75
草木犀	2.12±0.13	1.44±0.09	2.17±0.22	6.53±0.39	1.66±0.08	1.51±0.11	0.76±0.04	1.07±0.03	0.71±0.03	0.43±0.02	3.38±0.24
蒙古冰草	6.52±1.29	2.67±1.25	8.35±4.78	22.98±8.11	3.14±0.87	3.01±1.35	0.89±0.10	3.60±1.24	0.50±0.13	0.61±0.08	2.22±0.44
沙蒿	1.69±0.40	0.82±0.18	0.98±0.37	4.88±1.17	1.09±0.24	2.07±0.36	0.87±0.08	1.35±0.29	0.68±0.05	0.37±0.08	<0.1

物种	长/mm	宽/mm	面积/mm^2	周长/mm	当量直径/mm	长宽比	偏心率	圆度	致密性	粗糙度	千粒重/g
扁穗冰草	6.09±0.93	1.34±0.20	4.98±0.87	16.16±2.50	2.51±0.22	4.72±0.99	0.98±0.01	2.73±0.49	0.62±0.08	0.57±0.09	2.99±0.16
沙生冰草	5.79±0.94	1.25±0.37	4.18±0.92	15.25±2.87	2.29±0.25	4.89±0.94	0.98±0.05	2.96±0.50	0.59±0.09	0.59±0.08	2.15±0.10
蒙农杂交冰草	7.57±0.94	1.57±0.55	6.98±1.94	19.95±3.81	2.95±0.40	5.13±0.88	0.98±0.02	3.06±0.59	0.60±0.09	0.61±0.11	2.71±0.13
沙蓬	3.01±0.35	1.73±0.21	3.64±0.65	9.00±1.06	2.14±0.20	1.79±0.30	0.83±0.05	1.21±0.24	0.70±0.04	0.38±0.05	1.71±0.14
胡枝子	3.07±0.36	2.24±0.26	4.99±1.00	9.99±1.06	2.51±0.27	1.40±0.16	0.69±0.09	1.07±0.06	0.72±0.02	0.33±0.05	6.29±0.03
针茅	1.30±0.33	0.43±0.12	0.37±0.15	3.44±0.98	0.67±0.15	3.09±0.65	0.95±0.04	1.83±0.44	0.65±0.07	0.46±0.25	<0.1

5.1.2 方法

5.1.2.1 浸提液的制备

考虑到使用有机溶剂提取化感物质不符合自然现状，且有机溶剂具有一定的毒性，影响研究的准确性（施月红等，1998），将采集的猪毛蒿植株分为地上部分和地下部分清洗干净后风干粉碎，过 60 目筛，分别称取 10 g 样品，浸泡于 100 mL 的蒸馏水中，在恒温水浴摇床室温环境下振荡浸泡 2 h，然后用真空泵抽离过滤 3 次，得到浓度为 50 mg/mL 的浸提液母液保存于 4℃冰箱中备用。根际土水浸提液的制备方法与根系和地上部分相同。

5.1.2.2 室内试验

将母液用无菌蒸馏水稀释为 0.05 mg/mL、0.5 mg/mL、1.0 mg/mL、2.0 mg/mL、5.0 mg/mL、10.0 mg/mL。精选出颗粒饱满、大小基本一致的各受体植物种子，用 0.3%的高锰酸钾溶液消毒，再用无菌蒸馏水冲洗干净，均匀地摆放在铺有 2 层灭菌滤纸的培养皿（直径为 9 cm）中，分别加入 5 mL 的各质量浓度水浸提液，以无菌蒸馏水为对照，每皿放 30 粒，每个处理 5 次重复，盖上盖后放置于人工智能培养箱中，70%湿度，（25±2）℃，光周期为 14 h，暗周期为 10 h。在光照的条件下进行培养。每天补充适量浸提液或无菌蒸馏水，并记录发芽数（以胚根突破种皮 2 mm 为准），每天观察。第 22 天结束发芽后，用电子游标卡尺测量幼苗的胚轴、胚轴直径和胚根，用十万分之一天平称量胚轴与胚根鲜重，经过 65℃恒温鼓风干燥箱烘至恒重后，称量胚轴与胚根干重。

5.1.2.3 化学成分分析

利用 Thermo Fisher ISQ LT 气相色谱—质谱联用仪进行分析。GC 条件：色谱柱：DB-1701ms（30 m×0.25 mm×0.25 μm）；进样口温度 260℃；升温程序：初始温度 60℃保持 5 min，以 30℃/min 升至 270℃保持 10 min；采用不分流进样方式，进样量为 1 μL；载气为氦气，柱前为 70 kPa。MS 条件：离子源为 EI 源，温度为 220℃；电子能量：70 eV；扫描方式：Scan 模式；扫描范围：50～400 amu；猪毛蒿的地上地下部分经 GC-MS 分析后，所得质谱图经 NIST、WILEY 质谱数据库进行计算机检索，结合人工谱图解析，确定其主要化学成分。采用质谱峰面积百分数表示这些成分的相对含量，即 GC-MS 分析中所鉴定出各组分峰面积占总峰面积的比例。忽略未检出物质及其峰面积。

5.1.3 数据计算及处理

$$\text{发芽率} = \frac{\text{发芽种子数}}{\text{供试种子总数}} \times 100\%$$

$$\text{相对发芽指数} = \frac{\text{处理发芽指数}}{\text{对照发芽指数}} \times 100$$

$$\text{发芽指数} = \sum \left(G_i / T_i \right)$$

$$\text{平均发芽天数} = \sum G_i T_i / \sum G_i$$

式中，G_i——第 i 天的发芽数；

T_i——相应的发芽天数。

$$\mathrm{IR} = \frac{C - T}{C} \times 100\%$$

式中，IR——抑制率；

C——对照值；

T——处理值。

IR＞0 表示抑制作用，IR＜0 表示促进作用，IR 绝对值的大小与化感作用强度一致。

由于本研究涉及了不同浓度水浸提液分别处理 10 种受体植物的种子萌发和幼苗生长，测定了发芽率、相对发芽指数、平均发芽时间、胚轴长、胚轴直径、胚轴干生物量、胚根长、胚根干生物量 8 项指标，各指标 IR 值变化情况不尽一致，很难准确定量分析其化感作用，因此按照马瑞君等（2006）和唐成林等（2018）的方法，计算平均敏感指数，用于综合评价猪毛蒿水浸提液的化感作用效应：

$$M_R = \frac{\sum_{j=1}^{n} \mathrm{IR}_j}{n}$$

式中，n——IR 的个数；

M——平均敏感指数；

R——平均敏感指数的层级，分为 3 个级别：当 R=1 时，M_1 为猪毛蒿水浸提液对受体植物 8 项指标的敏感效应；当 R=2 时，M_2 为猪毛蒿水浸提液对受体植物在不同发育期（种子萌发和幼苗生长）的敏感效应；当 R=3 时，M_3 为猪毛蒿水浸提液对受体植物在物种水平的综合敏感效应。就一种受体植物而言，当 R=1 时，每项测定指标的 n=12（地上和地下部分 2 种部位、6 个浓度）；当 R=2 时，种子萌发期 n=36（地上和地下部分 2 种部位、6 个浓度、3 项指标），幼苗生长期 n=60（地上和地下部分 2 种部位、6 个浓度、5 项指标）；当 R=3 时，各物种水平 n=96（地上和地下部分 2 种部位、6 个浓度、8 项指标）。

为了评价猪毛蒿不同浓度水浸提液对各受体植物的化感效应，从 6 个浓度（R=4）对相应的 IR 值做了敏感分析。其中就猪毛蒿一种浓度水浸提液对一种受体植物而言，评价种子萌发期 n=6（地上和地下 2 种部位、3 项指标），幼苗生长期 n=10（地上和地下 2 种部位、5 项指标），物种水平 n=16（地上和地下 2 种部位、8 项指标）。

为了评价猪毛蒿地上和地下 2 种部位水浸提液对各受体植物的化感效应，从不同发育时期（R=5）和物种水平（R=6）对相应的 IR 值做了敏感分析。其中就猪毛蒿一个部位（地上或地下部分）水浸提液对一种受体植物而言，评价种子萌发期 n=18（6 个浓度、3 项指标），幼苗生长期 n=30（6 个浓度、5 项指标）；物种水平 n=48（6 个浓度、8 项指标）。

采用 SPSS 22.0 统计分析软件对处理组和对照组之间进行独立样本 t 检验、统计、计算和制图。

5.2 结果与分析

5.2.1 对种子萌发的差异性检验

从猪毛蒿生长在地上和地下部分水浸提液分别对 10 种植物种子萌发性状的 t 检验结果来看（表 5-2），对苦豆子和蒙农杂交冰草种子的发芽率和相对发芽指数影响较大，达到了显著或极显著差异水平（P<0.05 或 P<0.01），而其他植物种子则无显著影响（P>0.05）。其影响结果有正有负，负值说明处理的结果大于对照，反之亦然。因此猪毛蒿水浸提液可以促进苦豆子种子的发芽，而抑制蒙农杂交冰草，草木犀种子的发芽率几乎不受影响。地上部分和地下部分对发芽率的影响几乎相同。但对平均发芽天数的影响则不同，猪毛蒿生长在地上和地下部分水浸提液明显抑制了沙生冰草的发芽时间（P<0.05），地下部分水浸提液对蒙农杂交冰草种子平均发芽时间具有显著的浓度抑制作用（P<0.05），即随着水浸提液浓度的增加，发芽时间呈明显或极明显的延长。

表 5-2　各处理对不同植物种子萌发性状影响的 t 检验

指标	部位	浓度/(mg/mL)	苦豆子	草木犀	蒙古冰草	沙蒿	扁穗冰草	沙生冰草	蒙农杂交冰草	沙蓬	胡枝子	针茅
发芽率	地上部分	0.05	−7.59**	−1.00	1.40	1.22	−1.10	0.39	2.91*	3.80*	−2.51	−1.27
		0.5	−0.72	0.00	0.17	0.38	2.46*	0.64	2.55*	0.48	−1.03	−0.99
		1.0	0.91	−1.00	−3.22*	−0.36	0.62	0.84	1.24	−0.13	0.19	−1.40
		2.0	−8.23**	0.00	−3.55*	1.23	−1.35	0.09	5.14**	2.36	1.92	−0.21
		5.0	−7.66**	−1.00	0.25	1.94	0.10	1.13	1.71	−1.31	0.19	−0.56
		10.0	−7.66**	0.00	−0.05	2.14	1.11	1.03	2.11	0.70	−0.18	−0.80

指标	部位	浓度/(mg/mL)	苦豆子	草木犀	蒙古冰草	沙蒿	扁穗冰草	沙生冰草	蒙农杂交冰草	沙蓬	胡枝子	针茅
发芽率	地下部分	0.05	0.00	0.00	0.21	-1.36	-0.46	0.60	5.54**	2.75	-2.00	-2.18
		0.5	2.19	0.00	3.01*	-1.51	-0.16	0.96	7.01**	0.71	0.00	-1.77
		1.0	-5.21**	0.00	-0.68	-0.09	0.22	0.94	6.08**	2.63	-0.08	-1.97
		2.0	-4.91**	0.71	-0.10	-0.52	1.33	0.50	2.30*	-0.75	-2.00	-1.10
		5.0	-5.84**	0.00	-1.88	0.25	-0.09	0.71	5.43**	0.21	-1.03	-1.26
		10.0	-4.91**	1.03	-2.32	1.29	-0.27	0.09	3.97**	1.64	0.00	-1.94
相对发芽指数	地上部分	0.05	-12.62**	-0.53	0.51	1.69	0.64	0.67	1.60	2.52	-0.81	-0.81
		0.5	6.91**	-2.46	-0.65	0.70	2.31	0.98	1.90	0.01	-1.07	0.13
		1.0	1.64	-1.73	-5.78*	-0.20	0.65	1.05	1.54	-0.37	0.35	-1.34
		2.0	-3.81*	-1.08	-2.31	0.88	-0.84	0.62	2.96*	2.11	2.13	-0.16
		5.0	-15.87**	-3.03*	-0.51	0.92	0.97	1.76	1.60	-0.60	2.24	-0.23
		10.0	-9.93**	0.54	-0.70	2.00	1.89	1.79	2.74*	1.18	-0.02	-0.67
	地下部分	0.05	1.08	0.24	-0.82	-0.78	0.04	0.66	5.84**	0.97	-0.99	-1.96
		0.5	2.57*	0.54	0.36	-1.58	-0.03	1.70	6.31**	0.14	0.07	-1.67
		1.0	-4.11**	-0.34	-1.00	-0.26	1.68	1.45	6.77**	0.62	-0.03	-2.23
		2.0	-5.32**	1.08	-0.60	-0.23	2.11	0.76	2.64*	-1.66	-0.44	-0.88
		5.0	-13.56**	-0.45	-2.56	0.06	1.18	1.36	5.16**	0.99	-0.71	-1.07
		10.0	-2.03	1.24	-3.14*	1.06	-0.20	1.46	4.20**	1.86	0.70	-1.90
平均发芽天数	地上部分	0.05	2.99*	0.23	1.01	-2.00	-2.37	-1.68	-0.17	-0.72	-0.71	-1.41
		0.5	1.23	3.33*	1.56	-0.05	-1.37	-2.64*	-0.21	0.27	0.26	-1.56
		1.0	0.77	1.46	3.56*	-0.34	-0.35	0.06	-0.27	0.74	-1.11	-0.38
		2.0	0.24	1.91	1.00	2.64	-0.56	-2.46*	1.09	-1.59	-0.99	-1.78
		5.0	2.38*	3.29*	1.13	0.18	-2.36*	-4.73**	-1.76	0.03	-2.63	-2.10
		10.0	3.88**	-0.49	1.73	-0.08	-1.92	-3.98**	-2.35	-0.92	-0.93	-0.16
	地下部分	0.05	1.70	-0.07	1.83	0.14	-0.76	-0.94	-1.82	0.62	-0.63	-0.26
		0.5	4.11**	-0.51	1.77	1.35	0.13	-3.04*	-2.09	0.04	-0.62	-2.18
		1.0	1.66	0.54	1.11	1.12	-2.70*	-2.46*	-2.83*	1.72	-0.68	1.89
		2.0	2.97*	-0.58	1.54	-0.48	-2.14	-1.51	-3.27*	1.32	-0.48	-0.89
		5.0	2.26	0.66	0.93	0.74	-2.60*	-2.02	-3.76**	-1.03	0.06	-0.83
		10.0	-0.61	-0.87	2.18	-0.36	0.43	-6.64**	-3.22*	0.82	-0.44	0.67

注：* $P<0.05$；** $P<0.01$。

5.2.2 对胚轴和胚根的差异性检验

对各植物胚轴和胚根性状的 t 检验结果来看（表 5-3），猪毛蒿水浸提液对蒙古冰草胚轴长的影响较大，达到了显著或极显著的促进作用（$P<0.05$ 或 $P<0.01$）。地下部分水浸提液对草木犀胚轴长具有明显的浓度促进作用（$P<0.05$），而地上部分则无明显影响（$P>0.05$）。而地上部分水浸提液仅对草木犀胚轴直径有显著的抑制作用（$P<0.05$）。总体来看，地上部分抑制苦豆子、草木犀、蒙农杂交冰草、沙蓬的胚根长，对蒙古冰草、胡枝子和针茅具有一定的促进作用，而地下部分则促进了苦豆子、蒙古冰草、沙蒿、扁穗冰草、沙生冰草和胡枝子的胚根长，但均未达到显著差异水平（$P>0.05$）。地上部分水浸提液浓度达到 10.0 mg/mL 时对蒙古冰草胚根长有明显的促进作用（$P<0.05$）。猪毛蒿地下部分水浸提液显著或极显著地促进了针茅胚轴干生物量（$P<0.05$ 或 $P<0.01$），且对草木犀具有明显的促进作用（$P<0.05$）。而在 2.0～10.0 mg/mL 浓度范围内对沙蓬胚根干生物量具有明显的抑制作用（$P<0.05$）。

表 5-3　各处理对不同植物胚轴和胚根影响的 t 检验

指标	部位	浓度/（mg/mL）	苦豆子	草木犀	蒙古冰草	沙蒿	扁穗冰草	沙生冰草	蒙农杂交冰草	沙蓬	胡枝子	针茅
胚轴长	地上部分	0.05	–0.16	1.38	–2.38	1.10	0.11	–0.79	–1.99	0.23	–1.94	–4.44*
		0.5	0.93	–1.98	–2.86*	–5.41**	–0.07	–0.08	0.57	1.35	–0.62	–1.22
		1.0	1.11	–0.25	–5.58**	–1.35	0.13	–2.34*	1.56	1.33	–3.01	–3.68*
		2.0	–0.32	–1.21	–2.92*	0.63	0.11	–1.99	–0.66	0.75	0.90	–2.63
		5.0	–0.65	0.14	–4.47*	–0.68	0.89	–1.45	0.81	–0.56	–0.55	–2.16
		10.0	–0.68	0.01	–4.47*	–1.47	–0.48	0.50	0.84	0.84	–0.65	–4.55*
	地下部分	0.05	–0.38	–1.18	–4.12*	–0.95	0.93	–0.91	–0.01	–2.08	–0.36	–4.44*
		0.5	–0.69	–0.36	–0.73	–4.78**	–0.67	–0.58	2.66*	–1.78	–0.84	–3.09*
		1.0	–0.30	–2.00	–3.56*	–0.53	0.00	0.25	3.11*	–3.42*	–4.52*	0.45
		2.0	–0.45	–2.83*	–3.51*	–2.68	1.08	–2.59*	–1.49	–1.87	–0.99	–1.44
		5.0	–1.97	–2.98*	–4.19*	–2.74	–0.31	–0.84	1.41	–1.72	–2.77	–0.40
		10.0	–1.31	–2.83*	–2.96*	–3.50*	–0.29	–2.45*	–1.06	–3.54*	–0.69	0.13

指标	部位	浓度/(mg/mL)	苦豆子	草木犀	蒙古冰草	沙蒿	扁穗冰草	沙生冰草	蒙农杂交冰草	沙蓬	胡枝子	针茅
胚轴直径	地上部分	0.05	−0.08	0.86	0.93	−1.42	0.64	−0.68	−0.56	1.11	−1.84	−2.60
		0.5	−0.32	7.55**	0.59	−2.35	0.58	0.56	−1.02	4.60*	−1.32	−0.71
		1.0	0.17	12.17**	0.25	−2.05	0.67	2.69*	0.26	−5.66**	−1.00	−0.56
		2.0	0.36	13.97**	−0.25	−0.64	0.82	0.74	0.06	0.55	−0.46	−0.21
		5.0	0.43	7.94**	−0.46	−0.81	0.92	1.43	0.92	1.32	−0.73	−1.39
		10.0	0.27	9.61**	−1.58	−0.22	0.96	−0.28	1.08	3.62*	−1.17	−1.27
	地下部分	0.05	1.04	4.14*	0.34	−1.94	1.19	−2.58*	−0.70	−2.06	−0.93	−0.63
		0.5	1.37	2.86*	0.56	−1.01	1.04	1.39	−2.79*	−1.96	−1.85	−0.63
		1.0	1.16	3.51*	−1.70	−3.68*	1.17	−1.65	−1.26	−0.51	−0.41	1.25
		2.0	1.47	1.59	−1.85	0.38	1.36	0.29	−0.12	−0.98	−1.18	0.00
		5.0	0.71	−0.78	0.00	−1.60	0.98	−0.33	−0.56	−4.42*	−1.57	0.71
		10.0	0.95	−2.04	4.33*	−2.82*	1.27	1.60	−1.71	−4.15*	−0.95	0.50
胚根长	地上部分	0.05	0.00	2.20	0.39	1.15	0.14	−0.58	0.48	0.82	−6.90**	−4.22*
		0.5	0.80	0.68	−0.58	−0.65	0.05	0.04	1.45	0.32	−3.23	−6.76**
		1.0	0.89	0.49	−1.73	−2.52	0.78	−1.35	1.41	1.00	−1.54	−7.87**
		2.0	0.95	2.31	−2.56	0.17	−0.17	−2.96*	−0.41	1.77	−1.29	−1.05
		5.0	−0.11	1.47	−1.69	1.43	0.66	−1.13	0.41	0.07	−4.05*	−1.83
		10.0	−1.06	−0.18	−5.18**	0.50	−0.35	−0.50	1.10	−2.03	−1.90	−10.57**
	地下部分	0.05	−1.66	2.20	−5.37**	−0.99	0.87	−0.92	0.89	4.75**	−1.83	−2.72
		0.5	−0.71	0.68	−0.68	−2.70	−0.89	−0.70	1.04	−0.05	−2.02	−2.63
		1.0	−1.16	0.49	−2.02	−1.14	−0.75	0.64	2.63*	−5.53**	−2.08	−0.94
		2.0	−0.88	2.31	−2.88*	−3.10*	1.69	−0.72	−0.08	2.10	−1.09	0.65
		5.0	−1.35	1.47	−3.79*	−3.14*	−0.55	−0.61	1.16	−5.28**	−2.09	−1.95
		10.0	−1.26	−0.18	−0.09	−0.17	−0.80	−1.95	1.56	−3.25*	−1.92	1.23
胚轴干生物量	地上部分	0.05	0.02	−0.26	−0.44	−2.60	0.07	0.65	1.60	6.93**	3.79*	−8.00**
		0.5	0.27	1.46	0.09	−0.61	−0.04	1.04	1.04	2.50	1.34	−8.00**
		1.0	0.52	2.82	−1.90	−0.38	−0.04	−0.06	1.44	1.01	0.97	−2.22
		2.0	−0.39	2.10	−1.67	0.13	−1.06	−0.05	−4.49**	0.83	5.39**	−0.38
		5.0	1.07	0.55	−1.06	−0.57	−0.17	0.79	−0.55	3.30*	3.91*	−1.44
		10.0	−0.51	1.34	−3.71*	−3.02*	−0.43	1.32	1.36	1.69	3.03*	−2.60
	地下部分	0.05	−0.07	−0.69	−0.81	−0.23	1.32	−1.11	−0.52	1.53	0.85	−4.00*
		0.5	0.91	−0.76	−2.02	−3.78*	−0.97	−0.16	1.48	−6.71**	1.20	−7.56**
		1.0	0.30	−1.78	−1.55	−0.18	0.02	0.52	1.13	−0.34	0.92	−2.87*
		2.0	0.42	−4.38*	−1.82	−2.88	0.68	−1.37	−0.90	1.06	2.58	−9.83**
		5.0	0.54	−2.89*	−2.74	−2.71	−1.25	−0.04	1.84	−1.35	1.48	−2.88*
		10.0	0.61	−5.93**	−1.36	−1.53	−0.62	−1.54	0.19	0.71	0.52	−15.59**

指标	部位	浓度/(mg/mL)	苦豆子	草木犀	蒙古冰草	沙蒿	扁穗冰草	沙生冰草	蒙农杂交冰草	沙蓬	胡枝子	针茅
胚根干生物量	地上部分	0.05	−0.41	2.24	−0.73	−0.47	−0.10	0.15	0.76	2.64	−2.61	−1.34
		0.5	−0.01	2.25	−0.78	0.79	−0.29	−0.26	1.04	1.36	−1.77	−2.00
		1.0	−0.07	2.44	1.10	0.13	0.51	−1.48	1.81	1.73	−0.15	−2.14
		2.0	−0.70	2.04	−0.23	−3.48*	−1.73	−2.27	−1.30	0.02	−0.10	−1.27
		5.0	−0.38	1.56	0.17	−0.86	0.61	−0.39	0.41	4.61*	−2.26	−1.78
		10.0	−0.98	1.60	−0.75	−1.72	−0.47	0.72	1.46	2.08	−1.24	−2.83*
	地下部分	0.05	−1.63	0.79	−0.30	0.44	0.60	−0.20	0.27	3.65*	0.03	−2.68
		0.5	−0.38	−0.24	−4.33*	0.27	−1.18	−0.27	0.71	2.38	−0.94	−5.66**
		1.0	−1.68	0.77	−0.76	−1.38	−1.03	0.17	1.31	2.25	−0.69	−3.54*
		2.0	−1.01	−0.32	−0.94	−1.58	1.08	−1.36	0.38	4.39*	−0.45	0.00
		5.0	−0.82	−0.22	−0.65	−1.74	−1.10	−0.29	1.28	3.78*	−1.33	−2.12
		10.0	−1.64	0.04	0.45	−1.53	−1.08	−0.63	1.42	3.58*	−1.52	−2.00

注：* $P<0.05$；** $P<0.01$。

5.2.3 猪毛蒿水浸提液化感作用的敏感性分析

5.2.3.1 各级水平的化感作用敏感性分析

10 种植物对猪毛蒿水浸提液化感作用的 3 级敏感指数结果表明（表 5-4），M_1 级敏感指数中的情况不同，同一植物的不同指标和同一指标的不同植物间均表现出促进或抑制作用。M_2 级敏感指数中，在种子萌发和幼苗生长期表现出抑制作用的有苦豆子、蒙古冰草、胡枝子和针茅；表现出促进作用的有扁穗冰草、蒙农杂交冰草和沙蓬。M_1～M_3 级敏感指数中针茅均为负值，且在物种水平（M_3）受抑制作用最强（−0.53），其次为胡枝子（−0.29）和苦豆子（−0.19），而对蒙农杂交冰草（0.15）、沙蓬（0.08）、草木犀（0.06）和扁穗冰草（0.06）则表现出一定的促进作用。总体来看，幼苗生长期的平均敏感指数（−0.14）高于种子萌发期（−0.01），其中胚根长的平均敏感指数最高（−0.26），平均发芽天数最低（−0.01）。

表 5-4 猪毛蒿水浸提液对 10 种植物的化感作用敏感指数

物种	一级敏感指数								二级敏感指数		三级敏感指数
	发芽率	相对发芽指数	平均发芽天数	胚轴长	胚轴直径	胚根长	胚轴干生物量	胚根干生物量	种子萌发期	幼苗生长期	物种水平
苦豆子	−0.77	−0.47	0.05	−0.06	0.05	−0.14	0.05	−0.21	−0.40	−0.06	−0.19
草木犀	0.00	−0.01	0.00	−0.08	0.23	0.11	−0.02	0.22	0.00	0.09	0.06
蒙古冰草	−0.03	−0.12	0.02	−0.15	−0.01	−0.18	−0.19	−0.10	−0.04	−0.13	−0.10
沙蒿	0.08	0.09	0.00	−0.13	−0.10	−0.21	−0.10	−0.28	0.06	−0.16	−0.08
扁穗冰草	0.04	0.22	−0.06	0.03	0.42	0.01	−0.06	−0.14	0.07	0.05	0.06
沙生冰草	0.16	0.30	−0.05	−0.42	0.01	−0.23	−0.04	−0.26	0.14	−0.19	−0.07
蒙农杂交冰草	0.39	0.43	−0.03	0.05	−0.06	0.16	0.05	0.17	0.26	0.07	0.15
沙蓬	0.22	0.21	0.01	−0.20	−0.09	−0.27	0.09	0.63	0.15	0.03	0.08
胡枝子	−0.07	0.03	−0.03	−0.25	−0.32	−1.41	0.13	−0.41	−0.02	−0.45	−0.29
针茅	−0.51	−0.42	−0.01	−0.31	−0.02	−0.42	−1.56	−0.95	−0.31	−0.65	−0.53

5.2.3.2 不同浓度的化感作用敏感性分析

针对猪毛蒿不同浓度水浸提液对各植物的化感作用敏感指数结果显示（表 5-5），浓度处理对草木犀种子萌发期的影响不大，对沙生冰草、蒙农杂交冰草表现出促进作用，针茅在各浓度下均表现出受抑制作用，而蒙古冰草则表现出“低促高抑”的现象。在幼苗生长阶段，各浓度处理对蒙古冰草、沙蒿、沙生冰草、胡枝子和针茅均表现出抑制作用，而对草木犀则为促进作用。综合物种来看，各浓度处理对草木犀、扁穗冰草、蒙农杂交冰草均表现出促进作用，对蒙古冰草、胡枝子和针茅为抑制作用，对沙蒿表现出“低促高抑”的现象，但高浓度（10.0 mg/mL）的抑制作用强度不大。

表 5-5 不同浓度猪毛蒿水浸提液对 10 种植物的化感作用敏感指数（M_4）

指标	浓度/（mg/mL）	物种									
		苦豆子	草木犀	蒙古冰草	沙蒿	扁穗冰草	沙生冰草	蒙农杂交冰草	沙蓬	胡枝子	针茅
种子萌发期	0.05	−0.30	0.00	0.03	0.01	−0.03	0.09	0.21	0.30	−0.22	−0.40
	0.5	0.16	−0.01	0.05	−0.12	0.15	0.17	0.32	0.06	−0.06	−0.29

指标	浓度/（mg/mL）	物种									
		苦豆子	草木犀	蒙古冰草	沙蒿	扁穗冰草	沙生冰草	蒙农杂交冰草	沙蓬	胡枝子	针茅
种子萌发期	1.0	–0.31	–0.01	–0.11	–0.04	0.11	0.16	0.24	0.14	0.03	–0.42
	2.0	–0.64	0.00	–0.08	0.06	0.00	0.07	0.28	0.05	0.09	–0.17
	5.0	–0.68	–0.01	–0.05	0.15	0.08	0.19	0.26	–0.02	0.01	–0.23
	10.0	–0.59	0.01	–0.07	0.29	0.10	0.14	0.26	0.35	–0.01	–0.38
幼苗生长期	0.05	–0.12	0.11	–0.09	–0.06	0.18	–0.18	0.02	0.24	–0.44	–0.62
	0.5	0.03	0.08	–0.13	–0.14	–0.05	–0.03	0.11	–0.04	–0.45	–0.74
	1.0	–0.01	0.14	–0.12	–0.17	0.05	–0.20	0.19	0.03	–0.44	–0.61
	2.0	–0.03	0.11	–0.16	–0.20	0.12	–0.46	–0.09	0.18	–0.31	–0.47
	5.0	–0.08	0.07	–0.12	–0.25	0.05	–0.12	0.09	–0.08	–0.50	–0.78
	10.0	–0.15	0.05	–0.13	–0.16	–0.04	–0.14	0.12	–0.12	–0.58	–0.71
物种水平	0.05	–0.19	0.07	–0.05	–0.03	0.10	–0.08	0.09	0.26	–0.36	–0.54
	0.5	0.07	0.05	–0.06	–0.14	0.02	0.05	0.19	0.00	–0.30	–0.57
	1.0	–0.13	0.08	–0.12	–0.12	0.07	–0.06	0.21	0.07	–0.26	–0.54
	2.0	–0.26	0.07	–0.13	–0.10	0.07	–0.26	0.05	0.13	–0.16	–0.35
	5.0	–0.30	0.04	–0.10	–0.10	0.06	0.00	0.16	–0.06	–0.31	–0.57
	10.0	–0.32	0.04	–0.11	0.01	0.01	–0.04	0.17	0.05	–0.37	–0.59

5.2.3.3 地上和地下部分的化感作用敏感性分析

针对猪毛蒿不同部位（地上和地下部分）水浸提液对各植物的化感作用敏感指数分析显示（表 5-6），在种子萌发期（M_5），地上部分水浸提液对苦豆子（–0.39）、针茅（–0.20）有较强的抑制作用，对蒙古冰草（–0.05）和草木犀（–0.01）的抑制作用较弱；对沙蒿（0.19）、蒙农杂交冰草（0.18）、沙生冰草（0.14）、沙蓬（0.13）有一定的促进作用，而对扁穗冰草（0.08）和胡枝子（0.01）的促进作用较弱。从地下部分处理来看，针茅（–0.43）和苦豆子（–0.40）受到的抑制作用较强，蒙农杂交冰草（0.34）则受到较强的促进作用。

在幼苗生长期，针茅（–0.63）和胡枝子（–0.50）表现出受猪毛蒿地上部分水浸提液较强的抑制作用，而沙蓬（0.20）和草木犀（0.19）则受到一定的促进作用。地下部分水浸提液对针茅（–0.68）、胡枝子（–0.41）、沙生冰草（–0.24）、沙蒿（–0.22）、蒙古冰草（–0.15）、沙蓬（–0.14）、苦豆子（–0.12）和草木犀（–0.01）

均有抑制作用，对蒙农杂交冰草（0.08）和扁穗冰草（0.06）有一定的促进作用。

表 5-6 猪毛蒿地上部分和地下部分水浸提液对 10 种植物的化感作用敏感指数

物种	M_5				M_6	
	种子萌发期		幼苗生长期		物种水平	
	地上部分	地下部分	地上部分	地下部分	地上部分	地下部分
苦豆子	−0.39	−0.40	−0.01	−0.12	−0.15	−0.23
草木犀	−0.01	0.01	0.19	−0.01	0.12	0.00
蒙古冰草	−0.05	−0.04	−0.10	−0.15	−0.08	−0.11
沙蒿	0.19	−0.08	−0.11	−0.22	0.01	−0.17
扁穗冰草	0.08	0.06	0.04	0.06	0.05	0.06
沙生冰草	0.14	0.13	−0.14	−0.24	−0.03	−0.10
蒙农杂交冰草	0.18	0.34	0.07	0.08	0.11	0.18
沙蓬	0.13	0.16	0.20	−0.14	0.18	−0.02
胡枝子	0.01	−0.06	−0.50	−0.41	−0.31	−0.28
针茅	−0.20	−0.43	−0.63	−0.68	−0.47	−0.59

从物种来看（M_6），猪毛蒿地上部分对针茅（−0.47）和胡枝子（−0.31）的抑制作用较强，其次为苦豆子（−0.15），对沙蓬（0.18）、草木犀（0.12）和蒙农杂交冰草（0.11）有一定的促进作用，地下部分水浸提液对针茅（−0.59）、胡枝子（−0.28）、苦豆子（−0.23）、沙蒿（−0.17）、蒙古冰草（−0.11）、沙生冰草（−0.10）和沙蓬（−0.02）有抑制作用，对蒙农杂交冰草有较强的促进作用（0.18），其次对扁穗冰草（0.06）也有一定的促进作用，但对草木犀则无影响（0.00）。

总体来看，猪毛蒿地下部分水浸提液对 10 种植物的化感作用（平均敏感指数为−0.13）高于地上部分（平均敏感指数为−0.06）。

5.2.4 猪毛蒿不同部位化学成分分析

猪毛蒿地上部分和地下部分水浸提液的 GC-MS 分析结果如图 5-1 和表 5-7 所示，共检测和鉴定出 57 种化合物，包括醇、酚、含氮化合物、挥萜类、醛、酸、酮、酯、萜类和挥发性有机化合物（芳烃、环醚、烷烃、烯烃和茚类）等。其中共有化合物 24 种，以醇类最多共有 6 种，醛和萜类均为 4 种，含氮化合物有 3

种，酸类有 2 种，挥发性有机化合物有 2 种，分属烷烃和芳烃。

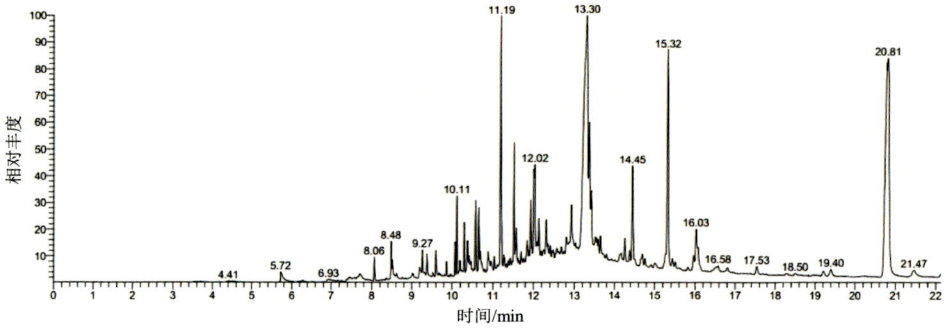

（a）地上

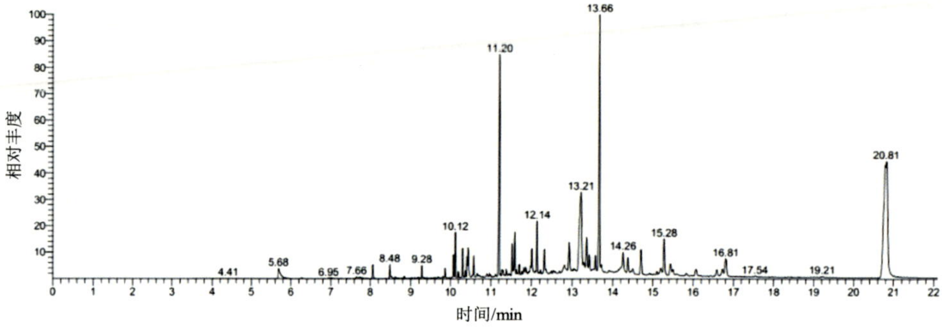

（b）地下

图 5-1　猪毛蒿地上（a）和地下（b）部分水浸提液的 GC/MS 分析

表 5-7　猪毛蒿地上和地下部分水浸提液的主要化学成分

序号	保留时间/min	成分名称	分子式	分子量	结构式	地上部分	地下部分	所属化合物
1	6.93	糠醇 2-Furanmethanol	$C_5H_6O_2$	98.10	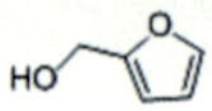	√	—	醇
2	7.44	2,4-Dihydroxy-2,5-dimethyl-3（2H）-furan-3-one	$C_6H_8O_4$	144.00	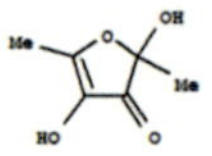	√	—	酮
3	7.66	苯甲醛 Benzaldehyde	C_7H_6O	106.12	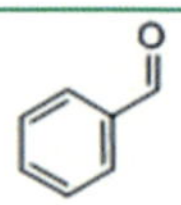	—	√	醛

序号	保留时间/min	成分名称	分子式	分子量	结构式	地上部分	地下部分	所属化合物
4	7.71	3,4-Altrosan	$C_6H_{10}O_5$	162.00	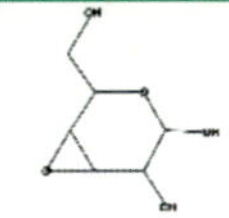	√	—	醇
5	7.75	1,2-环氧环辛烷 9-Oxabicyclo[6.1.0]nonane	$C_8H_{14}O$	126.20	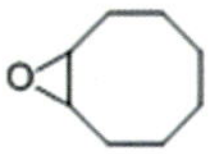	—	√	挥发性有机化合物（环醚）
6	7.88	甘露庚酮糖 D-Mannoheptulose	$C_7H_{14}O_7$	210.18	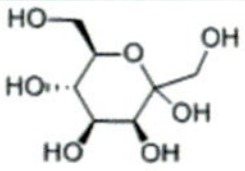	√	—	酮
7	8.37	D-（+）-甘露糖 d-Mannose	$C_6H_{12}O_6$	180.16	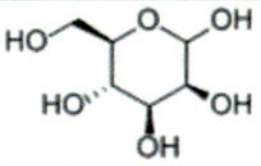	√	√	醛
8	8.48	正辛醇 1-Octanol	$C_8H_{18}O$	130.23		√	√	醇
9	8.62	1,2,3-三氯苯 Benzene，1,2,3-trichloro	$C_6H_3Cl_3$	181.45	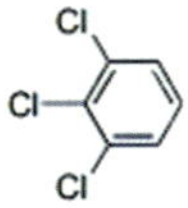	√	√	挥发性有机化合物（烷烃）
10	8.76	脱氢芳樟醇 Hotrienol	$C_{10}H_{16}O$	152.23	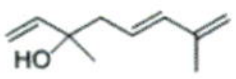	√	—	醇
11	8.77	3-O-苄基-D-葡萄糖 3-O-Benzyl-d-glucose	$C_{13}H_{18}O_6$	270.00	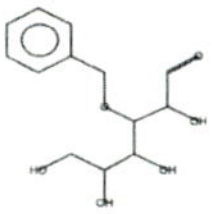	—	√	醛
12	8.84	2-甲氧基-3-仲丁基吡嗪 Pyrazine，2-methoxy-3-（1-methylpropyl）	$C_9H_{14}N_2O$	166.22	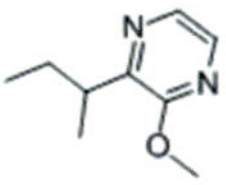	√	√	含 N 化合物
13	9.02	13,16-Octadecadiynoic acid，methyl ester	$C_{19}H_{30}O_2$	290.00		√	—	酯
14	9.18	甘油 Glycerin	$C_3H_8O_3$	92.09	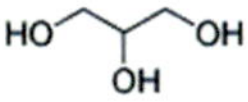	√	√	醇
15	9.38	苯乙酸甲酯 Benzeneacetic acid methyl ester	$C_9H_{10}O_2$	150.17	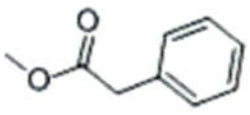	√	√	酯

序号	保留时间/min	成分名称	分子式	分子量	结构式	地上部分	地下部分	所属化合物
16	9.52	桃金娘烯醇 Bicyclo[3.1.1]hept-2-ene-2-methanol，6,6-dimethyl	$C_{10}H_{16}O$	152.23	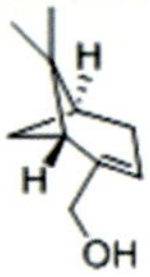	√	—	醇
17	9.60	2,3-二氢-3,5 二羟基-6-甲基-4（H）-吡喃-4-酮 4H-Pyran-4-one，2,3-dihydro-3,5-dihydroxy-6-methyl	$C_6H_8O_4$	144.00	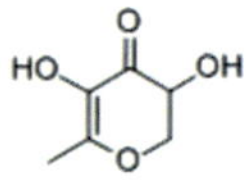	√	—	酮
18	9.68	2,2,8-Trimethyltricyclo[6.2.2.01,6]dodec-5-ene	$C_{15}H_{24}$	204.00	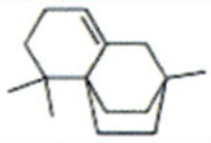	—	√	萜类
19	9.80	左旋乙酸冰片酯 Bicyclo[2.2.1]heptan-2-ol，1,7,7-trimethyl-，acetate，（1S-endo）	$C_{12}H_{20}O_2$	196.29		—	√	酯
20	9.86	Longifolene-（V4）	$C_{15}H_{24}$	204.00	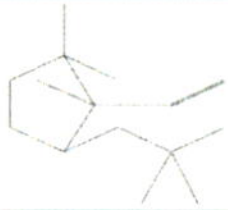	√	—	萜类
21	10.12	八氢四甲基环戊并戊搭烯 Berkheyaradulene	$C_{15}H_{24}$	204.00	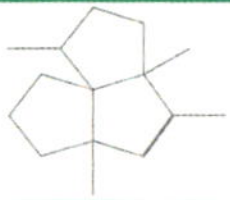	√	√	萜类
22	10.30	（+）-γ-古芸烯 （+）-GAMMA- GURJUNENE	$C_{15}H_{24}$	204.35	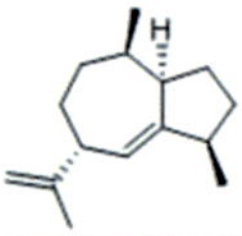	√	√	萜类
23	10.37	反式石竹烯 Caryophyllene	$C_{15}H_{24}$	204.35	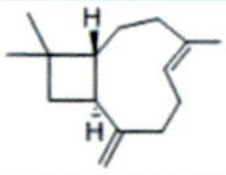	√	—	萜类
24	10.44	Pent-1-yn-3-ene，4-methyl-3-phenyl-	$C_{12}H_{12}$	156.00	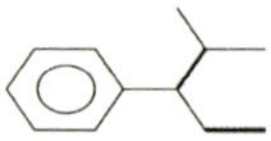	—	√	挥发性有机化合物（烯烃）
25	10.58	丁香酚 Eugenol	$C_{10}H_{12}O_2$	164.20	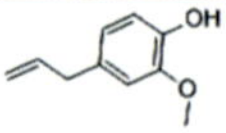	√	√	酚
26	10.67	5-羟甲基糠醛 5-Hydroxymethylfurfural	$C_6H_6O_3$	126.11	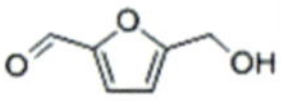	√	√	醛

序号	保留时间/min	成分名称	分子式	分子量	结构式	地上部分	地下部分	所属化合物
27	10.89	肉桂酸 trans-Cinnamic acid	$C_9H_8O_2$	148.16	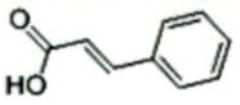	√	—	酸
28	11.20	联苯 Bipheny	$C_{12}H_{10}$	154.21	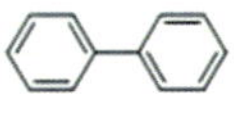	√	√	挥发性有机化合物（芳烃）
29	11.52	斯巴醇 （-）-Spathulenol	$C_{15}H_{24}O$	220.00	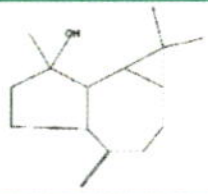	√	√	萜类
30	11.58	石竹素 Caryophyllene oxide	$C_{15}H_{24}O$	220.35	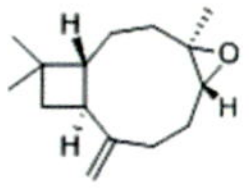	√	√	萜类
31	11.84	香橙烯氧化物 2 Aromadendrene oxide-（2）	$C_{15}H_{24}O$	220.35	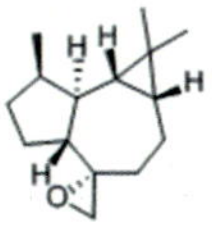	√	—	萜类
32	11.93	2,6-二甲酰-4-甲基苯酚 2-Hydroxy-5-methylisophthalaldehyde	$C_9H_8O_3$	164.16	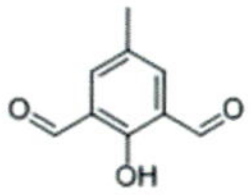	√	—	酚
33	12.01	鸟苷 Guanosine	$C_{10}H_{13}N_5O_5$	283.24	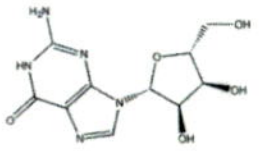	√	√	含 N 化合物
34	12.14	1-苊酮 1（2H）-Acenaphthylenone	$C_{12}H_8O$	168.19	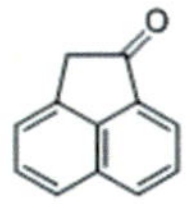	√	√	酮
35	12.31	1,6-脱水-BETHA-D-葡萄糖 á-D-Glucopyranose，1,6-anhydro	$C_6H_{10}O_5$	162.14	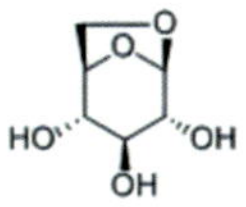	√	—	醛
36	12.32	1H-Indene，1-ethylidene-	$C_{11}H_{10}$	142.00	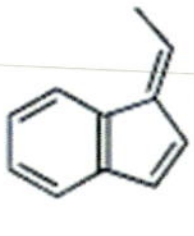	—	√	挥发性有机化合物（茚类）
37	12.93	细胞色素同功酶 CYP2E1 4-[（1E）-3-Hydroxy-1-propenyl]-2-methoxyphenol	$C_{10}H_{12}O_3$	180.20	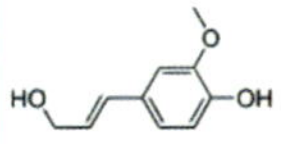	√	√	醇

序号	保留时间/min	成分名称	分子式	分子量	结构式	地上部分	地下部分	所属化合物
38	13.21	甲基葡萄糖 3-O-Methyl-d-glucose	$C_7H_{14}O_6$	194.18	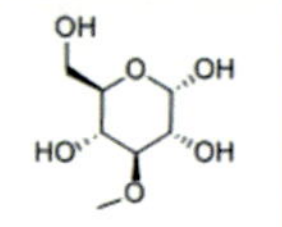	√	√	醛
39	13.35	右旋奎宁酸 Quinic acid	$C_7H_{12}O_6$	192.17	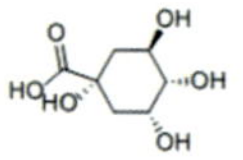	√	√	酸
40	13.42	草除灵 Benazolin	$C_9H_6ClNO_3S$	243.67	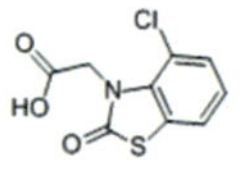	√	√	酸
41	13.52	L-（-）-葡萄糖 L-Glucose	$C_6H_{12}O_6$	180.16	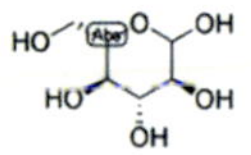	√	—	醛
42	13.66	镰叶芹醇 Falcarinol	$C_{17}H_{24}O$	244.00		√	√	醇
43	14.26	假山道年 à-Santonin	$C_{15}H_{18}O_3$	246.00	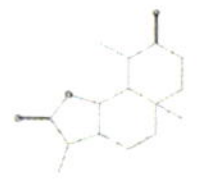	√	—	酯
44	14.45	6,7-二甲氧基香豆素 Scoparone	$C_{11}H_{10}O_4$	206.19	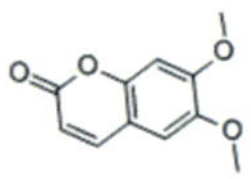	√	—	酯
45	14.49	TRANS-3,5-二甲氧基-4-羟基肉桂醛 3,5-Dimethoxy-4-hydroxycinnamaldehyde	$C_{11}H_{12}O_4$	208.21	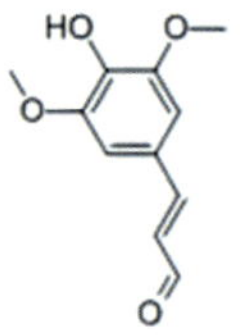	√	√	醛
46	14.70	3-（*N*,*N*-二乙基）氨基-4-甲氧基乙酰苯胺 Acetamide，N-[3-（diethylamino）-4-methoxyphenyl]	$C_{13}H_{20}N_2O_2$	236.31	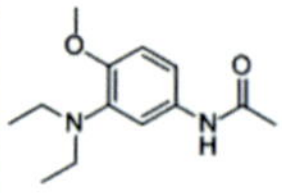	√	√	含N化合物
47	15.10	5,8,11-Eicosatriynoic acid，methyl ester	$C_{21}H_{30}O_2$	314.00		—	√	酯
48	15.20	海藻糖 à-D-Glucopyranoside，à-D-glucopyranosyl	$C_{12}H_{22}O_{11}$	342.30	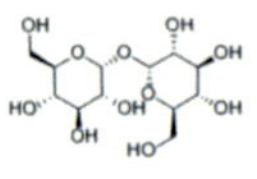	—	√	醛

序号	保留时间/min	成分名称	分子式	分子量	结构式	地上部分	地下部分	所属化合物
49	15.32	丁基-1,3-二炔，1,4-二（2-甲氧羰基环丙基） Buta-1,3-diyne，1,4-bis（2-methoxycarbonylcyclopropyl）	$C_{14}H_{14}O_4$	246.00		√	—	酯
50	15.44	6,7-二甲氧基-1,4-二氢-2,3-喹喔啉二酮 一水合物 6,7-Dimethoxy-1,4-dihydro-2,3-quinoxalinedione	$C_{10}H_{10}N_2O_4$	222.20	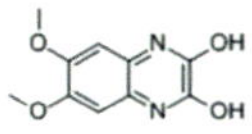 	√	√	醇
51	15.60	单水合乳糖醇 à-D-Glucopyranose，4-O-á-D-galactopyranosyl	$C_{12}H_{26}O_{12}$	362.33	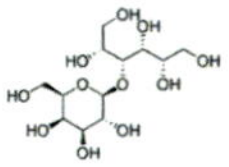	—	√	醇
52	15.95	24,25-二羟基维生素 D3 24（R），25-DIHYDROXYVITAMIN D3	$C_{28}H_{46}O_2$	414.66	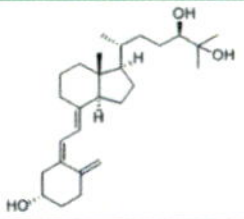	—	√	醇
53	16.00	Ethyl 9,9-diformylnona-2,4,6,8-tetraenoate	$C_{13}H_{14}O_4$	234.00		√	—	酯
54	16.07	2H-1-Benzopyran-2-one，6,7-dimethoxy-4-methyl	$C_{12}H_{14}O_4$	222.23	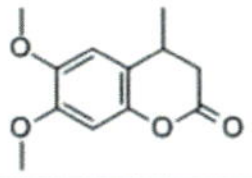	—	√	酯
55	16.58	油酸酰胺 9-Octadecenamide，（Z）	$C_{18}H_{35}NO$	281.48	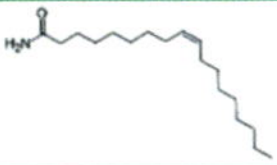	√	—	含 N 化合物
56	16.81	Pyrazol-5-ol，3-（3,4,5-trimethoxyphenyl）	$C_{11}H_{13}N_3O$	203.24	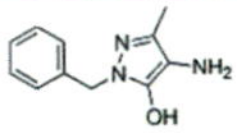 	√	√	醇
57	19.21	角鲨烯 Squalene	$C_{30}H_{50}$	410.72		√	—	挥萜类

注：“√”表示含有此成分；“—”表示无此成分。

2 个部位水浸提液所鉴定出的化合物种类存在差异，地上部分最多，为 45 种，其中以醇类最多，有 10 种，含量共占 5.56%；其次为萜类，共 7 种，占 7.71%；酯类和醛类有 6 种，分别占 14.05%和 23.78%；含氮化合物和酮类各有 4 种，含量分别占 4.86%和 1.91%；酸类有 3 种，含量占 5.76%；酚类和挥发性有机化合物各有 2 种，含量分别占 2.73%和 5.76%；挥萜类有 1 种，含量占 0.23%。

地下部分水浸提液鉴定出 36 种化合物，以醇类最多，共有 8 种，所占含量也最高，为 19.77%，其中镰叶芹醇高达 14.31%；其次为醛类，共 7 种，占 11.44%；萜类有 5 种，含量占 6.50%；挥发性有机化合物有 5 种，分属芳烃、环醚、烷烃、烯烃和茚类，含量共占 14.63%；酯类有 4 种，含量占 0.84%；含氮化合物有 3 种，占 3.40%；酸类有 2 种，含量为 2.85%；酮和酚类各有 1 种，含量分别占 2.30%和 0.85%。

5.3 讨论与小结

5.3.1 植物群落构建过程中的化感作用

交流是一种重要的生存能力，人们发现植物和邻近植物间能够感受到彼此的存在，并产生相应的化学物质，这种现象被称为植物与植物相互交流（张苏芳等，2012）。这个有趣的现象被发现后就吸引了科学家的注意，意识到植物也能够相互“交流”，这成为一个研究热点和前沿话题。虽然之前试验设计不够恰当（如只有室内模拟试验）、试验条件不具有现实意义（如控制的挥发物浓度在自然界中很难达到）等，但随后一系列的研究成果，确认了植物与植物相互交流这一现象（Heil et al.，2010）。*Biochemical Systematics and Ecology* 用一期专刊报道了多个植物群落中关于植物与植物相互交流的研究结果，已证明植物个体具备鉴定邻近植物的能力（Chen et al.，2012a），会以植物与植物之间特有的方式对邻近植物进行识别和响应（Callaway et al.，2010）。如沙漠植物白刺果豚草遇到同种异株植物的根和克隆植物根时，根的生长受到抑制（Mahall et al.，1996）。玉米根系向小麦根系生长时表现出强烈的躲避，与蚕豆间作时，则可以伸展并占据蚕豆地下部空间（Li et al.，2006）。与三齿蒿邻近生长的烟草，其生长被明显抑制，而与同种植物生长在一起时则没有此现象（Jassbi et al.，2010）。当拟南芥生长环境中出现异种植物时，其侧根数增多（Biedrzycki et al.，2010）。海马康草与来自不同母本的陌生者毗邻而居时，其根系要比那些与来自同一母本亲属生长在一起的植物根系发达得多（Biedrzycki et al.，2010）。因此，这些植物能够识别“邻居”并通过表型可塑性做出相应的响应，但植物种间识别和响应的潜在机制尚不清楚。

随着发现植物与植物相互交流这一现象后，对植物群落构建过程中的化感作用的研究逐步从现象转向机理探讨（张苏芳等，2012）。植物是自然界中次生代谢物质的主要来源（约占 80%）（Metlen et al.，2009），使得以次生代谢物质为媒介的化学关系成为研究植物种间相互作用的一个重要手段（Jensen et al.，2010）。有研究表明，植物对邻近植物的影响主要是通过地上挥发物和地下根分泌物来实现的（Hodge，2004），这些化学物质是不同植物间“交流对话”的关键，弄清楚这些“化学对话”如何进行，就可以解开更多植物的生长密码，因此学者们开始重视研究植物化合物的释放和接收化学信号后所做出响应的机制（Karban et al.，2014b）。植物通过自身代谢产生的化学物质，在植物生长发育过程中具有至关重要的作用（黎家等，2019），被称之为生态功能分子，在自然生态系统中普遍存在，并有效地调控生态系统中各生物间的相互关系（娄永根等，2018）。化学物质介导的植物间相互作用主要包括：由化学信号物质介导的信号通信过程和由化感物质介导的化感作用（Inderjit et al.，2011；Metlen et al.，2010；Wang et al.，2020），前者是通过释放的次生物质识别邻近植物从而调整生物量分配以及决定是否采用化学防御策略，后者则是植物向环境释放次生物质抑制邻近植物（Li et al.，2016）。这些化学物质尤其是次生代谢物质建立和维系植物与植物、植物与环境的关系，主导着较多生物和非生物过程的发生。

其中，以次生代谢物介导的植物种间化感作用越来越受到重视并不断取得重要进展（孔垂华，2020）。黄帚橐吾通过释放萜类化合物抑制其他牧草种子萌发，降低了可食牧草的建植与分布，形成单优势种群（马瑞君等，2006）。紫茎泽兰分泌的化学物质可以抑制普通针毛蕨的孢子萌发和配子体发育，这是蕨类植物无法在紫茎泽兰群落中建群的原因（Liang et al.，2008）。多斑矢车菊在与邻近植物爱荷达羊茅伴生时，会减少总酚含量，使多斑矢车菊具备了更大的竞争能力（Callaway et al.，2010）。黑芥与其他植物竞争时，组织中的黑芥苷浓度会升高，使得黑芥在竞争中占据优势（Lankau et al.，2010；Lankau et al.，2007）。加拿大一枝黄花、窄叶香蒲和矢车菊会通过分泌次生代谢物直接抑制当地物种的生长（Biedrzycki et al.，2010）。三齿蒿根分泌物中含有樟脑、桉树酚及橙花醇等萜类毒性物质，也含有少量稀类、炔类毒素，会抑制烟草的生长（Jassbi et al.，2010）。赤松可合成化感物质，抑制其地面草本植物水芹和马唐的生长（Kimura et al.，2015）。铁杆蒿所释放的化感物质影响了其他伴生种的生长，这可能是形成以铁杆蒿为优势群落的重要原因（孙庆花等，2016）。由此可见，植物会通过合成与释放的化学物质影响邻近植物的生长发育。

而植物种间还存在着通过次生代谢物进行的化学通信信息交流关系（Karban，2015）。化学通信是一种调节功能，通过一些具有低成本和容易扩散的小分子来实现，且通常具有浓度效应（DeAngelis，2016）。植物在地上部分的化学信号物质基本澄清，乙烯、茉莉酸甲酯、水杨酸甲酯、吲哚及几种挥发性萜类化合物介导着植物在地上部分的化学通信识别（Erb et al.，2015）。这些化学信号可以直接诱导或激发植物化感物质，同时还可以警报邻近植物做相应的防御准备（Baldwin et al.，2006）。植物地下部根系分泌的化学信号物质也会在共存植物间形成识别通信（Machin et al.，2020），如独脚金内酯（Machin et al.，2020）、茉莉酸（Martínez-Medina et al.，2017）、黑麦草内酯（Li et al.，2020）等，可以改变植物根系的生长行为（Semchenko et al.，2014）和调控开花时间（Karban et al.，2014a）。通过这样的化学通信信息交流，植物可以有效地分配资源用于生长和防御，并被认为是理解信息交流的研究模型系统（Kalske et al.，2019）。

植物间化学作用已被广泛认知。无论是地上挥发还是地下根分泌的化学信号，化学作用不外乎化学信号产生、植株发送、介质传输以及信号接收的植株感知和响应等过程。但是，目前化学作用的研究大多集中在受体植物生长发育的形态指标和生理变化等方面（Cipollini et al.，2012），这些特征只揭示了表观现象及其胁迫响应，而植物影响邻近植物的化学作用机制仍不清晰（Chen et al.，2020；章芳芳，2018），也制约了建立调控植物种间竞争、诱导群落定向演替、提升生态系统效率的有效措施。

在特定的环境下，对植物来说原本有利的生存特性不一定有利，所以就需要改变其策略（徐承哲，2015）。化感作用是植物对环境适应的一种化学响应，可以使植物种群在生存竞争中处于优势地位，利于种群扩大和繁衍，也可以促进或延缓演替的过程（马瑞君等，2005）。因此，化感作用是生态系统中植被共存或竞争的重要化学调控机制（Meiners et al.，2012），也是植物适应环境的策略之一，在区域植物群落中的作用不容忽视，已成为化学生态学中最活跃的领域之一。青藏高原高寒草场区毒杂草黄帚橐吾通过释放 2-甲基-庚烷、3-甲基-庚烷等萜类化合物不仅可以保护自身不受侵害，还可以抑制牧草种子萌发，降低可食牧草的建植与分布，增强自身生存竞争力，形成单优势种群落（马瑞君等，2006）。紫茎泽兰分泌的化学物质可以抑制普通针毛蕨的孢子萌发和配子体发育，而这就是蕨类植物无法在紫茎泽兰群落中建群的原因（Liang et al.，2008）。Nell 等（1971）研究了在弃耕地演替和分布格局中的优势种——毛果破布草，会在演替过程中抑制它周围的一种三芒草。Rice（1964）发现毛果破布草成熟的根、茎、叶对几种固氮菌、硝化细菌和根瘤菌具有抑制作用，使其在次生演替中成为优势种的一个重要原因。在美国俄克拉何马地区的群落演替过程中，一年生禾草要延续十余年才能被多年生禾草所代替，是因为一年生禾草如三芒草分泌的二培酸和酚类物质抑制了土壤中硝化细菌和固氮菌的生长使土壤中氮素积累减慢，致使需氮量高的多年生禾草不易繁殖，而一年生禾草自身耐受低氮环境，故生长正常（Rice，1979）。铁杆蒿作为建群种，所释放的化感物质影响了其他优势种和伴生种的生长，进而改变各植物群落的生态位，化感作用在群落演替过程中担负着驱动力的角色（王辉等，2012）。黄土丘陵区蒿属植物对其他植物的化感作用可能是形成以蒿属植物为优势种植被群落的重要原因之一，从化学生态学的角度解释了黄土丘陵区植被演替初期植物之间的关系以及群落结构形成的原因，为认识自然恢复的内在机理提供了新的视角（孙庆花等，2016）。较多的研究发现猪毛蒿具有化感作用，特别是本研究中对靶标植物（针茅、胡枝子、蒙古冰草等）具有较强的抑制作用，因此，化感作用在猪毛蒿生存竞争和扩大种群中起着不容忽视的作用，这可能是猪毛蒿易形成单优势种群和泛化种群以及导致草场退化的原因之一。

5.3.2 化感敏感性及其影响机制

随着猪毛蒿水浸提液浓度的上升，小麦幼苗中的过氧化物酶的活性整体呈现上升的趋势，而可溶性蛋白含量呈下降趋势（王硕等，2006）。猪毛蒿精油提取物对稗草、含羞草、小麦、油菜和水稻的生长有明显的抑制作用（万树青等，2004）。

本研究中，从化感作用敏感指数来看，针茅受到抑制作用，而蒙农杂交冰草受到一定的促进作用；从不同浓度水浸提液对各植物的化感作用敏感指数来看，各浓度处理对草木犀、扁穗冰草和蒙农杂交冰草均表现出促进作用，对蒙古冰草、胡枝子和针茅具有抑制作用；从猪毛蒿不同部位（生长在地上部分和生长在地下部分）水浸提液对针茅和胡枝子均有较强的抑制作用，而对蒙农杂交冰草有促进作用。猪毛蒿地上部分水浸提液对几种植物种子萌发和幼苗生长的生物测定结果在一定程度上说明雨水淋溶是猪毛蒿向环境中释放化感物质的途径之一。植物根系除了传统意义上的机械支撑和水分、养分传输外，还会进行各种化合物的合成、聚集和分泌（Flores et al.，1999），猪毛蒿地下部分水浸提液的化感作用强度高于地上部分，可能与其地下种间对资源的竞争有关。植物不同的发育时期对化感作用的敏感性不同（马瑞君等，2006）。一般认为幼苗生长期比种子萌发期更敏感（曾任森等，1993），这与本研究的结果一致，特别是胚根长对化感作用的敏感程度最高，可以作为衡量猪毛蒿化感作用强度的指标之一。综合分析发现，在种子萌发和幼苗生长阶段，针茅和胡枝子对猪毛蒿水浸提液的化感抑制作用最为敏感，而蒙农杂交冰草、沙蓬、扁穗冰草和草木犀则受到一定的促进作用。通过本书的研究，初步认为在猪毛蒿优势群落和具有适宜生长的土壤条件下，蒙农杂交冰草、沙蓬、扁穗冰草和草木犀可以考虑作为优先选择的建植草种。

5.3.3 化学成分及其作用机制

植物化感物质的产生和释放是植物在环境胁迫的压力下形成的，植物化感作用是植物在进化过程中产生的一种对环境的适应性机制（孔垂华等，2000）。植物化感物质主要是植物产生的次生代谢产物，是物种长期进化并为了自身和种群的生存与发展而采取的策略（黎华寿等，2005）。Keire 等（2001）报道，邻苯二甲酸二乙酯具有化感作用。酚类、萜类和酯类是较常见的化感物质（张晓芳等，2011）。通常认为酚酸类物质在植物化感作用中起重要作用（Inderjit，1996），但 Olofsdotter（Maria et al.，2002）等对水稻中的化感物质是否主要是酚酸类物质提出了质疑。萜类是一类化感物质，最常见的是倍半萜和单萜，多具有挥发性，可以影响邻近植物的正常生长和改变土壤微生物群落结构（王朋等，2008）。许多含氧萜类物质在水中具有足够的溶解度并显示出较强的化感作用，内酯在水中的，溶解度适中，既不易被雨水冲洗消失，又能缓慢溶解，表现化感效应（孟庆会等，2009）。在本研究中，猪毛蒿生长在地上和地下部分的化学成分主要包含醇、酚、含氮化合物、挥萜类、醛、酸、酮、酯、萜类和挥发性有机化合物等，其中地上部分以醛类的甲基葡萄糖含量最高（19.36%），其次为酯类的丁基-1,3-二炔，1,4-二（2-甲氧羰基环丙基），含量为 7.29%，生长在地下部分的化学成分以醇类的镰叶芹醇最高（14.31%），其次是芳烃类的挥发性有机化合物联苯为高（10.73%），但 Bais 等（2003）研究表明，相对含量大的物质并不一定有化感作用。化感作用有巨大的研究潜力，但同时化感效应受到诸多因素的影响，增加了研究的复杂性及难度（拱健婷等，2015）。植物的化感作用常常是几个或几类化合物综合作用的结果，化感物质之间常常有协同或拮抗作用（张晓芳等，2011）。而且化感物质受光照、温度、水分和时间等因素的影响，可进一步降解为无毒的化合物（Chou et al.，1976）。本研究对猪毛蒿化感作用的分析是对猪毛蒿水浸提液提出的混合物的研究，仅初步确定了猪毛蒿不同部位化学成分和化合物类型，未开展各单组分化合物的化感活性及其不同组分相互之间的综合作用以及在不同影响因素下随时间的作用变化方面的生物验证。

此外，目前化感作用的研究大多集中在受体植物生长发育的形态指标和生理生化过程变化等方面（Cipollini et al.，2012；李晓娟等，2013；缪丽华等，2012），而这些特征只能揭示化感作用的表观现象，化感物质是否通过影响激素合成或利用、改变细胞的分裂或生长、细胞膜的特性、对矿物质或水分的吸收和利用、光合作用或呼吸作用、蛋白质的合成等直接或间接的影响受体植物，这些都尚未明晰。因此，今后对化感作用的研究应该更关注其作用机理方面。

第三篇 种群水平

DISANPIAN ZHONGQUN SHUIPING

第 6 章 猪毛蒿种群分布格局

当斑块的特征在某种程度上可以量化并能够被预测时，称之为空间格局。空间格局是植物种群的基本特征，是种群自身特性、种间关系及环境条件综合作用的结果，种群空间分布格局能在很大程度上反映该种群与生境的关系及其在群落中的地位和作用，分析种群分布格局有助于认识种群的生物学特性（如生活史策略、喜光和耐阴）、生态学过程（如种子扩散、种内和种间竞争及干扰等）及其与环境因子之间的相互关系（Ran，2006；Shugart et al.，2010）。空间格局对种群密度和空间尺度均有很强的依赖性，不同尺度所获得的格局信息特征也会不同（闫海冰等，2010），因此通常依靠特征空间尺度进行的传统格局分析方法，难以推广或者应用到其他尺度上去。而点格局分析方法克服了传统方法（只能分析单一尺度空间分布格局）的缺点，点格局分析方法目前已被广泛应用于种群格局的分析中（胡尔查等，2013；牛丽丽等，2008）。

点格局分析方法是由 Ripiey 提出后，国外研究者在 Ripley K（t）函数分析法的基础上发展成了 O-ring O（t） 函数分析方法，能够最大限度地利用空间信息来分析植物种群由小到大一系列连续尺度上的空间分布格局。张金屯（1998）首先将点格局分析引入国内，推动了植物种群空间分布的研究。马志波等（2017）统计了 1996—2015 年以点格局为题的国内外中文核心期刊，结果表明，国内的生态学格局的应用研究占据主导地位，研究对象包括以树木为主的乔、灌、草等不同生活型的植物，甚至包括景观，但概括性统计量、零模型与点过程模型等方面研究薄弱，概括性统计量使用单一，且以 Ripley 的 K-函数及其变形为主。还有研究发现，种群在相对较小的尺度上聚集分布特征明显，随尺度增加种群主要表现出随机分布和均匀分布特征（樊登星等，2016；许强等，2016）。实测值偏离完全随机模型的程度越大，越有可能符合泊松聚块模型，偏离泊松聚块模型的程度越大，越有可能符合嵌套双聚块模型，而出现嵌套双聚块模型的原因被认为是种群易化的结构（王鑫厅等，2011）。

在气候条件一致的情况下，土壤异质性决定了植被空间分布的差异。荒漠草原土壤存在着空间异质性，植物种群的空间分布格局因种而异，存在于同一种群不同生活史阶段。研究表明：同一物种，在其生长发育的不同阶段，其空间分布格局也不相同，幼苗具有更强的环境敏感性（李肇晨等，2015）。从小尺度而言，土壤异质性影响着植物种子萌发，幼苗生长机会的可利用性，促使种群空间异质性分布格局的形成。猪毛蒿因具有较强适应恶劣环境的能力而成为主要先锋物种和自然演替序列早起的优势建群物种，目前学者对于猪毛蒿植物科学、化学和药理学或配药学研究较多（陈林等，2017）。但对于猪毛蒿幼苗种群在不同土壤条件下的空间分布格局尚未见报道。鉴于此，本研究采用摄影定位法（王鑫厅等，2006），基于不同零模型的点格局分析方法，对宁夏荒漠草原不同土壤条件下猪毛蒿种群生活史初期分布格局进行系统探讨，分析形成格局的原因，以期为进一步揭示猪毛蒿种群和群落的形成以及潜在的维持机制提供理论依据。

6.1 材料与方法

6.1.1 研究区概况

研究区位于宁夏回族自治区盐池县皖记沟行政村（37°47′～37°57′N，107°22′～107°33′E），地貌为鄂尔多斯缓坡起伏高原，地势南高北低，土壤主要类型为灰钙土、风沙土和基岩风化残积土等。土壤质地以沙壤、粉沙壤和沙土为主。该地区属于中温带半干旱区，典型中温带大陆性气候。年平均气温 8.2℃，多年平均降水量为 289 mm，降水的年际和年内变化剧烈，7—9 月降水量占全年的 60%以上，潜在年蒸发量为 2 014 mm。年无霜期为 165 d。

6.1.2 样地选择及测定

在研究区围封 3 年的草地围栏中选取 3 块 10 m×10 m 地表平坦、群落外貌均匀且具有代表性的猪毛蒿群落为试验样地。据当地农户调查得知，围封前为自由放牧的草地，由于食草牲畜的啃食和践踏，地上植被生物量较低，围封后具体情况见表 6-1。

表 6-1 试验样地基本情况

样地	土壤条件	优势种	伴生种
a	基岩风化残积土 weathering bedrock	猪毛菜（*Salsola aperta*）	苦豆子（*Sophora alopecuroides* L.）、猪毛蒿（*Artemisia scoparia*）
b	灰钙土 sierozem soil	猪毛蒿（*Artemisia scoparia*）	胡枝子（*Lespedeza*）、针茅（*Stipa capillata Linn*）、棘豆（*Oxytropis recognita*）、猪毛菜（*Salsola aperta*）
c	风沙土 aeolian sandy soil	猪毛蒿（*Artemisia scoparia*）	苦豆子（*Sophora alopecuroides* L.）、棘豆（*Oxytropis recognita*）、蒺藜（*Tribulus terrestris*）、猪毛菜（*Salsola aperta*）、赖草（*Leymus secalinus*）

采用摄影定位法所测的值和实测值之间无明显差异，这种方法是可行、可靠的（王鑫厅等，2006）。因此，本研究于 2017 年 5 月采用摄影定位法测定了上述 3 个样地内猪毛蒿幼苗种群空间格局，其具体操作过程如下：在各个样地中，将选择的 10 m×10 m 的群落片段，用白色 PVC 细管标记，将其分割成 400 个 50 cm×50 cm 的亚样方，仔细的将亚样方内的枯落物和立枯物去除。把 Nikon D 5300 数码相机镜头竖直向下尽量保持在离地面 1.5 m 处。从第一行左端第一个亚样方开始把取景器中心对准亚样方中心，让亚样方的 4 个顶点进去取景器，拍摄下样方中的所有植物，从第一行左端第一个亚样方开始并编号 1，再到第二行左端开始并编号 21，以此类推，拍摄完 10 m×10 m 的群落片段。1 到 400 按一定顺序编号，400 张 50 cm×50 cm 的亚样方数字影像导入计算机，以便室内处理。

将拍摄各个样地中的 10 m×10 m 群落片段的 400 张亚样方现在 PhotoShop 7.0

图像处理软件中进行预处理，裁去 PVC 细管周围多余的地方，运用地理信息系统软件 ArcGIS 10.3 将预处理好的所有照片进行拼接，最终得到一张完整的群落片段图。之后对所得图层进行数据格式转化，获得图层的属性表，即猪毛蒿种群个体的坐标，将这些坐标转入到 Excel 软件中，得到种群格局的基础数据。

6.1.3 分析方法

6.1.3.1 点格局分析法

点格局分析法的统计学理论是 Ripley 提出来的，由 1983 年 Diggle 发展已臻完善。因其能清楚直观地分析各种尺度下的种群格局而被生态学家广泛应用。然而，Ripley's K 函数是一个累积分布函数，小尺度空间格局的累积会影响较大尺度的空间格局（Rodr'Iguez-Pérez et al.，2012）。成对相关函数，一般表示为个 g(*r*)，源于 Ripley's K 函数，克服了 Ripley's K 函数的累计效应，二者之间存在等式关系如下：

$$g(r) = (2\pi r) - 1\mathrm{d}k(r) / \mathrm{d}r$$

在实践中，常常应用 Ripley's K 或 g(*r*)函数将实测格局与选定的零模型通过 Monte-Carlo 方法绘制置信区间来分析种群空间格局。本研究中选择 g(*r*)函数，Monte-Carlo 拟合 99 次，置信水平为 99%，置信区间通过使用最大值和最小值获得，步长为 0.1 m。

6.1.3.2 零模型分析法

成功运用 Ripley's K 函数或 g(*r*)函数分析要解决的生态学问题的关键是选择合适的零模型，并且能够合理解释实测数据与零模型的偏离。本研究中为了揭示不同土壤条件下猪毛蒿种群空间格局的分布特征，选择完全空间随机模型、泊松聚块模型和嵌套双聚块模型进行对比分析。

6.1.3.3 完全空间随机模型分析法

完全空间随机模型（CSR）是最简单、最常用的一种，其实质是均质泊松过程（Homogeneous Poisson process，HP）。在这个模型中任何一点（或个体）在研究区域内任何一个位置上出现（或发生）的机会是相同的；同时，点间（或个体间）是相互独立的，也就是任何两点间均不发生相互作用。通常使用此模型作为零假设（null test）来检验物种的空间分布格局。

6.1.3.4 泊松聚块模型分析法

泊松聚块模型（NS），也称作均质托马斯过程，它描述的是一种聚块机制。泊松聚块模型的 K 函数与 g 函数的表达式如下：

$$\mathrm{K}(r,\sigma,\rho)=\pi r^2+\frac{1-\exp(-r^2/4\sigma^2)}{\rho}$$

$$\mathrm{g}(r,\sigma,\rho)=1+\frac{\exp(-r^2/4\sigma^2)}{4\pi\sigma^2\rho}$$

式中，r ——尺度；

ρ ——该过程中母体的密度；

σ^2——高斯分布的方差。

6.1.3.5 嵌套双聚块模型分析法

嵌套双聚块模型是泊松聚块模型的多代扩展，泊松聚块过程的子代产生自己的后代个体，嵌套双聚块模型的 K 函数与 g 函数表达式如下：

$$\mathrm{K}(r,\sigma_1,\rho_1,\sigma_2,\rho_2)=\pi r^2+\frac{1-\exp\left(-r^2/4\sigma_2^2\right)}{\rho_2}+\frac{1-\exp\left(-r^2/4\sigma_{\text{sum}}^2\right)}{\rho_1}$$

$$\mathrm{g}(r,\sigma_1,\rho_1,\sigma_2,\rho_2)=1+\frac{1}{\rho_2}\frac{\exp\left(-r^2/4\sigma_2^2\right)}{2\pi\sigma_2^2}+\frac{1}{\rho_1}\frac{\exp\left(-r^2/4\sigma_{\text{sum}}^2\right)}{4\pi\sigma_{\text{sum}}^2}$$

且 $\sigma_{\text{sum}}^2=\sigma_1^2+\sigma_2^2$

参数 ρ 进而 σ^2 意义同泊松聚块模型，其中，下角标 1 代表第一代，下角标 2 代表第二代。

6.1.3.6 数据处理分析法

采用 ArcGIS 10.3 进行数据坐标点采集，数据计算在 Programita 软件下完成。荒漠草原不同土壤条件下猪毛蒿个体分布的位点如图 6-1 所示，其详细的零模型参数见表 6-2。

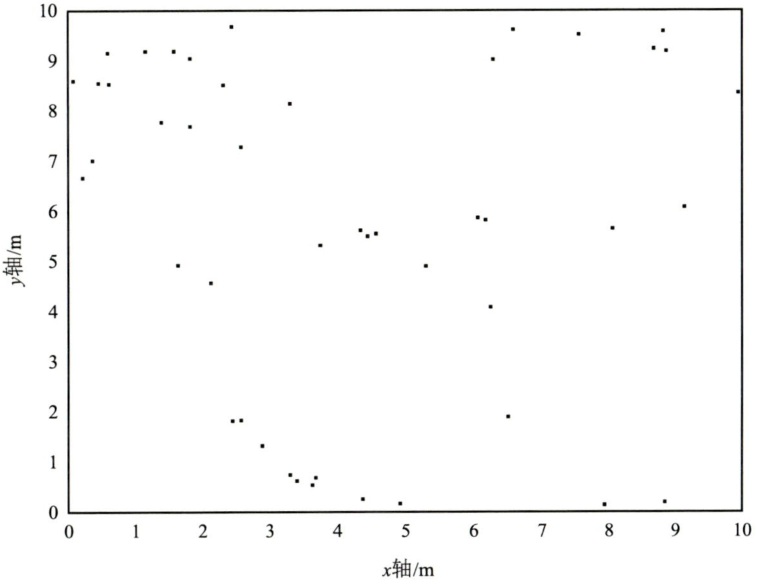

（a）基岩风化残积土上猪毛蒿种群

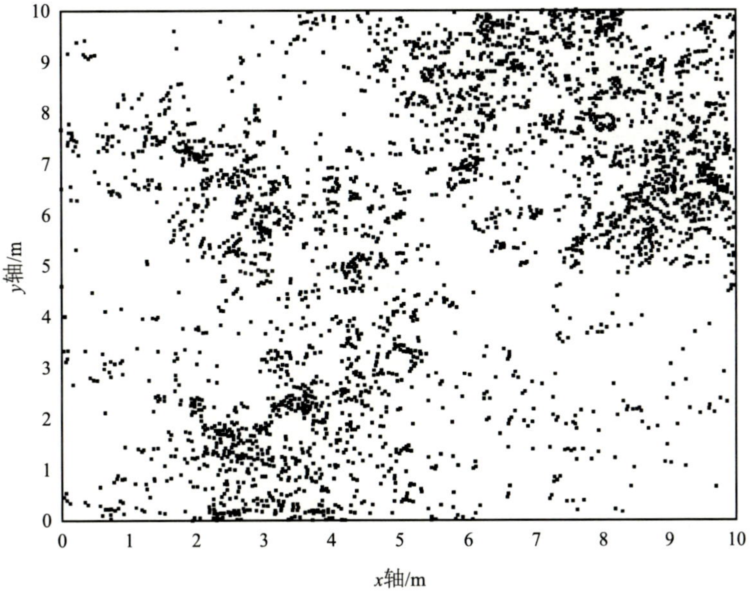

（b）灰钙土上猪毛蒿种群

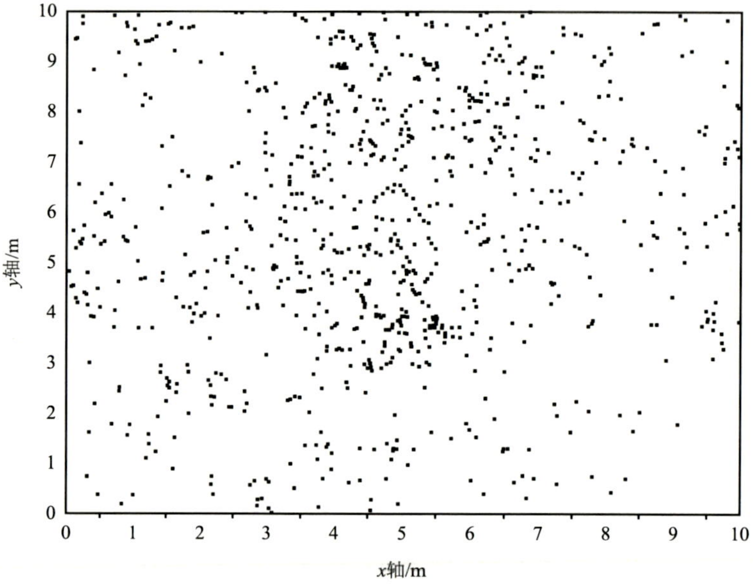

（c）风沙土上猪毛蒿种群

图 6-1　不同土壤条件下猪毛蒿个体分布位点

表 6-2　使用泊松聚块模型个嵌套双聚块模型的单变量分析

土壤条件	n	复合大尺度聚块格局				小尺度聚块格局			
		σ_1	$100\rho_1$	$A\rho_1$	Er	σ_1	$100\rho_1$	$A\rho_1$	Er
基岩风化残积土 weathering bedrock	46	2.1	0.437	13.7	0.025	—	—	—	—
灰钙土 sierozem soil	3 241	8.329	0.151 3	15.13	0.025	0.791	24.512 34	2451	0.000 907
风沙土 aeolian sandy soil	870	14.801	0.079 07	7.91	0.025	2.314	5.682 86	568.2	0.05

注：A：研究区域的面积（10 m×10 m）；n：格局中点的数目；σ_1 和 σ_2：聚块尺度参数；ρ_1 和 ρ_2：母体格局的密度；$A\rho_1$：研究区域母体的数量；Er：模型估计的误差，cm。

6.2 结果与分析

6.2.1 不同土壤条件下猪毛蒿幼苗种群密度的比较

经统计分析，在 10 m×10 m 的取样范围内，灰钙土上猪毛蒿幼苗种群的密度为 32.41 株/m^2＞风沙土上猪毛蒿幼苗种群的密度 8.7 株/m^2＞基岩风化残积土上猪毛蒿幼苗种群密度 0.46 株/m^2。

6.2.2 基于完全空间随机模型的点格局分析

利用完全空间随机模型分别对基岩风化残积土、灰钙土和风沙土上的猪毛蒿幼苗群落进行了点格局分析。如图 6-2 所示，可以看出基岩风化残积土上的猪毛蒿群落在 0.15～0.25 m 表现为聚集分布，在其余的尺度上表现为随机分布；灰钙土上的猪毛蒿群落在 0～2.85 m 表现为聚集分布，在 2.85～3.75 m 表现为随机分布，当尺度＞3.75 m 时表现为均匀分布；风沙土上的猪毛蒿群落在 0.00～1.85 m 表示为随机分布，在 1.85～2.35 m 表现为随机分布，当尺度＞2.35 m 表现为均匀分布。

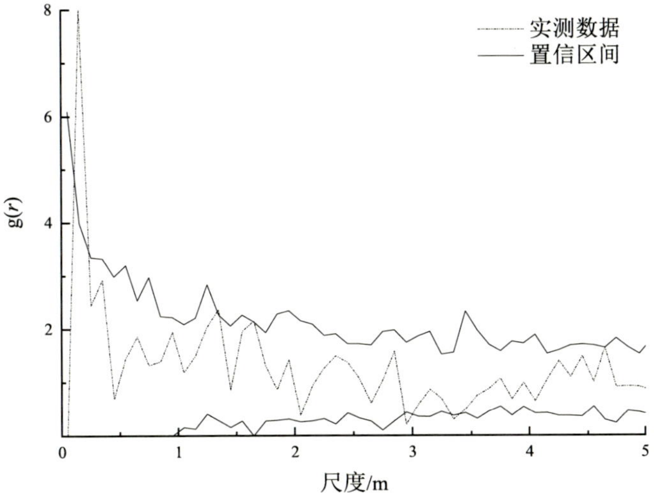

（a）

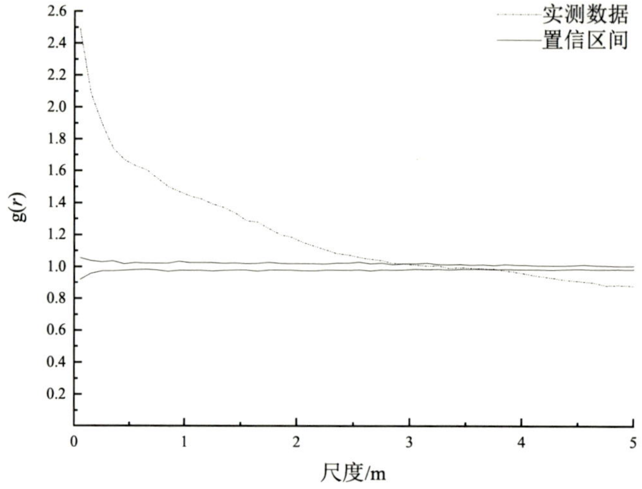

（b）

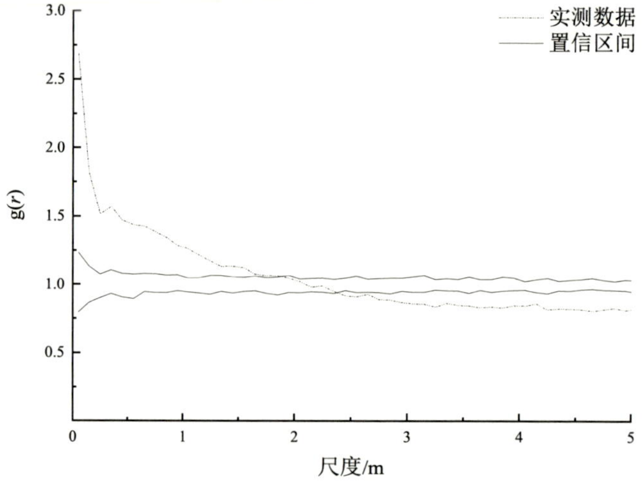

（c）

图 6-2　基于完全空间随机模型的点格局分析

6.2.3　基于泊松聚块模型与嵌套双聚块模型的点格局分析

如图 6-3 所示，可以看出基岩风化残积土上的猪毛蒿种群在整个测定尺度上完全符合泊松聚块模型；灰钙土上的猪毛蒿在 0～0.2 m 偏离泊松聚块模型，而在整个尺度上与嵌套双聚块模型相吻合[图 6-4(a)]。风沙土上的猪毛蒿在 0～0.1 m 和 3.9～4.5 m 偏离泊松分布聚块模型，而在除 0～0.05 m 的整个尺度上与嵌套双聚块模型相吻合［图 6-4（b)]。

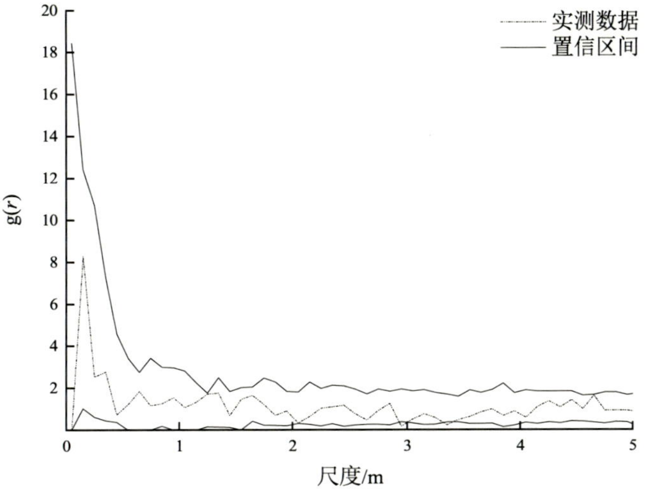

（a）

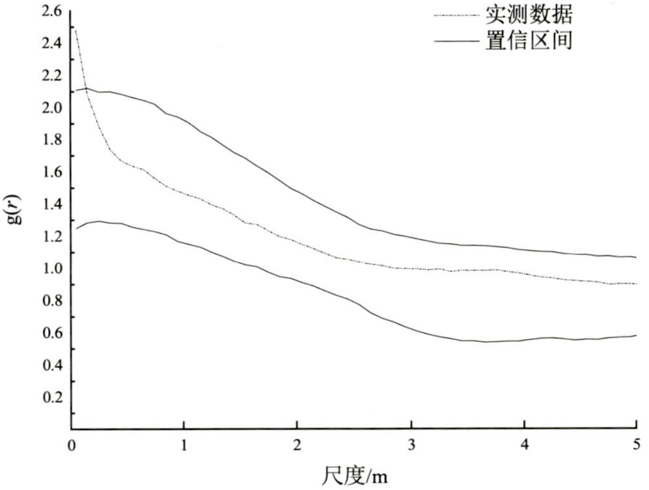

（b）

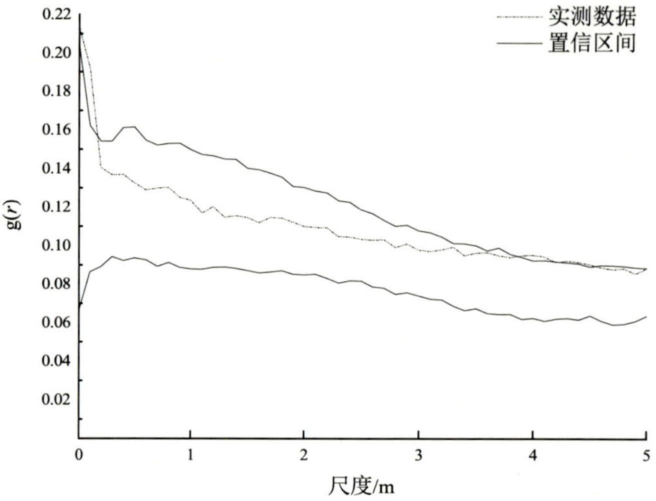

（c）

图 6-3　基于泊松聚块模型的点格局分析

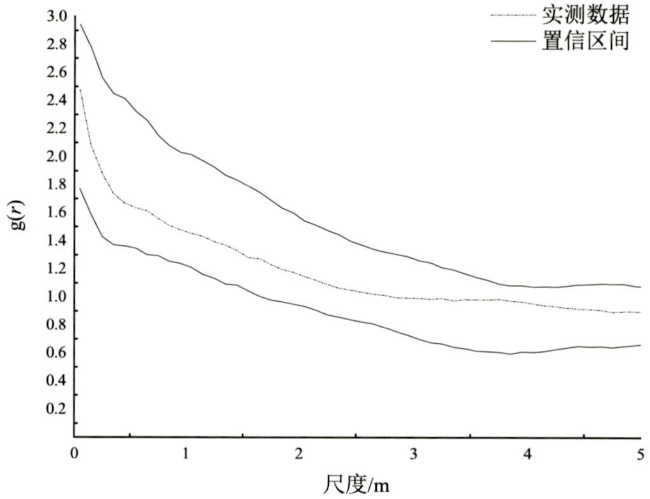

（a）

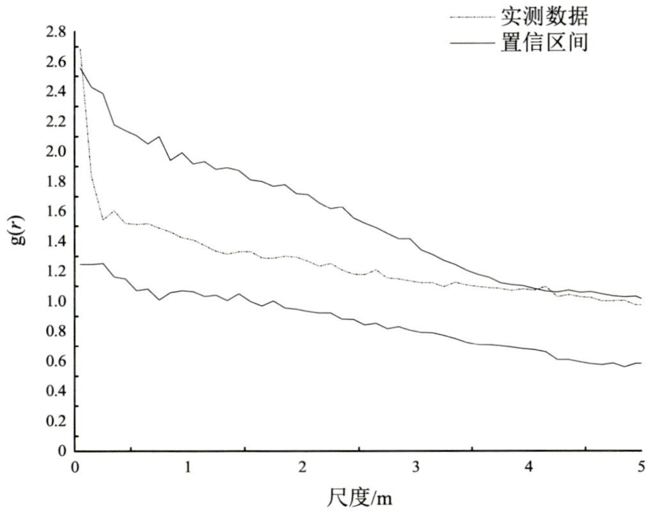

（b）

图 6-4 基于嵌套双聚块模型的点格局的分析

6.2.4 不同土壤条件下猪毛蒿幼苗种群格局的比较

在分析不同土壤条件下猪毛蒿幼苗种群格局时，本研究选择了完全空间随机模型、泊松聚块模型和嵌套双聚块模型。经过完全空间随机模型的检验可以看出，在一定的尺度范围内灰钙土、风沙土和基岩风化残积土上的猪毛蒿幼苗种群在小尺度上均表现为聚集分布。为进一步示聚集分布的特征，选择了泊松聚块模型检验，结果发现灰钙土和风沙土上的猪毛蒿幼苗种群在小尺度范围内位于置信区间之上，如图 6-3（b）、图 6-3（c）所示，说明在聚集分布的聚块内存在较高密度的小聚块。而基岩风化残积土上的猪毛蒿幼苗种群符合泊松聚块模型，意味着在聚集分布的聚块内不存在较高密度的小聚块。为了进一步验证灰钙土和风沙土上的猪毛蒿幼苗种群在聚集分布内的聚块内存在较高密度的小聚块，又采用嵌套双聚块模型验证，结果显示灰钙土上的猪毛蒿幼苗种群完全符合嵌套双聚块模型，如图 6-4（b）所示。风沙土上的猪毛蒿幼苗种群除了在 0.00～0.05 m 上偏离嵌套双聚块模型，在其余尺度完全符合嵌套双聚块模型。不难发现，种群偏离完全随机模型的程度越强，越容易符合泊松聚块模型；偏离泊松聚块模型的程度越强，越容易符合嵌套双聚块模型。由于灰钙土上的猪毛蒿幼苗种群格局较风沙土上的猪毛蒿幼苗种群格局更偏离泊松聚块模型，即更符合嵌套双聚块模型，也就意味着在灰钙土上的猪毛蒿幼苗种群聚集分布的聚块内的较高密度的小聚块多余风沙土上的。

6.3 讨论与结论

基岩风化残积土并不适宜猪毛蒿幼苗个体的定居。在 10 m×10 m 的取样尺度内，猪毛蒿个体仅有 46 株，密度为 0.46/m^2。在自然条件下，植物通过繁殖在母体周围产生新个体而呈现聚集分布。我们利用完全空间随机模型的检验结果得出，在基岩风化残积土上猪毛蒿幼苗种群几乎在整个尺度上呈现随机分布，也就是猪毛蒿幼苗个体之间是相互独立的，没有任何作用。可见，存在于基岩风化残积土上的猪毛蒿幼苗并不是由原生境猪毛蒿母体繁殖而来。我们猜测其原因是由于猪毛蒿种子为瘦果，体积小，重量轻（张小彦等，2010），容易随风飘散，而在其他生境上的猪毛蒿母株进行种子传播时受到的风力作用将种子散落在基岩风化残积土上，在某些微生境上得以萌发以致出现随机分布。

植物种群的空间分布格局是植物自身的生物学特性（扩散限制、生物相互作用和克隆繁殖生长）与生境异质性共同作用的结果。决定植物种群小尺度空间分布格局的最根本原因是种群内部关系。如果种群个体之间具有强烈排斥关系，它们表现为均匀分布的格局；如果种群个体之间没有明显关系，则表现为随机分布；如果种群个体之间具有吸引关系，它们表现为聚集分布（崔强，2012）。小尺度的聚集分布有利于物种之间相互庇护，增强群落共同抵御恶劣环境的能力，以提高存活概率（尤海舟等，2010）。随着尺度的增大，种群趋于随机分布，形成不同的空间分布格局，这可能与种间竞争过程中种群自调节机理不同有关，主要是物种与环境长期相互适应和相互作用的结果。从聚集分布到均匀分布来看，是由于自疏或他疏过程而导致个体密度下降而出现的格局转变（缪宁等，2011）。我们用完全随机模型发现在一定的尺度范围内，灰钙土和风沙土上猪毛蒿幼苗种群在小尺度上均呈现聚集分布，随着尺度的增大最先呈现出随机分布，而后呈现出均匀分布。分析其原因可能为猪毛蒿种群在生活史的初期阶段，种群密度、盖度和高度相对较小，一般认为幼小个体养分等资源的竞争相对微弱，为抵御风沙和提高成活率，它们之间互帮互助，个体之间以正向关系为主，这种正向关系有助于种群扩大规模和领地。随着猪毛蒿幼苗种群的不断扩大，逐渐形成了以猪毛蒿为主的优势种群群落，较高的聚集强度势必引起养分、水分的缺乏，产生种内竞争，竞争的结果导致种群发生自疏，聚集强度逐渐减弱，最终趋于均匀或随机分布。但是本研究中选取的是猪毛蒿的幼苗，种内竞争和种间竞争相对弱化，生物学特性和生态学过程都不是这个阶段种群空间分布格局的主导因素。而土壤的异质性就成为了猪毛蒿幼苗种群不同空间格局分布的主要因素，这就对于猪毛蒿的早期生活史分布格局有了解释。

灰钙土和风沙土上的猪毛蒿幼苗种群符合嵌套双聚块模型，即大聚块中分布着较高密度的小聚块。而灰钙土上猪毛蒿幼苗种群的小聚块多于风沙土。有研究称这种格局是种群易化作用的结果。胁迫梯度假说认为，易化作用将随着环境胁迫强度的增加而增加，竞争则反之（Bertness et al.，1994）。在胁迫作用下，植物间的相互作用会不同程度的表现为易化作用，这种正相互作用可以通过不同的指标得以表征，其中，植物通过改变分布状况、形态构成来实现相助，共同抵御外界不利条件。但是对于猪毛蒿幼苗种群符合嵌套双聚块分布的原因并不是易化作用。我们猜测应该是灰钙土和风沙土上存在更小的生境异质性，且灰钙土上小的生境异质性大于风沙土。

在本研究中，我们选择了 3 个零模型分析不同土壤条件下猪毛蒿幼苗种群的空间格局，发现了上述生态学现象。而且也可以看出在猪毛蒿生活史的初期阶段，种内和种间关系相对较弱，决定其空间格局的主要因素为土壤的异质性。土壤的异质性能制约植物种子萌发、幼苗生长机会的可利用性，促使种群空间异质性分布格局的形成。另外，若将猪毛蒿整个生活史的种群格局测定，将更深入地认识猪毛蒿种群在荒漠草原的空间分布格局。

第 7 章
猪毛蒿种群数量特征

土壤因子作为环境因子的一部分，对植物生长具有至关重要的作用，为植物提供必不可少的因素和营养来源，是影响植物种群动态的主要因子之一，可以在一定程度上揭示种群生长及分布特征（翟红娟和董世魁，2018）。但土壤因子本身就受多种因素的影响，在水平和垂直分布中具有高度的时空变异性（冯广等，2016），同一时间、不同地点的土壤和同一地点、不同时间的土壤也存在着明显差异。尽管目前对植物的生长发育与土壤因子之间关系的研究较多，但是因其不同地域、不同立地条件、不同植物类型等使植物与土壤因子之间的关系存在差异。

本研究在宁夏中部荒漠草原区应用随机取样的方法，选取典型的猪毛蒿种群样地，通过野外调查和室内试验获得研究区猪毛蒿数量特征（高度、密度、盖度、冠幅和生物量）和土壤因子特征（有机碳、易氧化有机碳、水溶性有机碳、速效钾、速效磷、碱解氮、全氮、全磷、pH、电导率、水分和硬度），利用单因素方差对不同土壤类型下猪毛蒿数量特征和猪毛蒿分布区土壤因子特征进行了初步统计分析。对不同土壤类型下的猪毛蒿种群数量特征与土壤因子特征进行了 RDA 分析，寻找不同土壤类型下对猪毛蒿种群数量特征影响的主要土壤因子，为合理治理猪毛蒿、改善草场植被结构和质量提供理论依据。

7.1 研究方法

7.1.1 样地选择

由于控制实验条件下的研究背景不包括所有潜在的环境选择力，与植物生境的真实情况有很大差距（Sultan，2000，2010），而自然环境包括多种因素的共同影响和同时、异时的交互作用，因此，研究在自然条件下种群中的可塑性及其结果对环境因子和表型可塑响应的复杂性是较好的选择（Hendry，2016；王姝等，2017）。本研究在宁夏中部荒漠草原区应用随机取样的方法，选取 39 个典型的猪毛蒿群落样地，如图 7-1 所示（影像图截取自百度地图），样地基本信息见表 7-1。

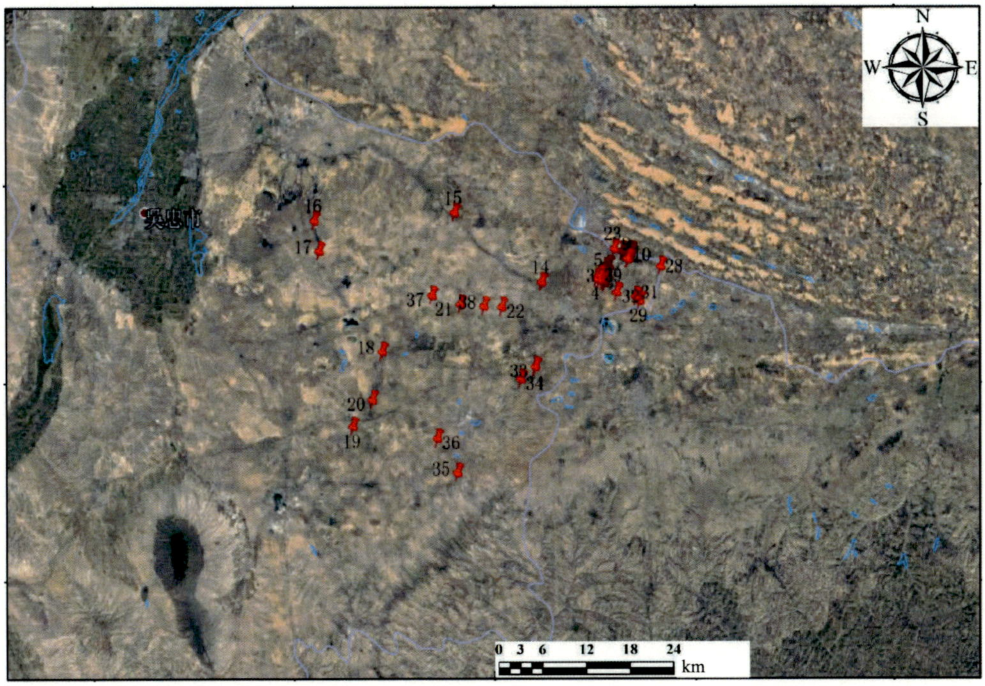

图 7-1　猪毛蒿采集样地分布示意

表 7-1　39 个猪毛蒿采集样地的基本情况

序号	经度	纬度	海拔	土壤类型	所属自然村	其他生境描述
1	37.82824	107.50121	1 431	WB	杨寨子	零星分布有人工种植的柠条，主要伴生种为猪毛菜
2	37.83288	107.48492	1 425	WB	杨寨子	有轻度放牧活动，建植有人工柠条林
3	37.77681	107.15784	1 533	WB	边记洼	翻耕地，主要伴生种为沙芦草
4	37.84761	107.50075	1 399	WB	皖记沟	弃耕地，围封时间较短
5	37.83133	107.50727	1 450	ASS	杨寨子	有放牧活动，主要伴生种为骆驼蓬
6	37.85153	107.50986	1 386	ASS	李寨子	围封时间较短，分布有散生柠条，猪毛蒿单优群落
7	37.86366	107.56493	1 334	ASS	沙边子	猪毛蒿单优群落
8	37.86360	107.56494	1 334	ASS	沙边子	猪毛蒿单优群落
9	37.82168	107.49604	1 393	ASS	杨寨子	有放牧活动，主要伴生种为猪毛菜
10	37.81766	107.49826	1 382	ASS	杨寨子	有放牧活动，地势较低，猪毛蒿单优群落
11	37.82213	107.32196	1 394	ASS	长城村	翻耕地，主要伴生种为赖草
12	37.96497	107.07987	1 440	ASS	南梁村	翻耕地，有放牧活动，主要伴生种为雾冰藜
13	37.95615	106.68117	1 401	ASS	长梁村	建植有人工柠条林，主要伴生种为猪毛菜
14	37.6919	106.86681	1 357	ASS	王冲庄	建植有人工柠条林，有放牧活动
15	37.54449	106.77917	1 369	ASS	黎明	建植有人工柠条林，林带间土壤有翻耕
16	37.59709	106.83588	1 415	ASS	黑土坑	有放牧活动，猪毛蒿单优群落
17	37.87871	107.55159	1 331	ASS	小海子	有轻微放牧活动，猪毛蒿单优群落
18	37.87947	107.55134	1 327	ASS	小海子	猪毛蒿单优群落
19	37.87942	107.57432	1 332	ASS	小海子	零星分布有人工种植的柠条
20	37.87448	107.57368	1 333	ASS	小海子	有放牧活动，主要伴生种为披针叶黄华
21	37.84658	107.65666	1 341	ASS	双堆子	翻耕地，猪毛蒿单优群落
22	37.77925	107.59521	1 320	ASS	小份子	有轻微放牧活动，零星分布有退化人工苜蓿
23	37.78781	107.5845	1 340	ASS	南洼	有放牧活动，主要伴生种为沙芦草
24	37.79719	107.53183	1 350	ASS	夏记墩	猪毛蒿单优群落
25	37.65423	107.29874	1 402	ASS	猫头梁	零星分布有退化人工苜蓿
26	37.63012	107.25714	1 443	ASS	郝家台	猪毛蒿单优群落
27	37.51634	107.01806	1 492	SS	乔家坷垃子	猪毛蒿单优群落

序号	经度	纬度	海拔	土壤类型	所属自然村	其他生境描述
28	37.89554	106.69402	1 468	SS	石荒洼	弃耕一年的旱地，猪毛蒿单优群落
29	37.83834	107.49341	1 397	SS	皖记沟	主要伴生种为猪毛菜
30	37.82046	107.49821	1 404	SS	杨寨子	有放牧活动，建植有人工柠条林，针茅零星分布
31	37.82274	107.49253	1 393	SS	杨寨子	弃耕地，有放牧活动，猪毛蒿单优群落
32	37.82611	107.47582	1 407	SS	杨寨子	弃耕地，无放牧活动，有零散苜蓿分布
33	37.78172	107.09181	1 486	SS	郑家堡	稀疏分布榆树，主要伴生种为针茅
34	37.77424	107.20832	1 534	SS	石山子	建植有柠条幼苗，翻耕地，主要伴生种为针茅
35	37.88414	107.52726	1 322	SS	东沙鞭子	有放牧活动
36	37.7872	107.58612	1 336	SS	潘庄子	有轻微放牧活动，零星分布有退化人工苜蓿
37	37.44703	107.07275	1 517	SS	双圪垯	有轻微放牧活动，主要伴生种为针茅
38	37.80124	107.01148	1 468	SS	王吾岔	猪毛蒿单优群落
39	37.82369	107.48386	1 401	SS	杨寨子	翻耕地，猪毛蒿单优群落

注：WB 为基岩风化残积土；ASS 为风沙土；SS 为灰钙土。下同。

7.1.2 植株特征测定

所有的猪毛蒿植株样本于 2017 年 10 月 4—8 日进行采集，GPS 定位并记录采样点的经纬度和海拔信息，然后在每个样地设置 3～5 个 1 m×1 m 的样方，样方间隔距离＞10 m，随机选取生长健康、没有人为干扰和病虫害影响的猪毛蒿个体，用卷尺测量地上部分高度和冠幅后挖取整株，根部清理干净后，分株装于信封袋带回实验室。基岩风化残积土、风沙土和灰钙土生境下总取样量分别为 20、105 和 65。取样前 30 天内无＞5 mm 单次降雨且近 7 天内无降雨事件发生。盖度测量选择常用的目测估算法；密度为实际测量值。测量前再次清理干净后，测量其主根最长部分记为根长，用游标卡尺测量其茎部直径记为茎粗，把植株分为头状花序、根、茎和叶等部分，分别装入信封并置于（65±2）℃烘箱中烘至恒重，然后用万分之一电子天平进行称重。地上生物量为头状花序、茎和叶生物量之和。总生物量为地上生物量和根生物量之和。根冠比为根生物量与地上生物量的比值。

7.1.3 土壤因子测定

在所调查的植株样方内，采用便携式土壤水分测量仪（England，ML3）和数显式土壤紧实度仪（USA，SC-900）分别对 0～10 cm、10～20 cm 的土层土壤水分和 0～5 cm、5～10 cm、10～20 cm 的土层土壤硬度进行测量。pH 于 5∶1 水土比悬液采用电位法测定；电导率于 4∶1 水土比悬液采用伏安法测定；全盐通过电导率换算而成；易氧化碳采用 $KMnO_4$ 氧化比色法测定；水溶性碳采用蒸馏水浸提–0.45 μm 滤膜过滤，K_2CrO_7 法测定；有机碳采用 K_2CrO_7 氧化法测定；全碳采用元素分析仪测定；全磷采用钼锑抗比色法测定；速效磷采用 0.5 mol/L $NaHCO_3$ 浸提—钼锑抗比色法测定；速效钾采用乙酸铵浸提—火焰光度法测定；全氮采用凯氏定氮法测定；碱解氮采用碱解扩散法测定（鲍士旦，2000）。

7.1.4 数据分析

所有数据在 Excel 2016 和 SPSS 21.0 软件中进行统计、计算和制图，采取单因素方差分析和最小显著差异法分析不同土壤类型猪毛蒿种群高度、冠幅、密度、盖度和地上生物量的差异；分析不同土壤类型同一土层、不同土层各指标之间的差异。

在 R3.5.0 软件中采用“vegan”软件包对数据进行分析，在进行排序分析之前，首先进行 DCA 分析，如果 DCA 排序前 4 个轴中的最大值＞4，适合单峰模型排序；如果最大值＜3，适合线性模型最好；如果介于 3～4，两种模型都适合。在 RDA 排序图中，箭头的长度代表某个环境因子与植物生长指标的相关程度的大小，连线越长，说明相关性越大，反之则越小。箭头连线和排序轴的夹角代表某个环境因子与排序轴的相关性大小，夹角越小，相关性越高；反之越低。对不同土壤类型的猪毛蒿生长指标与土壤因子进行 DCA 分析后，发现排序前 3 个轴的最大值分别为 1.23、0.86 和 0.97，所以均选择 RDA 对数据进行分析。

7.2 结果与分析

7.2.1 猪毛蒿种群数量特征分析

7.2.1.1 猪毛蒿生长指标的选取及其描述性统计分析

猪毛蒿的生长对水分及土壤环境要素较为敏感，在水分、硬度、酸碱度以及土壤营养成分等条件适宜的情况下生长的茂密、又高又大，反之则相反。因此本研究从猪毛蒿生长指标中选取对土壤因子的变化反映较明显的指标株高、密度、冠幅、盖度和生物量等，采用描述性统计分析及相关分析和回归分析对宁夏荒漠草原不同土壤类型猪毛蒿种群的生长特征进行研究，对研究区猪毛蒿生长特征及其指标之间的相互关系有了初步了解。

从表 7-2 可知，猪毛蒿种群平均株高为 26.4 cm，最大值为 56.5 cm，约为最小值 4.3 cm 的 13 倍；猪毛蒿种群的平均密度为 56 株/m^2，最大值为 180 株/m^2，为最小值 5 株/m^2 的 36 倍；猪毛蒿种群的平均盖度为 34%，最大值为 95%，约为最小值 2%的 48 倍；猪毛蒿种群的平均冠幅为 227.4 cm^2，最大值为 610.7 cm^2，约为最小值 4.0 cm^2 的 153 倍；猪毛蒿种群的平均生物量为 2.17 g，最大值为 8.95 g，约为最小值 0.16 g 的 56 倍。变异系数为 40～90，变异性属于中等变异。从不同土壤类型生长特征参数的箱型图（图 7-2）可知，不同土壤类型猪毛蒿种群高度范围为 4.3～56.5 cm，平均高度表现为风沙土（28.07 cm）＞灰钙土（24.48 cm）＞风化基岩残积土（19.12 cm）。其中最小值为 4.3 cm，出现在灰钙土中，最大值为 56.5 cm，出现在风沙土中。风沙土中猪毛蒿种群平均高度高于灰钙土的 14.67%和基岩风化残积土的 46.81%，且风沙土中猪毛蒿高度与基岩风化残积土差异显著（P＜0.05），不同土壤类型猪毛蒿种群冠幅范围为 4～610 cm^2，平均冠幅为风沙土（233.33 cm^2）＞灰钙土（227.73 cm^2）＞基岩风化残积土（195.76 cm^2）。其中冠幅最大值为 610 cm^2，最小值为 4 cm^2，均出现在风沙土中。风沙土中猪毛蒿种群冠幅比灰钙土高 2.46%、比基岩风化残积土高 19.19%，未表现显著性差异（P＞0.05）。不同土壤类型猪毛蒿种群密度范围为 6～180 株/m^2，平均密度表现为风沙土（62 株/m^2）＞灰钙土

（56 株/m^2）>基岩风化残积土（22 株/m^2）。其中最大值为 180 株/m^2 出现在风沙土中，最小值为 5 株/m^2 出现在基岩风化残积土中。风沙土和灰钙土中的猪毛蒿种群密度分别比风化基岩残积土高 181.82%和 154.55%，差异性显著（P<0.05）。不同土壤类型种群盖度范围为 2%～95%，平均盖度表现为风沙土（40.86%）>灰钙土（28.69%）>基岩风化残积土（20.53%）。其中最大值为 95%出现在风沙土中，最小值为 99.03%出现在基岩风化残积土中（2%）。风沙土中猪毛蒿种群盖度显著高于灰钙土 42.42%，显著高于基岩风化残积土中（P<0.05）。不同土壤类型猪毛蒿种群地上生物量范围为 0.16～8.95 g，平均地上生物量表现为风沙土（5.48 g）>灰钙土（1.97 g）>基岩风化残积土（1.28 g）。其中最大值（8.95 g）和最小值（0.16 g）都出现在风沙土中。风沙土中猪毛蒿种群地上生物量高基岩风化残积土为 93.75%，差异达到显著水平（P<0.05）。

表 7-2　猪毛蒿生长特征参数的描述性统计

	株高/cm	密度/（株/m^2）	盖度/%	冠幅/cm^2	生物量/g
平均值	26.4	56	34	227.4	2.17
标准差	11.9	42	21	136.1	1.96
最大值	56.5	180	95	610.7	8.95
最小值	4.3	5	2	4.0	0.16
变异系数/%	45.1	75	61.8	59.8	90.32

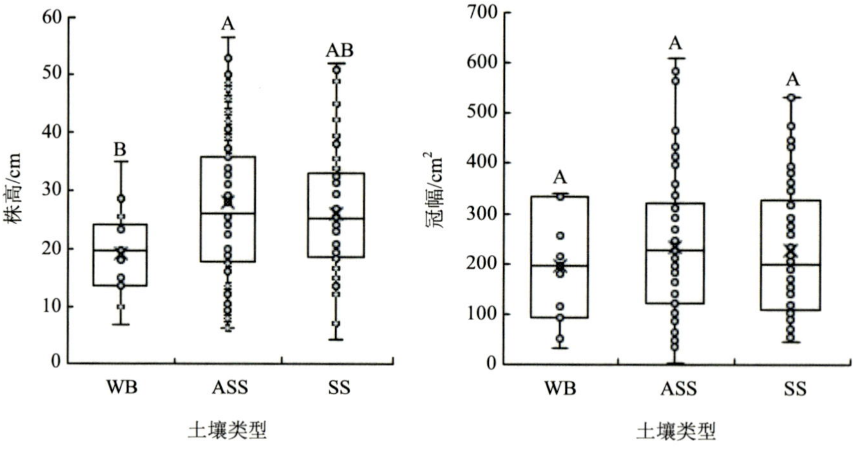

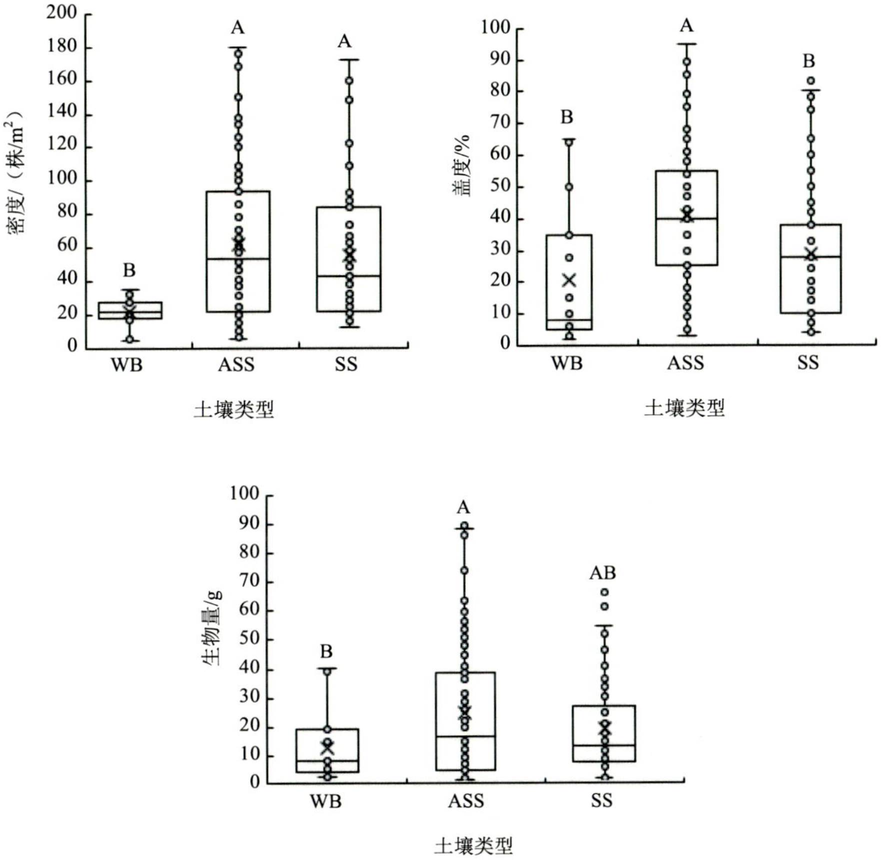

图 7-2　不同土壤类型猪毛蒿生长特征参数的箱型

注：图中符号“×”表示平均值，不同大写字母表示不同土壤类型间差异显著（$P<0.05$），下同。

7.2.1.2　猪毛蒿生长指标之间的关系

为了了解研究区猪毛蒿各生长指标之间的关系，本研究用 Pearson 相关性分析得出表 7-3，猪毛蒿各生长指标之间的关系有较大差异。猪毛蒿的株高与盖度和冠幅之间存在显著的正相关性（$P<0.05$），与生物量之间存在极显著的正相关性（$P<0.01$），相关系数分别为 0.17、0.17 和 0.24。猪毛蒿密度与盖度之间存在极显著的正相关性（$P<0.01$），与冠幅之间存在极显著的负相关关系（$P<0.01$），相关系数为 0.30 和–0.30。猪毛蒿高度与密度、生物量与密度、盖度与冠幅、盖度

与生物量、冠幅与生物量之间的关系不太明显（$P>0.05$）。

表 7-3　猪毛蒿各指标之间的相关关系

	H	*D*	*C*	*CW*	*B*
H	1				
D	0.06	1			
C	0.17*	0.30**	1		
CW	0.17*	−0.30**	−0.03	1	
B	0.24**	0.03	−0.02	−0.05	1

注：**和*分别表示 0.01 和 0.05 水平的相关性；
H 为高度；*D* 为密度；*C* 为盖度；*CW* 为冠幅；*B* 为生物量，下同。

从上面的分析可知，研究区猪毛蒿株高的增加是猪毛蒿生长的主要特征，除猪毛蒿密度以外，其他指标与猪毛蒿株高之间的相关关系十分密切。从简单的相关系数矩阵只能了解猪毛蒿各生长指标之间的关系，不能较直观地了解各个指标对猪毛蒿株高的贡献率的大小，因此进一步采用非线性回归分析来试图找出猪毛蒿株高与其他生长指标之间的关系，得出的多元线性回归模型 $y=13.755+0.011D+0.117C+1.665B+0.017CW$，$R^2=0.16$。

7.2.2　不同土壤类型土壤因子特征

7.2.2.1　不同土壤类型土壤化学因子特征

7.2.2.1.1　土壤有机碳含量特征

不同土壤类型的土壤有机碳含量范围为 0.46～11.01 g/kg，土壤有机碳含量最大值为 11.01 g/kg，出现在风沙土 0～5 cm 的土层，最小值为 0.46 g/kg，出现在灰钙土 20～40 cm 的土层。由图 7-3 可知，不同土壤类型土壤有机碳在 0～60 cm 土层内，平均含量大小表现为：基岩风化残积土（4.38 g/kg）＞灰钙土（4.11 g/kg）＞风沙土（3.96 g/kg）。在 10～20 cm 土层内，基岩风化残积土中的土壤有机碳＞风沙土 50%和灰钙土 49.17%，差异显著（$P<0.05$），其余土层不同土壤类型土壤有机碳含量，两两之间差异并不显著（$P>0.05$）。

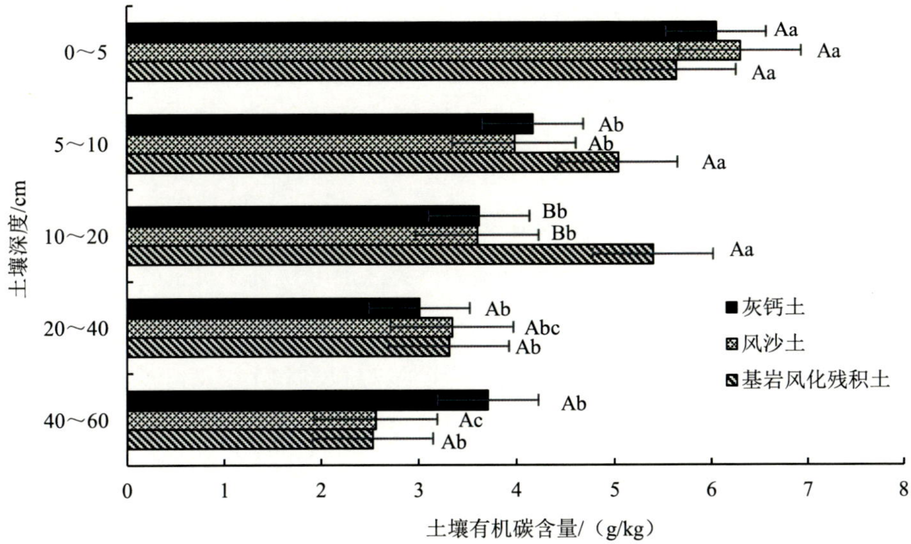

图 7-3 不同土壤类型土壤有机碳含量特征

在基岩风化残积土中，0～20 cm 土层内有机碳含量显著高于 20～40 cm 土层。0～5 cm 土层有机碳含量高于 20～40 cm 土层有机碳含量的 70.39%、高于 40～60 cm 土层有机碳含量的 122.92%，差异显著（$P<0.05$）。5～10 cm 土层有机碳含量高于 20～40 cm 土层有机碳含量的 52.27%、高于 40～60 cm 土层有机碳含量的 99.21%，差异显著（$P<0.05$）。10～20 cm 土层内有机碳含量高于 20～40 cm 土层有机碳含量的 63.14%、高于 40～60 cm 土层有机碳含量的 113.44%，差异显著（$P<0.05$）。在风沙土和灰钙土（除 40～60 cm）中，土壤有机碳含量随着土壤深度的增加而降低。风沙土表层的有机碳含量（0～5 cm）高于 5～10 cm 土层有机碳含量的 58.29%、高于 10～20 cm 土层有机碳含量的 75%、高于 20～40 cm 土层有机碳含量的 88.62%、高于 40～60 cm 土层有机碳含量的 146.09%，差异显著（$P<0.05$）；50～10 cm 和 10～20 cm 土层有机碳含量分别高于 40～60 cm 土层有机碳含量的 55.47%和 40.63%，差异显著（$P<0.05$）。灰钙土表层（0～5 cm）的有机碳含量高于 5～10 cm 土层有机碳含量的 45.08%、高于 10～20 cm 土层有机碳含量的 67.13%、高于 20～40 cm 土层有机碳含量的 101%、高于 40～60 cm 土

层有机碳含量的 63.07%，差异显著（P<0.05）。

7.2.2.1.2　土壤易氧化有机碳含量特征

不同土壤类型土壤易氧化有机碳含量范围为 0.11～2.70 mg/g，土壤易氧化有机碳含量最大值出现在风沙土 0～5 cm 土层内，最小值出现在基岩风化残积土 5～10 cm 土层内。由图 7-4 可知，不同土壤类型中土壤易氧化有机碳在整个取样（0～60 cm）范围内平均含量为灰钙土（0.86 mg/g）>风沙土（0.78 mg/g）>基岩风化残积土（0.65 mg/g）。在 10～20 cm 土层内，灰钙土中易氧化有机碳含量高于风沙土的 53.45%，差异显著（P<0.05）；在 40～60 cm 土层内，灰钙土和风沙土中的易氧化有机碳含量分别高于基岩风化残积土的 77.08%和 14.58%，差异显著（P<0.05）；其余土层不同土壤类型中两两之间差异并不显著（P>0.05）。

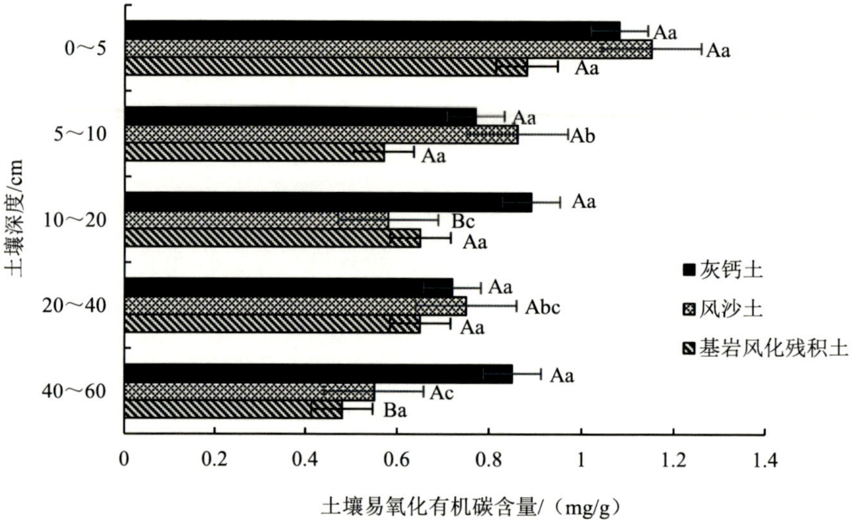

图 7-4　不同土壤类型土壤易氧化有机碳含量特征

7.2.2.1.3　土壤水溶性有机碳含量特征

不同土壤类型水溶性有机碳含量范围在 1.48～15.32 mg/kg，土壤水溶性有机碳含量最大值为 15.32 mg/kg，出现在风沙土 20～40 cm 土层内，最小值为 1.48 mg/kg，出现在风沙土 0～5 cm 土层内。由图 7-5 可知，不同土壤类型水溶性有机碳在整个取样范围（0～60 cm）内，平均含量为风沙土（7.42 mg/kg）>灰钙土（7.16 mg/kg）＞基岩风化残积土（5.44 mg/kg）。在 0～5 cm 土层内，风沙土和灰钙土中水溶性有机碳分别高于基岩风化残积土的 106.43%和 86.89%，差异显著（*P*＜0.05）。在 10～20 cm 土层内，土壤水溶性有机碳含量为灰钙土＞风沙土＞基岩风化残积土，其中灰钙土明显高于风沙土的 15.05%、高于基岩风化残积土的 110.28%（*P*＜0.05），风化土高于基岩风化残积土的 82.78%，差异显著（*P*＜0.05）。其余土层不同土壤类型中两两之间差异并不显著（*P*＞0.05）。在 20～60 cm 土层内，不同土壤类型中的土壤水溶性有机碳含量未表现出显著性差异（*P*＞0.05）。

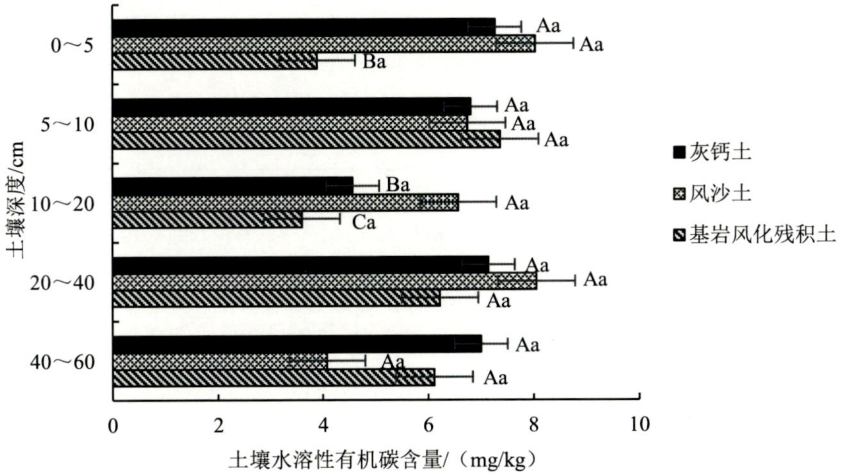

图 7-5　不同土壤类型土壤水溶性有机碳含量特征

7.2.2.1.4　全氮含量特征

不同土壤类型中土壤全氮含量大小范围为 0.10～0.80 g/kg，其中最大值为 0.80 g/kg，出现在灰钙土 0～5 cm 土层，最小值为 0.10 g/kg，出现在基岩风化残积土 10～60 cm 土层。由图 7-6 可知，不同土壤类型中土壤全氮含量在 0～60 cm 土层内平均值为：灰钙土（0.37 g/kg）＞风沙土（0.32 g/kg）＞基岩风化残积土（0.25 g/kg）。在 5～10 cm 土层内，灰钙土明显高于风沙土 17.65%、高于基岩风化残积土 60%（*P*＜0.05）。在 10～20 cm 土层内，灰钙土中的全氮含量高于风沙土全氮含量的 41.2%和高于基岩风化残积土全氮含量的 84.62%，差异显著（*P*＜0.05）。在 20～40 cm 土层内，灰钙土和风沙土中的全氮含量分别高于基岩风化残积土全氮含量的61.11%和50%，差异显著（P<0.05）。在40～60 cm土层内，灰钙土和风沙土中的全氮含量分别高于基岩风化残积土全氮含量的100%和73.33%，差异显著（P<0.05）。

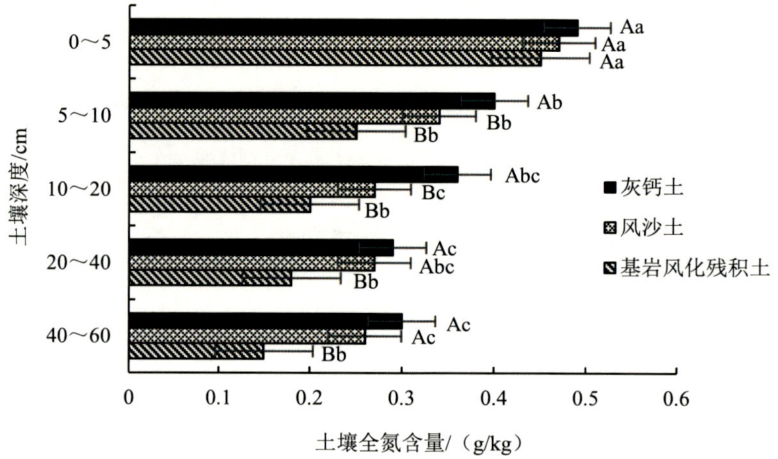

图7-6　不同土壤类型土壤全氮含量特征

在基岩风化残积土中，全氮含量随着土壤深度的增加而降低，且表层0～5 cm显著高于其他土层（P<0.05）。在风沙土中，除0～5 cm土层全氮含量显著高于20～40 cm土层的29.17%（P<0.05），其余两两土层之间差异并不显著（P>0.05）。在灰钙土中，除40～60 cm土层全氮含量具有垂直分布特征即随着土壤深度的增加全氮含量下降。其中0～5 cm土层全氮含量高于5～10 cm土层的22.50%、高于10～20 cm土层的36.11%、高于20～40 cm土层的68.97%以及高于40～60 cm土层的63.33%，差异显著（P<0.05）。5～10 cm土层全氮含量高于20～40 cm土层的37.93%以及高于40～60 cm土层的33.3%，差异显著（P<0.05）。

7.2.2.1.5　全磷含量特征

不同土壤类型中全磷含量大小范围为0.14～0.55 g/kg，其中最大值为0.55 g/kg，出现在风沙土10～20 cm土层内，最小值为0.14 cm，出现在灰钙土5～20 cm土层内。由图7-7可知，不同土壤类型中全磷含量在0～60 cm土层中平均值为：灰钙土（0.35 g/kg）>基岩风化残积土（0.34 g/kg）>风沙土（0.27 g/kg）。

在 5～10 cm 土层内，灰钙土和基岩风化残积土全磷含量高于风沙土 30.77%，差异显著（P<0.05）。在 20～40 cm 土层内，灰钙土和基岩风化残积土中全磷含量分别高于风沙土全磷含量的 45.83%和 54.17%，差异显著（P<0.05）。

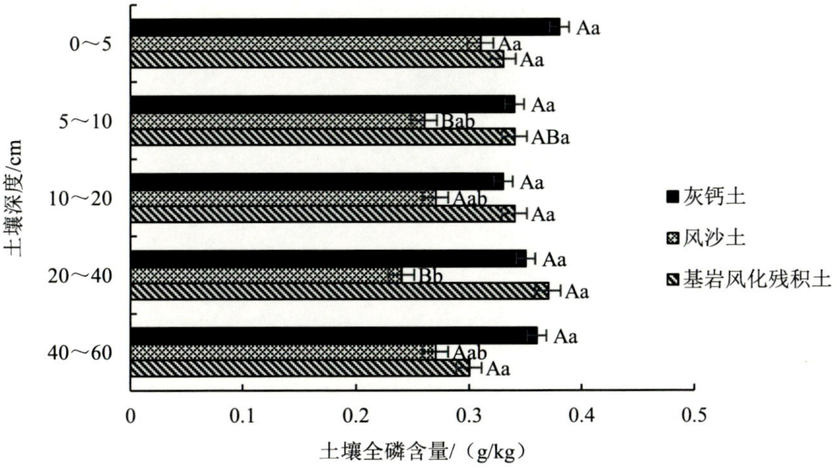

图 7-7　不同土壤类型土壤全磷含量特征

在基岩风化残积土和灰钙土中，不同土层间全磷含量没有显著性差异（P>0.05）。在风沙土中，除 0～5 cm 土层外全磷含量明显高于 20～40 cm 土层的 29.17%（P<0.05），其余土层两两之间差异不显著（P>0.05）。

7.2.2.1.6　土壤速效钾含量特征

不同土壤类型中土壤速效钾含量为 24.90～202.59 mg/kg。其中最大值为 202.59 mg/kg，出现在风沙土 0～5 cm 土层内，最小值为 24.90 mg/kg，出现在灰钙土 40～60 cm 土层内。由图 7-8 可知，不同土壤类型中土壤速效钾在 0～60 cm 土层中的平均含量为：风沙土（84.74 mg/kg）>基岩风化残积土（77.97 mg/kg）>灰钙土（62.97 mg/kg）。在 0～5 cm 土层内，风沙土速效钾含量高于灰钙土速效钾全年含量的 46.76%，差异显著（P<0.05）。在 5～10 cm 土层内，风沙土中速效钾含量高于灰钙土速效钾全年含量的 34.07%，差异显著（P<0.05）。在 10～20 cm 土层内，风沙土和基岩风化残积土中速效钾含量分别高于灰钙土速效钾全年含量的 28.15%和 12.11%，差异显著（P<0.05）。在 20～40 cm 土层内，风沙土和基岩

风化残积土中速效钾含量分别高于灰钙土速效钾全年含量的 29.57%和 62.60%，差异显著（$P<0.05$）。

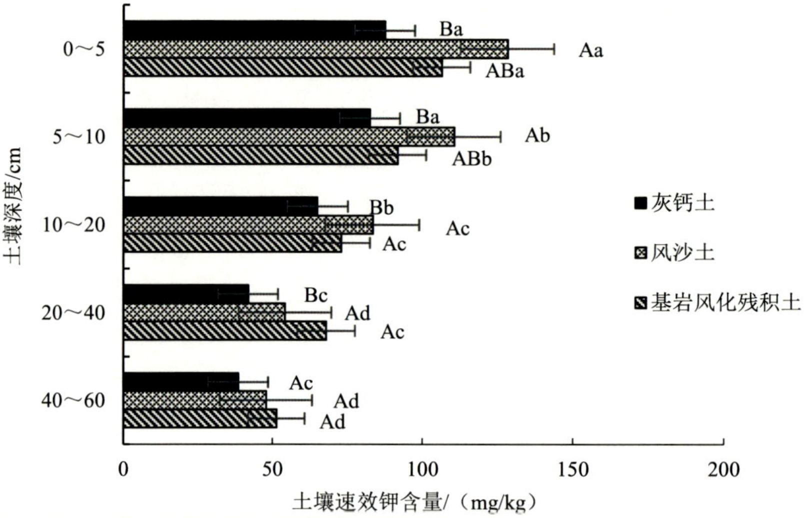

图 7-8　不同土壤类型土壤速效钾含量特征

在 3 种土壤类型中，速效钾含量均表现出垂直分布特征，即随着土壤深度的增加而降低。在基岩风化残积土中，0～5 cm 土层中速效钾含量高于 5～10 cm 土层的 16.01%、高于 10～20 cm 土层的 45.82%、高于 20～40 cm 土层的 56.45%以及高于 40～60 cm 土层的 107.08%，差异显著（$P<0.05$）。5～10 cm 土层中速效钾含量高于 10～20 cm 土层的 25.70%、高于 20～40 cm 土层的 34.86%以及高于 40～60 cm 土层的 78.50%，差异显著。10～20 cm 土层和 20～40 cm 土层中速效钾含量分别高于 40～60 cm 土层的 42.01%和 32.36%，差异显著（$P<0.05$）。在风沙土中，0～5 cm 土层中速效钾含量高于 5～10 cm 土层的 16.10%、高于 10～20 cm 土层的 53.90%、高于 20～40 cm 土层的 136.83%以及高于 40～60 cm 土层的 168.26%，差异显著（$P<0.05$）。5～10 cm 土层中速效钾含量高于 10～20 cm 土层的 32.56%、高于 20～40 cm 土层的 104.00%以及高于 40～60 cm 土层的 131.07%，差异显著（$P<0.05$）。10～20 cm 土层中速效钾含量高于 20～40 cm 土层的 53.89%以及高于 40～60 cm 土层的 74.31%，差异显著（$P<0.05$）。在灰钙土中，0～5 cm

土层中速效钾含量高于10～20 cm土层的34.38%、高于20～40 cm土层的109.10%以及高于40～60 cm土层的127.16%，差异显著（$P<0.05$）。5～10 cm土层中速效钾含量高于10～20 cm土层的26.70%、高于20～40 cm土层的197.15%和40～60 cm土层的114.18%，差异显著（$P<0.05$）。10～20 cm土层中速效钾含量高于20～40 cm土层的55.60%以及高于40～60 cm土层的69.04%，差异显著（$P<0.05$）。

7.2.2.1.7 土壤速效磷含量特征

不同土壤类型中土壤速效磷含量为0.5～10.6 mg/kg，其中最大值为10.6 mg/kg，出现在灰钙土0～5 cm土层内，最小值为0.5 mg/kg，出现在基岩风化残积土5～20 cm土层内。由图7-9可知，不同土壤类型中土壤速效磷在0～60 cm土层内，平均含量为：风沙土（2.70 mg/kg）＞灰钙土（2.49 mg/kg）＞基岩风化残积土（1.60 mg/kg）。在5～10 cm土层内，风沙土中速效磷含量高于灰钙土30.77%、高于基岩风化残积土速效磷含量的111.11%，差异显著（$P<0.05$）。在10～20 cm土层内，灰钙土中速效磷含量高于风沙土速效磷含量的25.32%、高于基岩风化残积土速效磷含量的31.67%，差异显著（$P<0.05$）。在20～40 cm土层内，风沙土和灰钙土中速效磷含量分别高于基岩风化残积土的90.36%和100%，差异显著（$P<0.05$）。在40～60 cm土层内，风沙土和灰钙土中速效磷含量分别高于基岩风化残积土的67.82%和81.61%，差异显著（$P<0.05$）。

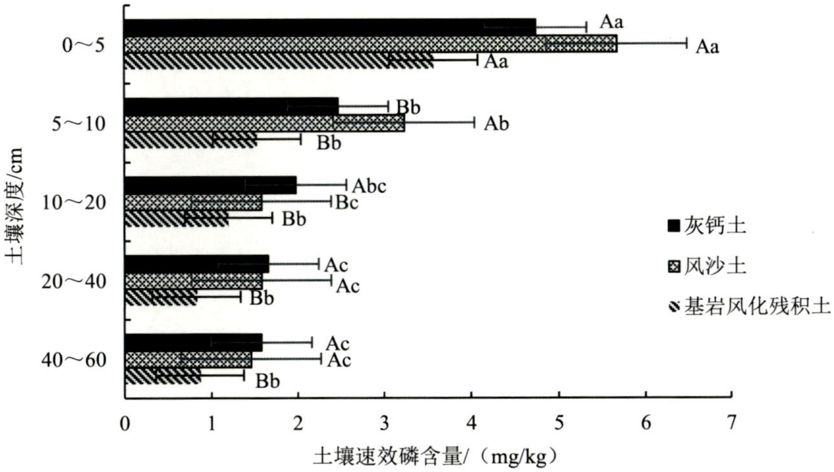

图7-9 不同土壤类型土壤速效磷含量特征

在3种土层类型中，土壤速效磷含量表现出垂直分布特征，即随着土壤深度的增加而降低。在基岩风化残积土中，表层（0～5 cm）速效磷含量明显高于其他层（$P<0.05$）。在风沙土中，0～5 cm土层速效磷含量高于5～10 cm土层的75.54%、高于10～40 cm土层的258.86%、高于40～60 cm的土层288.83%，差异显著（$P<0.05$）。5～10 cm土层中速效磷含量高于10～40 cm土层的104.43%、高于40～60 cm土层的121.23%，差异显著（$P<0.05$）。在灰钙土中，0～5 cm土层中速效磷含量高于5～10 cm土层中速效磷含量的91.90%、高于10～20 cm土层中速效磷含量的139.39%、高于20～40 cm土层中速效磷含量的185.54%、高于40～60 cm土层速效磷含量的200%，差异显著（$P<0.05$）。5～10 cm土层中速效磷含量高于20～40 cm土层中速效磷含量的48.80%、高于40～60 cm土层中速效磷含量的56.33%，差异显著（$P<0.05$）。

7.2.2.1.8　土壤碱解氮含量特征

不同土壤类型中土壤碱解氮含量范围为6.17～40.53 mg/kg 其中最大值为40.53 mg/kg，出现在灰钙土40～60 cm土层内，最小值为6.17 mg/kg，出现在基岩风化残积土10～20 cm土层内。由图7-10可知，不同土壤类型中土壤碱解氮含量在0～60 cm土层的平均含量为：风沙土（20.70 mg/kg）＞灰钙土（19.11 mg/kg）＞基岩风化残积土（15.21 mg/kg）。在0～5 cm土层内，风沙土碱解氮含量高于基岩风化残积土碱解氮含量的80.45%，差异显著（$P<0.05$）。在5～10 cm土层内，风沙土碱解氮含量高于灰钙土碱解氮含量的22.18%、高于基岩风化残积土碱解氮含量的41.97%，差异显著（$P<0.05$）。在10～20 cm土层内，风沙土和灰钙土中的碱解氮含量分别高于基岩风化残积土的62.56%和57.25%。在20～60 cm土层内，不同土壤类型之间碱解氮含量无显著差异。

在基岩风化残积土和灰钙土中，尽管不同土层碱解氮含量存在差异，但是未达到显著水平（$P>0.05$）。在风沙土中，除40～60 cm土层外，碱解氮含量表现出垂直分布特征，即随着土壤深度的增加，碱解氮含量降低。其中表层（0～5 cm）碱解氮含量高于20～40 cm土层的35.59%、高于40～60 cm土层的22.56%，差异显著（$P<0.05$）。

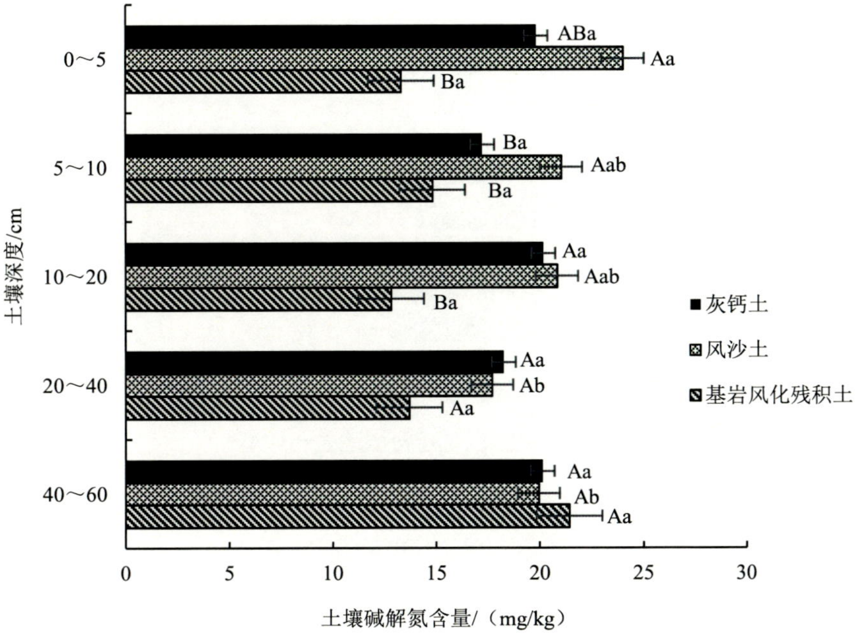

图 7-10 不同土壤类型土壤碱解氮含量特征

7.2.2.1.9 土壤 pH

不同土壤类型土壤 pH 大小范围为 8.29～9.51，其中最大值为 9.51（图 7-11），出现在基岩风化残积土 20～40 cm 土层内，最小值为 8.29，出现在基岩风化残积土 0～5 cm 土层内。3 种土壤类型均为碱性土壤。在 0～60 cm 土层内，基岩风化残积土、风沙土和灰钙土的 pH 大小两两之间均无显著性差异（P>0.05）。不同土壤类型中土壤 pH 的大小会随着土壤的深度增加。在基岩风化残积土中，20～40 cm 土层和 40～60 cm 土层中的 pH 高于表层（0～5 cm）土壤 pH 的 7.51%和 8.09%，差异显著（P<0.05）。在风沙土中，10～20 cm 土层和 40～60 cm 土层的 pH 分别高于表层（0～5 cm）土壤 pH 的 2.13%和 2.24%，差异显著（P<0.05）。在灰钙土中，40～60 cm 土层的 pH 高于表层（0～5 cm）土壤 pH 的 4.00%，差异显著（P<0.05）。

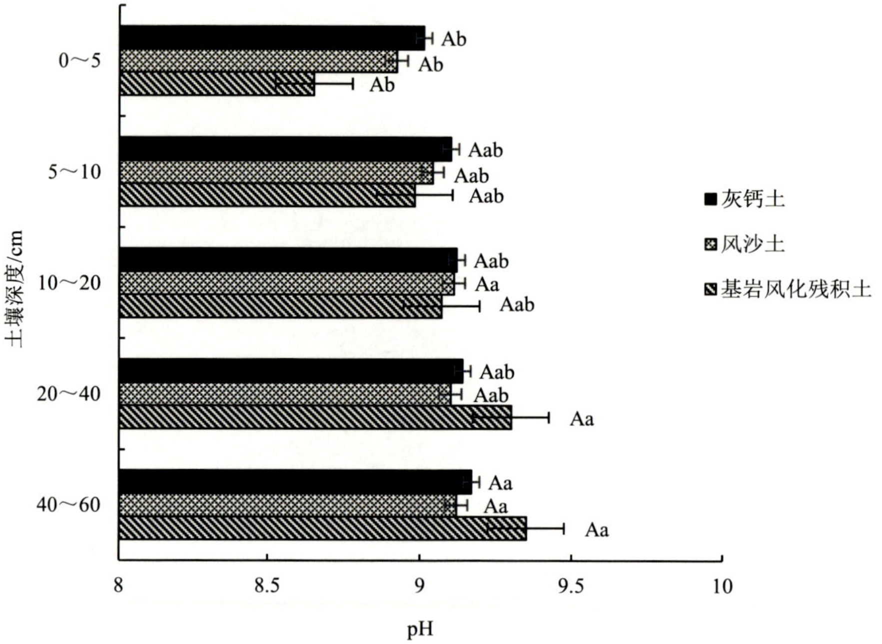

图 7-11　不同土壤类型土壤 pH

7.2.2.2　不同土壤类型土壤物理因子特征

7.2.2.2.1　土壤电导率值特征

不同土壤类型土壤电导率值的含量为 48.0～152.7 μS/cm，其中最大值为 152.7 μS/cm，出现在基岩风化残积土 40～60 cm 土层内，最小值为 48.0 μS/cm，出现在风沙土 40～60 cm 土层内。由图 7-12 可知，不同土壤类型电导率值在 0～60 cm 土层中平均含量为：基岩风化残积土（76.46 μS/cm）＞灰钙土（74.19 μS/cm）＞风沙土（68.81 μS/cm）。在 0～10 cm 土层和 40～60 cm 土层内，基岩风化残积土、风沙土和灰钙土的电导率值两两之间差异并不显著（P＞0.05）。在 10～20 cm 土层中，基岩风化残积土和灰钙土的电导率值分别高于风沙土电导率的 7.40%和 15.05%，差异显著（P＜0.05）。在 20～40 cm 土层中，灰钙土的电导率高于风沙土电导率的 21.19%，差异显著（P＜0.05）。

在基岩风化残积土中，各土层之间的电导率未表现出显著性差异（P＞0.05）。

在风沙土中，随着土层深度的增加，电导率值呈现出先降低（0～20 cm）后增加的趋势（20～60 cm）。其中表层 0～5 cm 电导率值高于 5～10 cm 土层的 16.74%、高于 10～20 cm 土层的 18.88%、高于 20～40 cm 土层的 18.10%，差异显著（$P<0.05$）。40～60 cm 土层电导率值高于 5～10 cm 土层的 29.65%、高于 10～20 cm 土层的 32.02%、高于 20～40 cm 土层的 31.16%，差异显著（$P<0.05$）。在灰钙土中，电导率值在不同土壤深度中均未有规律性变化。其中 20～40 cm 土层电导率高于 5～10 cm 土层电导率的 13.19%、高于 10～20 cm 土层电导率的 6.02%，差异显著（$P<0.05$）。40～60 cm 土层电导率高于 5～10 cm 土层电导率的 21.85%、高于 10～20 cm 土层电导率的 14.13%，差异显著（$P<0.05$）。

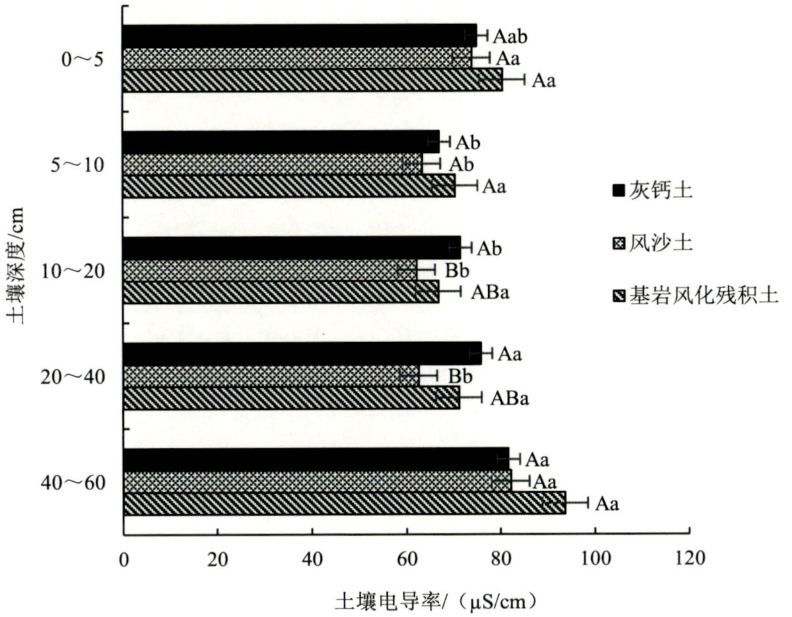

图 7-12 不同土壤类型土壤电导率值

7.2.2.2.2 土壤水分含量特征

不同土壤类型土壤水分含量为 2.6%～16.3%，其中最大值为 16.3%，出现在灰钙土 5～10 cm 土层中，最小值为 2.6%，出现在风沙土 10～20 cm 土层中。由图 7-13 可知，不同土壤类型中土壤水分平均含量整个取样范围（0～20 m）内表现为：灰钙土＞基岩风化残积土＞风沙土。在 0～5 cm 土层内，灰钙土的土壤水分含量高于风沙土土壤含量的 19.26%，差异显著（$P<0.05$），其余土壤类型两两之间差异并不显著（$P>0.05$）。在 5～10 cm 土层内，灰钙土土壤水分含量高于风沙土土壤含量的 13.13%，差异显著（$P<0.05$），其余土壤类型两两之间差异并不显著（$P>0.05$）。在 10～20 cm 土层内，不同土壤类型之间土壤水分含量差异并不显著（$P>0.05$）。

在基岩风化残积土中，土壤水分的最大值为 14.2%，最小值为 5%，平均值为 8.26%，不同土层之间差异并不显著（$P>0.05$）。风沙土中土壤水分最大值为 13.4%，最小值为 2.6%，平均值为 7.45%，不同土层之间差异并不显著（$P>0.05$）。灰钙土中土壤水分最大值为 16.3%，最小值为 4.2%，平均值为 8.54%，不同土层之间差异并不显著（$P>0.05$）。

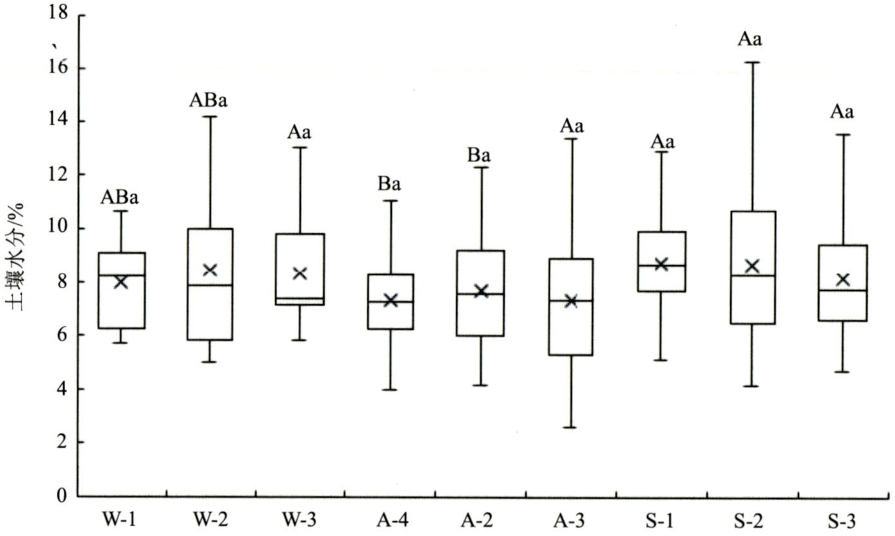

图 7-13　不同土壤类型土壤水分含量特征

注：W-1（基岩风化残积土 0～5 cm 土层）；W-2（基岩风化残积土 5～10 cm 土层）；W-3（基岩风化残积土 10～20 cm 土层）；S-1（灰钙土 0～5 cm 土层）；S-2（灰钙土 5～10 cm 土层）；S-3（灰钙土 10～20 cm 土层）；A-1（风沙土 0～5 cm 土层）；A-2（风沙土 5～10 cm 土层）；A-3（风沙土 10～20 cm 土层），下同。

7.2.2.2.3 土壤硬度特征

不同土壤类型中土壤硬度值为 138～4 926 kPa，其中最大值为 4 926 kPa，出现在灰钙土 10～20 cm 土层内，最小值为 138 kPa，出现在风沙土中。由图 7-14 可知，不同土壤类型土壤硬度的平均值大小在整个取样范围内（0～20 cm）表现为：灰钙土＞基岩风化残积土＞风沙土。在 0～5 cm 土层内，灰钙土的硬度值高于基岩风化残积土硬度值的 29.52%，差异显著（$P<0.05$），其余不同土壤类型两两之间差异并不显著（$P>0.05$）。在 5～10 cm 土层内，灰钙土的硬度值高于基岩风化残积土硬度值的 45.95%和高风沙土硬度值的 39.09%，差异显著（$P<0.05$），基岩风化残积土和风沙土的硬度值之间差异并不显著（$P>0.05$）。在 10～20 cm 土层内，灰钙土的硬度值高于基岩风化残积土硬度值的 30.42%、高于高风沙土硬度值的 43.30%，差异显著（$P<0.05$），基岩风化残积土和风沙土的硬度值之间差异并不显著（$P>0.05$）。

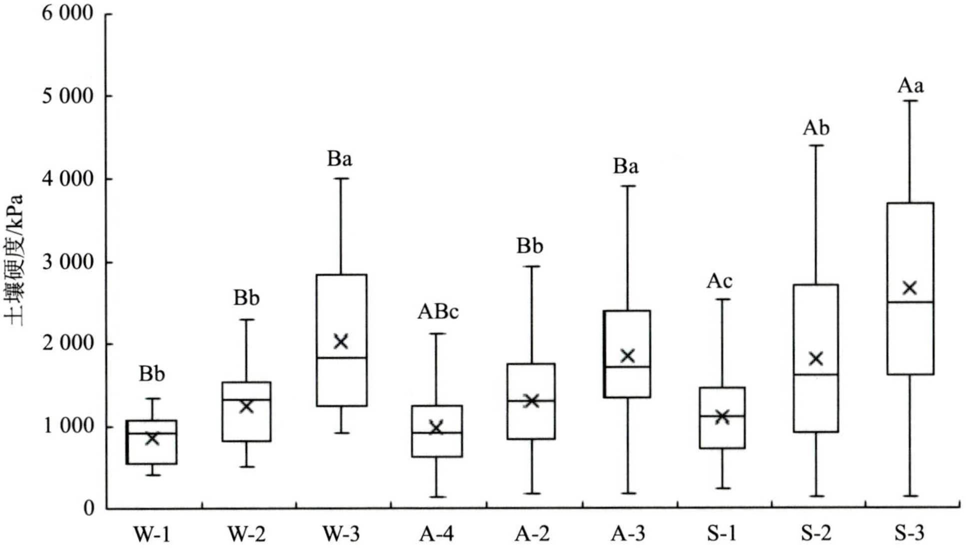

图 7-14 不同土壤类型土壤硬度值

不同土壤类型土壤硬度值均随着土壤深度的增加而增大。在基岩风化残积土中，土壤硬度的最大值为 4 002 kPa，最小值为 414 kPa，平均值为 1 379 kPa。

其中 10～20 cm 土层的硬度值高于 0～5 cm 土层硬度值的 138.01%、高于 5～10 cm 土层硬度值的 64.64%，差异显著（$P<0.05$）。在风沙土中，土壤硬度的最大值为 3 898 kPa，最小值为 138 kPa，平均值为 1 376 kPa。其中 10～20 cm 土层的硬度值高于 0～5 cm 土层硬度值的 87.45%、高于 5～10 cm 土层硬度值的 42.79%，差异显著（$P<0.05$）。5～10 cm 土层的硬度值高于 0～5 cm 土层硬度值的 31.28%，差异显著（$P<0.05$）。在灰钙土中，土壤硬度的最大值为 4 926 kPa，最小值为 138 kPa，平均值为 1 866 kPa。其中 10～20 cm 土层的硬度值高于 0～5 cm 土层硬度值的 139.75%、高于 5～10 cm 土层硬度值的 47.12%，差异显著（$P<0.05$）。5～10 cm 土层的硬度值高于 0～5 cm 土层硬度值的 62.96%，差异显著（$P<0.05$）。

7.2.3 不同土壤类型中土壤因子之间的相关关系

对基岩风化残积土的土壤因子各变量进行 Pearson 相关性分析，见表 7-4，发现不同土壤因子之间的关系具有差异性。有机碳含量和水分含量之间存在明显负相关关系（$P<0.05$），相关系数为 0.57；与其他土壤因子之间未表现出明显的相关性（$P>0.05$）。易氧化有机碳含量和可溶性有机碳含量之间存在明显的正相关关系（$P<0.05$），相关系数为 0.57；与其他土壤因子之间未表现出明显的相关性（$P>0.05$）。速效磷含量与速效钾含量和总氮含量之间存在极显著的正相关关系（$P<0.01$）以及与 pH 表现出极明显的负相关关系（$P<0.01$），相关系数分别为 0.67、0.92 和–0.70；与其他土壤因子之间未表现出明显的相关性（$P>0.05$）。速效钾含量与总氮含量之间存在极明显的正相关关系（$P<0.01$），相关系数为 0.67，与其他土壤因子之间未表现出明显的相关性（$P>0.05$）。速效氮含量与电导率值之间存在明显的正相关关系（$P<0.05$），相关系数为 0.56；与其他土壤因子之间未表现出明显的相关性（$P>0.05$）。总氮含量与 pH 之间存在极明显的负相关关系（$P<0.01$），相关系数为–0.77。土壤硬度值与其他土壤因子均未表现出明显的相关性（$P>0.05$）。

表 7-4 基岩风化残积土的土壤理化性质的相关关系

	SOC	EOC	DOC	AP	AK	AN	TN	TP	pH	EC	*W*	Har
SOC	1											
EOC	0.13	1										
DOC	−0.06	0.57*	1									
AP	0.38	0.32	−0.41	1								
AK	0.34	0.15	−0.24	0.67**	1							
AN	−0.35	−0.23	−0.12	−0.04	0.32	1						
TN	0.47	0.26	−0.30	0.92**	0.62**	−0.03	1					
TP	−0.12	0.21	−0.39	0.15	0.32	−0.01	−0.02	1				
pH	−0.37	−0.26	0.31	−0.70**	−0.15	0.30	−0.77**	0.19	1			
EC	−0.03	−0.22	−0.17	0.07	0.13	0.56*	0.003	0.12	0.26	1		
W	−0.57*	−0.05	0.08	−0.02	−0.32	−0.20	−0.09	−0.001	−0.026	−0.25	1	
Har	−0.06	−0.13	0.20	−0.06	−0.08	0.12	−0.02	−0.08	0.07	−0.26	−0.32	1

注：**和*分别表示 0.01 和 0.05 水平的相关性；

SOC 为有机碳；EOC 为易氧化有机碳；DOC 为水溶性有机碳；AP 为速效磷；AK 为速效钾；AN 为碱解氮；TN 为全氮；TP 为全磷；EC 为电导率；*W* 为水分；Har 为硬度，下同。

对风沙土的土壤因子各变量进行 Pearson 相关性分析（表 7-5），结果显示，有机碳含量与易氧化有机碳含量、速效磷含量、速效钾含量、全氮含量和全磷含量之间存在极明显的正相关关系（$P<0.01$），相关系数分别为 0.32、0.66、0.62、0.62 和 0.49；与 pH 之间存在极明显的负相关关系（$P<0.01$），相关系数为–0.50。易氧化有机碳含量与速效磷含量、速效钾含量、碱解氮含量和全氮含量之间存在极明显（$P<0.01$）或明显（$P<0.05$）的正相关关系，相关系数分别为 0.32、0.27、0.25 和 0.20；与 pH 之间存在明显的负相关关系（$P<0.01$），相关系数为–0.24。水溶性有机碳含量与其他土壤因子之间未表现出明显的相关性（$P>0.05$）。速效磷含量与速效钾含量、碱解氮含量、全氮含量和全磷含量存在极明显（$P<0.01$）或明显（$P<0.05$）的正相关关系，相关系数分别为 0.71、0.23、0.71 和 0.24；与 pH 之间存在极明显的负相关关系（$P<0.01$），相关系数为–0.32。速效钾含量与全氮含量、全磷含量和碱解氮含量之间存在极明显（$P<0.01$）或明显（$P<0.05$）的正相关关系，相关系数分别为 0.60、0.22 和 0.21；与 pH 之间存在极明显的负相关关系（$P<0.01$），相关系数为–0.40。总氮含量与总磷含量之间存在极明显的

正相关关系（P<0.01），相关系数为 0.42；与 pH 之间存在极明显的负相关关系（P<0.01），相关系数为–0.39。总磷含量与电导率之间存在明显的正相关关系（P<0.01），相关系数为 0.21；与 pH 之间存在明显的负相关关系（P<0.05），相关系数为–0.29。pH 与水分含量之间存在明显的正相关关系（P<0.05），相关系数为 0.21；与电导率之间存在明显的负相关关系（P<0.05），相关系数为–0.29。水分含量与土壤硬度值之间存在明显的负相关关系（P<0.05），相关系数为–0.22。

表 7-5　风沙土的土壤理化性质的相关关系

	SOC	EOC	DOC	AP	AK	AN	TN	TP	pH	EC	*W*	Har
SOC	1											
EOC	0.32**	1										
DOC	0.02	0.02	1									
AP	0.66**	0.32**	0	1								
AK	0.62**	0.27**	–0.05	0.71**	1							
AN	0.09	0.25*	–0.06	0.23*	0.21*	1						
TN	0.62**	0.20*	0.10	0.71**	0.60**	0.18	1					
TP	0.49**	0.01	–0.16	0.24*	0.22*	0.17	0.42**	1				
pH	–0.50**	–0.24*	0.01	–0.32**	–0.40**	–004	–0.39**	–0.26*	1			
EC	0.11	–0.05	–0.03	0.11	–0.01	0.01	0.16	0.26*	–0.29*	1		
W	–0.03	–0.09	–0.09	–0.12	–0.07	–0.03	–0.01	–0.07	0.21*	–0.07	1	
Har	0.07	0.06	–0.01	0.07	0.06	0.08	–0.01	0.07	–0.16	–0.18	–0.22*	1

注：**和*分别表示 0.01 和 0.05 水平的相关性。

对灰钙土的土壤因子各变量进行 Pearson 相关性分析（表 7-6），结果显示：有机碳含量与速效磷含量、速效钾含量、全氮含量和全磷含量之间存在极明显的正相关关系（P<0.01），相关系数分别为 0.50、0.44、0.71 和 0.35；与 pH 之间存在极明显的负相关关系（P<0.01），相关系数为–0.56。易氧化有机碳含量与总氮含量存在极明显的正相关关系（P<0.01），相关系数为 0.32。水溶性有机碳含量与碱解氮含量之间存在极明显的正相关关系（P<0.01），相关系数为 0.31。速效磷含量与速效钾含量和总氮含量之间存在极明显的正相关关系（P<0.01），相关系数分别为 0.64 和 0.57；与 pH 和硬度值（Har）之间存在极明显（P<0.01）或

明显（P<0.05）的负相关关系，相关系数分别为–0.36 和–0.27。速效钾含量与总氮含量之间存在极明显的正相关关系（P<0.01），相关系数为 0.56；与 pH 之间存在极明显的负相关关系（P<0.01），相关系数为–0.35。总氮含量与总磷含量之间存在极明显的正相关关系（P<0.01），相关系数为 0.45；与 pH 之间存在极明显的负相关关系（P<0.01），相关系数为–0.67。总磷含量与电导率值之间存在极明显的正相关关系（P<0.01），相关系数为 0.46。

表 7-6　灰钙土的土壤理化性质的相关关系

	SOC	EOC	DOC	AP	AK	AN	TN	TP	pH	EC	*W*	Har
SOC	1											
EOC	0.16	1										
DOC	0.09	0.18	1									
AP	0.50**	0.2	0.03	1								
AK	0.44**	0.19	–0.09	0.64**	1							
AN	0.08	0.17	0.31**	0.05	–0.13	1						
TN	0.71**	0.32**	0.06	0.57**	0.56**	–0.07	1					
TP	0.35**	–0.01	0.18	0.19	0.06	0.1	0.45**	1				
pH	–0.56**	–0.22	0.03	–0.36**	–0.35**	0.27*	–0.67**	–0.19	1			
EC	0.09	–0.06	–0.23	0.01	–0.17	–0.06	0.21	0.46**	–0.06	1		
W	0.12	0.07	–0.14	0.10	0.22	–0.17	0.21	0.15	–0.12	–0.07	1	
Har	0.03	0.07	0.02	–0.27*	–0.17	0.01	–0.03	0.09	–0.06	0.02	–0.07	1

注：**和*分别表示 0.01 和 0.05 水平的相关性。

7.2.4　猪毛蒿种群特征与土壤因子的关系

7.2.4.1　基岩风化残积土的猪毛蒿生长指标与土壤因子的关系

对基岩风化残积土的猪毛蒿生长指标与土壤因子进行 RDA 分析后（图 7-15），结果显示，猪毛蒿的高度（H）与土壤水分（W）、电导率（EC）、速效氮（AN）、pH、水溶性有机碳（DOC）和全磷（TP）之间存在正相关关系，相关性为 W>EC>pH>AN>DOC>TP；与其他土壤因子之间存在负相关关系。猪毛蒿的生物量（B）与速效磷（AP）、电导率（EC）、水分（W）和全氮（TN）之间存在正相关关系，相关性为 EC>AP>W>TN；与其他土壤因子之间存在负相关关系。猪毛蒿的密度（*D*）与电导率（EC）、水分（*W*）和速效磷（AP）之间存在正相关关系，相关性为 EC＞*W*＞AP；与其他土壤因子之间存在负相关关系。猪毛蒿的盖度（*C*）与土壤碱解氮（AN）、pH、水溶性有机碳（DOC）、全磷（TP）和水分（*W*）之间存在正相关关系，相关性为 pH＞AN＞*W*＞DOC＞TP；与其他土壤因子之间存在负相关关系。猪毛蒿的冠幅（*CW*）与速效磷（AP）、全氮（TN）、易氧化有机碳（EOC）、有机碳（SOC）和速效钾（AK）之间存在正相关关系，相关性为 SOC＞TN＞AP＞EOC＞AK；与其他土壤因子之间存在负相关关系。综上可知，土壤电导率（EC）和水分（*W*）是猪毛蒿的高度（*H*）、密度（*D*）和生物量（*B*）的重要正驱动力，土壤硬度（Har）是主要的负驱动力。土壤 pH 和碱解氮（AN）是猪毛蒿盖度的重要正驱动力。土壤有机碳（SOC）、全氮（TN）和易氧化有机碳（EOC）是重要的负驱动力。土壤 pH 是猪毛蒿冠幅最重要的负驱动力，土壤有机碳（SOC）、全氮（TN）是最重要的正驱动力。

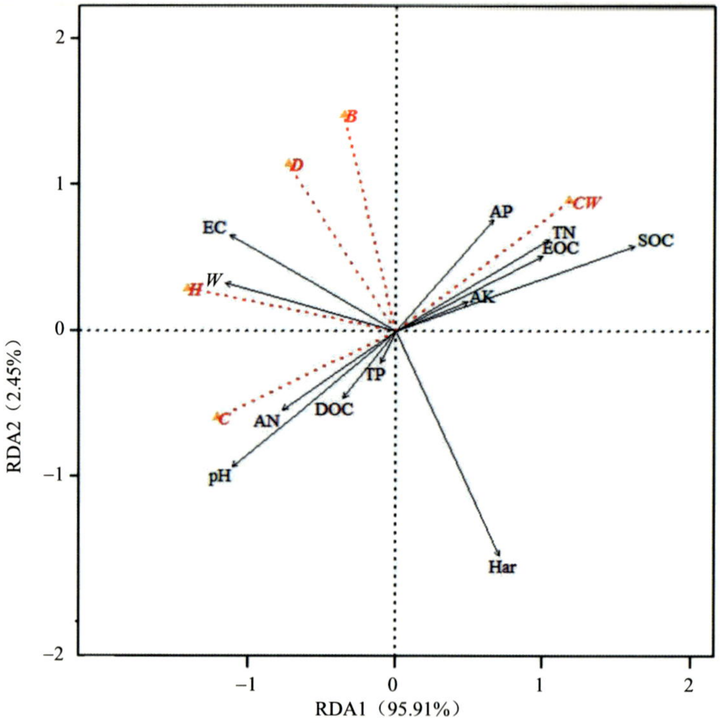

图 7-15　基岩风化残积土中猪毛蒿生长指标与土壤因子的冗余分析二维图

7.2.4.2 风沙土的猪毛蒿生长指标与土壤因子的关系

对风沙土的猪毛蒿生长指标与土壤因子进行 RDA 分析后（图 7-16），结果显示，猪毛蒿的高度（*H*）与水分（*W*）、水溶性有机碳（DOC）和 pH 之间存在正相关关系，相关性为 pH＞*W*＞DOC，与其他土壤因子之间存在负相关关系。猪毛蒿的盖度（*C*）与土壤水溶性有机碳（DOC）、碱解氮（AN）、速效钾（AK）、水分（*W*）和 pH 之间存在正相关关系，相关性为 DOC＞*W*＞pH＞AN＞AK；与其他土壤因子之间存在负相关关系。猪毛蒿的生物量（*B*）与水分（*W*）、pH、水溶性有机碳（DOC）、速效磷（AP）和电导率（EC）之间存在正相关关系，相关性为 *W*＞pH＞DOC＞AP＞EC；与其他土壤因子之间存在负相关关系。猪毛蒿的密度（*D*）与水溶性有机碳（DOC）、碱解氮（AN）、速效钾（AK）和易氧化有机碳（EOC）之间存在正相关关系，相关性为 EOC＞AN＞DOC＞AK；与其他土壤因子之间存在负相关关系。猪毛蒿的冠幅（*CW*）与 pH、速效磷（AP）、电导率（EC）、全氮（TN）和水分（*W*）之间存在正相关关系，相关性为 AP＞pH＞TN＞EC＞*W*；与其他土壤因子之间存在负相关关系。综上可知，土壤易氧化有机碳（EOC）和碱解氮（AN）是猪毛蒿密度最重要的正驱动动力，而速效磷（P）含量是最主要的负驱动动力。土壤水分（*W*）、水溶性有机碳（SOC）和 pH 是猪毛蒿高度（*H*）、生物量（*B*）以及盖度（*C*）最主要的正驱动动力；而土壤有机碳（SOC）和硬度（Har）是最主要的负驱动动力。土壤速效磷（AP）和 pH 是猪毛蒿冠幅最主要的正驱动动力，而易氧化有机碳（EOC）和碱解氮（AN）是最主要的负驱动动力。

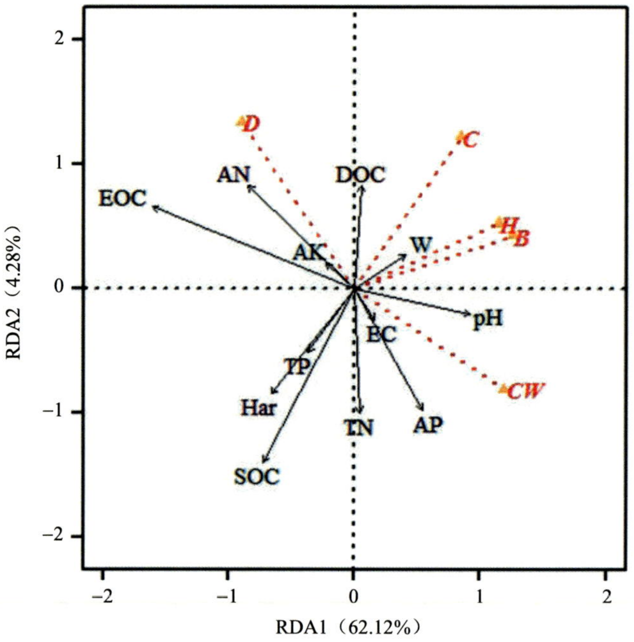

图 7-16 风沙土中猪毛蒿生长指标与土壤因子的冗余分析二维图

7.2.4.3 灰钙土的猪毛蒿生长指标与土壤因子的关系

对灰钙土的猪毛蒿生长指标与土壤因子的关系进行 RDA 分析后（图 7-17），结果显示，猪毛蒿的密度（*D*）与土壤有机碳（SOC）、速效钾（AK）、速效磷（AP）、电导率（EC）、全氮（TN）和全磷（TP）之间存在正相关关系，相关性为 SOC＞EC＞TN＞TP＞AK＞AP；与其他土壤因子之间存在负相关关系。猪毛蒿的盖度（*C*）与土壤有机碳（SOC）和速效钾（AK）之间存在正相关关系，且与土壤有机碳（SOC）相关性更高。猪毛高高度（*H*）与土壤因子之间未表现出明显的相关性。猪毛蒿的生物量（*B*）与水分（*W*）之间存在正相关关系，与其他土壤因子之间表现出负相关关系，相关性为 Har＞*W*＞SOC＞AN；与其他土壤因子之间存在负相关关系。综上可知，水分（*W*）是猪毛蒿冠幅（*CW*）和生物量（*B*）主要的正驱动力，而电导率（EC）和全氮（TN）是主要的负驱动力。土壤有机碳（SOC）是猪毛蒿盖度最主要的正驱动力，而活性有机碳（EOC 和 DOC）是最主要的负驱动力。土壤全磷（TP）是猪毛蒿高度（*H*）最主要的负驱动力。土壤电导率（EC）、全氮（TN）和有机碳（SOC）是猪毛蒿密度最主要的正驱动力，而土壤硬度（Har）是最主要的负驱动力。

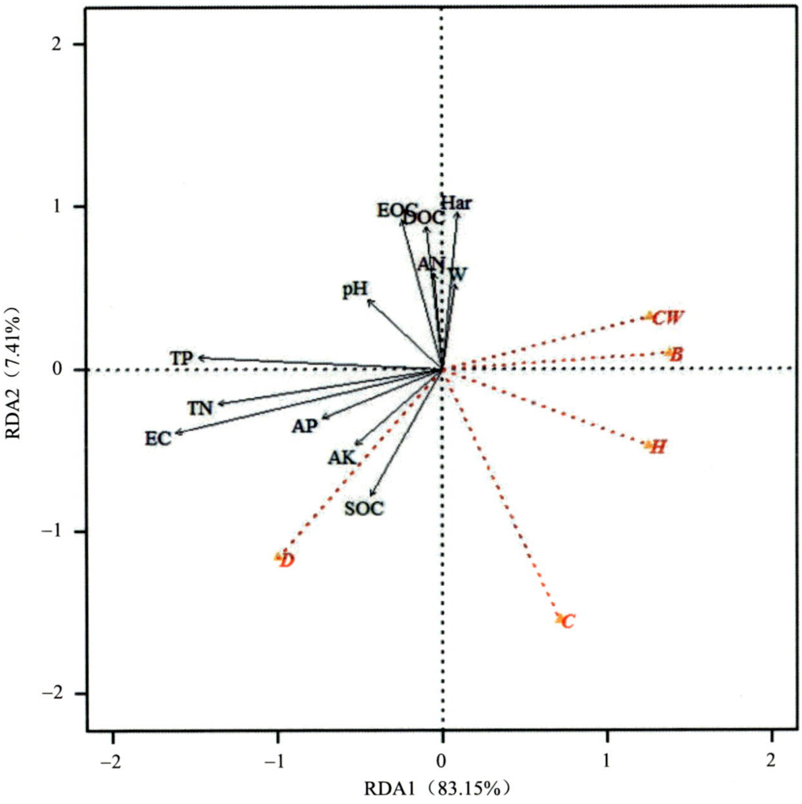

图 7-17　灰钙土中猪毛蒿生长指标与土壤因子的冗余分析二维图

7.3　讨论与结论

宁夏荒漠草原猪毛蒿种群数量特征在不同的土壤类型下具有较大差异。风沙土的猪毛蒿高度和生物量明显高于基岩风沙土，而灰钙土上的猪毛蒿高度和生物量与基岩风化残积土之间无明显差异。风沙土和灰钙土上的猪毛蒿密度明显高于基岩风化残积土。风沙土上的猪毛蒿盖度明显高于灰钙土和基岩风化残积土，而灰钙土和风化残积土上的猪毛蒿盖度无明显性差异。猪毛蒿的高度与盖度、冠幅和生物量之间存在明显或极明显的正相关关系，密度与盖度之间存在极明显的正相关关系，而与冠幅存在极明显的负相关关系。

土壤的有机碳平均含量和电导率平均值在不同土壤类型中均表现为：基岩风化残积土＞灰钙土＞风沙土。3 种土壤类型中的有机碳平均含量均表现出表层（0～5 cm）有机碳含量明显高于深层，表现出富集作用。土壤易氧化有机碳、全氮平均含量在不同土壤类型中均表现为：灰钙土＞风沙土＞基岩风化残积土。风沙土中的易氧化有机碳含量表现出随着土壤深度的增加土壤易氧化有机碳含量降低。3 种土壤类型中土壤全氮的平均含量随着土壤深度的增加土壤全氮的平均含量降低。土壤水溶性有机碳、速效磷和碱解氮的平均含量在不同土壤类型下均表现为：风沙土＞灰钙土＞基岩风化残积土。3 种土壤类型中的速效磷平均含量表现出随着土壤深度的增加速效磷含量不断降低。土壤全磷、水分平均含量在不同土壤类型中均表现为：灰钙土＞基岩风化残积土＞风沙土。不同土壤类型中的土壤全磷、pH 和水分平均含量在不同土层之间未表现出明显性差异。

风沙土和灰钙土中，土壤有机碳与速效磷、速效钾、全氮、全磷之间存在正相关关系，与 pH 之间存在负相关关系；基岩风化残积土中土壤有机碳与水分之间存在负相关关系。风沙土中，易氧化有机碳与速效磷、速效钾、碱解氮、全氮之间存在正相关关系，与 pH 之间存在负相关关系；在灰钙土中，易氧化有机碳与全氮之间存在正相关关系；在基岩风化残积土中易氧化有机碳与水溶性有机碳之间存在正相关关系。在基岩风化残积土和风沙土中，水溶性有机碳与其他土壤因子之间未表现出明显的相关关系；在灰钙土中，水溶性有机碳与碱解氮之间存在正相关关系。速效磷在不同土壤类型中均与速效钾和全氮之间存在正相关关系，与 pH 之间存在负相关关系。碱解氮在基岩风化残积土中与电导率之间存在正相关关系；在灰钙土中与 pH 之间存在正相关关系。在风沙土和灰钙土中，全磷与电导率之间存在正相关关系；与 pH 之间存在负相关关系。土壤硬度在风沙土中与水分之间存在负相关关系。

土壤有机碳是土壤的重要组成部分，不但是土壤质量的重要基础，而且在全球氮循环中起着至关重要的作用。有机物质的输入和输出之间的动态平衡决定着土壤有机碳的含量。有研究得出成土因素和长期的人为活动影响着土壤有机碳的含量和活性。土壤活性有机碳占有机碳比例较小，但是对外界环境、土壤利用方式等变化反映敏感，与土壤内在生产力高度相关，可以反映早期的土壤有机质变化。通常可以用易氧化有机碳和水溶性有机碳来表征。易氧化有机碳是容易被土壤微生物利用、有效性高且对植物营养供应最直接的有机碳；而水溶性有机碳主要来源于枯落物、微生物活动、根系分泌物等途径。在本研究中，风沙土上的猪毛蒿种群的高度、密度、盖度、生物量和冠幅都高于灰钙土和风化基岩残积土，根系分泌物和枯落物含量也将最多，因此风沙土中的水溶性有机碳含量最大。灰钙土中易氧化有机碳含量最高，这是因为灰钙土中的微生物种类和数量最多，微生物活动频繁。由于风沙土和灰钙土中土壤活性有机碳含量高，微生物活动强度大，导致有机物质的输出较多；而宁夏荒漠气候干燥，枯落物分解较慢，被风带走了部分枯落物，土壤有机质不能及时补充，因此土壤有机碳的含量反而低于基岩风化残积土中的有机碳含量。土壤有机碳含量表现为明显的垂直分布特征，即随着土壤深度的增加有机碳含量降低，且土壤有机碳主要富集在土壤表层。基岩风化残积土的有机碳含量与水分含量之间存在极显著的负相关关系，这可能是由于基岩风化残积土的质地较硬，对植物吸水造成困难，影响地表有机质的积累，减少了有机碳的形成。灰钙土和风沙土中的土壤有机碳含量与速效钾含量、速效磷含量、全氮含量和全磷含量之间存在显著的正相关关系，与 pH 之间存在显著的负相关关系。土壤活性有机碳在不同的土壤类型中与其他土壤因子之间的相关性存在较大的差异。基岩风化残积土中的易氧化有机碳含量与水溶性有机碳含量存在相关性；灰钙土中的易氧化有机碳含量与碱解氮含量存在相关性；而风沙土中的易氧化碳与速效磷含量、速效钾含量、碱解氮含量和全氮含量之间存在相关性。基岩风化残积土中的水溶性有机碳含量与碱解氮含量之间存在相关性。

土壤养分不仅为植物提供所需要的营养元素，而且具有保持水土的能力。植物生长发育中最易吸收的那部分养分被称为速效养分。土壤的养分如全氮、全磷、碱解氮、速效钾、速效磷是反映土壤肥力的主要指标。不同的土壤养分在不同的土壤类型中具有差异性。灰钙土、风沙土、基岩风化残积土中的全氮、全磷平均含量依次降低。全氮含量在不同土壤类型中均表现出明显的垂直分布特征，即随着土壤深度的增加土壤全氮含量降低；而全磷含量在风沙土、灰钙土（除 0～5 cm）和基岩风化残积土的不同土层中未表现出显著性差异。不同土壤类型中碱解氮、速效磷、速效钾平均含量均表现为风沙土最高，灰钙土次之，基岩风化残积土最低。而速效钾的平均含量在风沙土中最高，灰钙土中最低。不同土壤类型中速效磷和速效钾的含量表现出明显的垂直分布特征，即随着土壤深度的增加，土壤速效磷和速效钾的含量降低。碱解氮在风沙土中的垂直分布与全氮分布一致，而在基岩风化残积土和灰钙土中不同土层中未表现出明显的显著性差异。不同土壤类型中的土壤养分与其他土壤因子之间的相关性存在较大的差异。本研究中三种不同土壤类型的土壤均属于弱碱性土壤，土壤 pH 在不同土壤类型中未表现出明显的差异，且均随着土壤深度的增加而增大。除灰钙土中 pH 与碱解含量之间存在显著的正相关关系，不同土壤类型中 pH 与不同的土壤因子之间均存在极显著或显著的负相关关系。试分析其原因，pH 直接或间接影响着土壤养分的存在形态、转化效率、有效活性以及土壤动物和酶的活性，从而影响肥力的演变过程。基岩风化残积土、灰钙土和风沙土中的土壤电导率平均值依次降低。基岩风化残积土中不同土层间的电导率值未表现出显著显著；风沙土中的电导率值随着土壤深度的增加呈现出先降低后增加的趋势；而灰钙土中的电导率值在不同土层中未表现出一致性的规律。基岩风化残积土中的电导率值与碱解氮存在显著的相关关系；风沙土和灰钙土中的电导率值与全磷存在显著的相关关系。这与牛宋芳的研究结果不一致，分析其原因可能是选取不同土壤类型上的植被类型不同，柠条林的根能够显著改善土壤电导率。灰钙土、基岩风化残积土和风沙土中的土壤硬度平均值依次减少，且不同土壤类型土壤硬度值随着土壤深度增加而增大。不同土壤类型的硬度值与其他土壤因子之间未表现出明显的相关关系。土壤硬度受土壤质地、土地利用方式、耕作方式、施肥等因素的影响，在基岩风化残积土上，土壤水分和土壤电导率是猪毛蒿的高度、密度和生物量的重要正驱动力，土壤硬度是主要的负驱动力。

本研究利用 RDA 分析对宁夏荒漠草原猪毛蒿种群特征与土壤因子之间的关

系进行了分析，发现在不同土壤条件下，种群的数量特征与土壤因子之间的关系较为复杂。虽然揭示了不同土壤条件下猪毛蒿种群生长的土壤驱动因子，能在一定程度上揭示猪毛蒿的种群数量特征，但是对于在不同土壤条件下，还缺乏对猪毛蒿同一生长指标的驱动因子不同的解释，因此在今后的研究中，希望以更微观的角度去探索驱动因素机理的研究，为生态防除猪毛蒿和改善草场结构及质量提供强有力的支撑。

第 8 章

猪毛蒿种群动态变化

种群动态是研究种群大小或数量在时间、空间上的变化规律（周资行等，2011），有助于人们更好地认识种群的生态特性、稳定性和发展动态（杨立荣等，2018），同时对研究群落的演替和生态系统的恢复具有重要意义。种群动态不仅受自身生物学特性的影响，还受环境气候等因素的影响（李翔等，2018）。自然界中异质性生境在不同尺度上普遍存在，如土壤水分、土壤类型和植被类型等，加之有不同的组合，使植物适应环境的“方法”也是多种多样的。因此，研究异质生境下植物种群动态特征，有助于了解物种的生存状况和环境适应能力（李翔等，2018），可为提出有效的保护措施提供科学依据。

猪毛蒿对裸地利用能力较强，具有较高的扩散能力（杜峰等，2006b），属于机会主义者，很容易出现“突然的爆发和猛烈的破产”（张景光等，2005）。根据Grime（1979）对植物生活史所作的补充，荒漠草原中猪毛蒿符合 r 对策，即在低严峻度、高干扰的生境下（气候、土壤和水文等条件经常变换不稳定）具有高生殖力的特性，能适应所在生境强烈干扰并具有利用有限资源的能力。但目前对猪毛蒿种群动态和生长特征的研究尚少，特别是在异质生境下（不同土壤类型和水分条件）的存活和死亡特征缺乏深入的研究。长期以来，由于对荒漠草原猪毛蒿种群特征和现状了解不够深入，开发和利用方面的认识不足，在人类活动的干扰下，草原植被退化严重，致使猪毛蒿种群长期存在，使得该区域的生态保护、恢复和重建的效果并不是很理想。

为了全面掌握荒漠草原优势植物猪毛蒿的动态特征，在前期研究和调查的基础上，以不同土壤类型和降水处理下的猪毛蒿种群为研究对象，通过编制种群动态生命表，绘制存活和死亡曲线，以期通过研究猪毛蒿的种群动力学特征，探明不同土壤类型和降水条件下猪毛蒿种群动态和生长特征，将有利于科学地揭示猪毛蒿种群生长发育过程的规律和机制，为阐明猪毛蒿的生态适应性机制奠定理论基础，为人工干预猪毛蒿种群自然更新和荒漠草原的植被恢复以及开发利用提供科学依据。

8.1 试验设计与方法

8.1.1 试验设计及方法

在自然条件下，通过人工添加水量或简单遮拦降水的手段在相关实验中被大量采用，但人工增水不能准确模拟自然降水的特征，如降水格局，加之由于降水的波动性和不确定性，很难在有限的时间内对不同降水梯度的变化进行及时模拟。因此，我们应用课题组发明的野外增减水的试验装置开展相关试验，如图 8-1 所示。其中，减水主要是通过截雨槽将自然降水截留，以减少下方减水样地内的降水量来实现减水的目的，同时截留的降水受重力作用流进增水槽内，实现增水样地同步增水的目的，正常区则不做任何处理。在宁夏大学西北退化生态系统恢复与重建教育部重点实验室盐池县农牧复合生态系统野外观测研究基地全面调查研究区内猪毛蒿分布情况的基础上，选取 3 种典型生境：风沙土、灰钙土和风化基岩残积土，每种生境选择 3 个重复样地。为减小样地间的相互影响，所选样地地形相对平缓，间距至少为 50 m。每个土壤类型生境下分别设置 3 个降水处理小区：增水处理（降水量增加 30%）、对照处理（CK）和减水处理（降水量减少 30%），共计 27 个小区。每个小区面积为 2 m×2 m，为了减小边缘效应，每个样地不同处理内（增水处理、对照处理和降水处理）各设置 3 个 50 cm×50 cm 的样方，共计 81 个固定监测样方，先后于 2017 年和 2018 年进行了连续 2 个植物生长季的监测和调查。

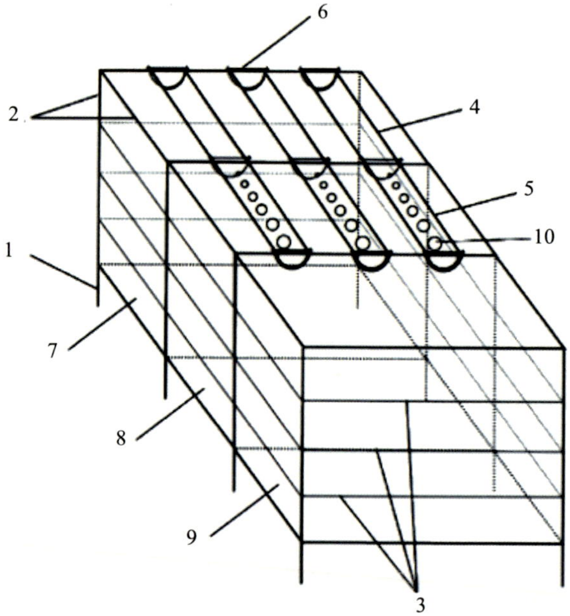

1—支撑脚；2—支撑骨架；3—围栏网丝；4—减水槽；5—增水槽；6—U 形扣；7—减水区；8—增水区；9—对照围栏区；10—漏雨孔。

图 8-1　具有野外增减水和活动围栏作用的组合试验装置结构示意图与实地安装

以往的试验设计主要在群落条件或清除所有植物包括目标植株的条件下进行，但这样未能考虑种间种内关系的作用以及活体对种子萌发的影响，因此为了避免物种间的相互作用而又更好地模拟目标植株生长存活状况，本研究采用不定期清除样方内除猪毛蒿以外其他植物种的方法进行猪毛蒿种群动态的研究。每隔 10～15 天调查并记录各样方内猪毛蒿的密度、株高、冠幅和盖度等，持续至全部猪毛蒿自然死亡为止，每年的调查均涵盖了猪毛蒿的萌发期、幼苗期、开花期、结实期直至死亡的整个生育期阶段，2 年共计调查 16 次。

8.1.2 测定指标与计算方法

8.1.2.1 气象资料和土壤水分

降水量和气温数据来源于安装在研究区内的自动气象站，采样时间间隔为 1 h。采用国内较常用的标准划分降水年型（张北赢等，2008）：

$$丰水年：P_i > \bar{P} + 0.33\delta$$

$$枯水年：P_i > \bar{P} - 0.33\delta$$

式中，P_i——当年降水量，mm；

$\bar{P}$——多年平均降水量，mm；

δ——多年降水量的标准差，mm。

考虑到草地生态系统中无论是在群落水平还是在个体水平上，根系生物量主要分布在 0～30 cm 土层，占根总量的 90%以上（王敏等，2013），而猪毛蒿水分利用来源集中于 0～10 cm（赵伟，2017），参考焦菊英（王巧利等，2012）课题组的研究方法，本研究涉及取样和计算地下深度均按 60 cm 计，共分为 3 个层次测定，分别为 10 cm、20 cm 和 60 cm。土壤水分测定采用土壤湿度自动记录仪（HOBO，U30，USA），数据采集步长均为 10 min。

土壤贮水量的计算公式为：

$$W = M_{体} \times H$$

式中，W——贮水量，mm；

$M_{体}$——土壤体积含水量，%；

H——土壤厚度，mm。

各处理耗水量的计算公式为：

$$ET=W_1-W_2+R+I$$

式中，ET——监测期耗水量，包括植株蒸腾量和植株间地表蒸发量，mm；

W_1——生长初期土壤贮水量（分别按 2017 年 5 月 15 日和 2018 年 4 月 25 日的 1 d 平均值计），mm；

W_2——生长末期土壤贮水量（分别按 2017 年 10 月 5 日和 2018 年 9 月 23 日的 1 d 平均值计），mm；

R——降水量，mm；

I——灌溉量，mm，因无灌溉，故 I 为 0。

8.1.2.2 监测指标测定

密度（株/m^2）：分别统计样方内标记植株的独立株数。

株高（cm）：用钢卷尺测量固定样方内标记的所有植株体，从地面到植株顶端的垂直高度（自然高度），记为株高。

冠幅（cm^2）：为东西向长度和南北向长度的乘积。

盖度（%）：选择最为常用的目测估算法。

生物量（g/m^2）：为了减少人为操作对试验精度以及刈割对次年种群生长的影响，只在 2018 年生育后期对生物量进行了 1 次测量。用剪刀齐地面剪取地上部分，装入信封后带回实验室，于（105±2）℃烘箱内杀青 30 min 后，在（65±2）℃烘干至恒重，用万分之一天平称重，记为生物量。

8.1.2.3 动态生命表

生命表是研究种群数量随时间动态变化的有效方法（李博，2000），可直接反映出生率、死亡率等重要参数，是判断植物种群发展趋势和反映种群实际状况的重要指标（李翔等，2018；杨立荣等，2018），可以预测物种在某些特定条件下存活与繁殖的可能性（陈远征等，2006）和反映植物与环境之间的适合度（姜在民等，2018），为探索种群动态和发展趋势提供重要信息，因此生命表是种群生态学研究的核心内容之一（江波等，2018）。其中，动态生命表是根据同年出生的种群个体存活量的动态监测资料编制而成（郝日明等，2004），可以较为准确地反映种群的消长规律（刘国军等，2010），主要包括以下几个指标：

存活数 n_x：在 x 时段内存活的个体数（株/m^2），其值是实际测得的；

存活率 l_x（活到 x 时间段的比率）$=n_x/n_{max}$，n_{max} 为调查期存活数出现的最大值；

死亡数 d_x（从 x 时间段到 $x+1$ 时间段内的死亡数）$=n_x-n_{x+1}$；

死亡率 q_x（从 x 时间段到 $x+1$ 时间段内间隔期内标准化死亡率）$=d_x/n_x$；

致死力 k_x（在各调查时间段的致死力）$=\ln n_x-\ln n_{x+1}$；

$\ln l_x$：存活率的自然对数值；

x 为各个监测期。

8.1.2.4 存活曲线与死亡曲线的绘制

存活曲线能反映不同生境下种群个体在各时段的存活状况（郭华等，2011），是根据生命表、借助于存活个体数量来描述种群的存活情况。Deevey 把存活曲线分为 3 种类型（江洪，1992）：Ⅰ型为凸型曲线，种群生长前期存活率高，生长末期的死亡率低；Ⅱ型为对角线曲线，表明整个生长周期内具有相同的死亡率；Ⅲ型为凹型曲线，种群生长前期的存活率低，生长末期的死亡率高。通常以调查时间为横坐标，以存活率对数值（$\ln l_x$）和标准化死亡率（q_x）为纵坐标，绘制种群的存活曲线和死亡率曲线（茹文明等，2007）。

8.1.2.5 可塑性指数

为了适应不同的生境，同种植物在个体表型和种群特征方面会呈现不同程度的差异，而这种差异的大小可以反映其对生境变化的敏感程度（石红霄等，2016）。本研究参照 Valladares 等（2000）的方法计算异质生境下猪毛蒿各项参数的可塑性指数，即：同一生境内所调查的猪毛蒿某个参数的最大值减该参数中的最小值，再除以其最大值。可塑性指数反映了该参数代表的形态学和种群特征在异质生境中的变异程度，可以反映植物对异质生境的适应能力（郭美玉等，2017；韩玲等，2017）。

8.1.3 数据处理

考虑到生境因子对植物个体株高、冠幅等形态指标和种群密度、盖度、生物量等指标的影响具有非即时响应和累积效应，因此选取每年最后一次调查数据（其中生物量仅为 2018 年的实测数据），采用双因素方差分析检验不同土壤类型和降水处理以及它们之间的交互作用对猪毛蒿株高、冠幅、密度、盖度和生物量等指标的影响（α=0.05）。所有数据在 SPSS 22.0 软件中进行统计、计算和制图。

8.2 结果与分析

8.2.1 降水和气温特征

根据研究区多年降水量资料统计分析来看（图 8-2），从 1956 年到 2018 年的 63 年平均降水量为 290.6 mm，均方差为 89.7 mm，丰水年＞320.2 mm，枯水年＜261.0 mm。从 2017 年和 2018 年的降水量和气温（图 8-3）可以看出，气温从 3 月开始逐渐升高，在 5 月日均温＞10℃，此时正是植物种子萌发，幼苗逐渐生长的开始，7—8 月达到最高温，其后气温逐渐降低。可以看出，在植株生长的各个时期，气温适宜其生长发育，无极端温度灾害（冻害或高温）的发生，说明该地区试验期内气温不是植物生长的限制性因子。

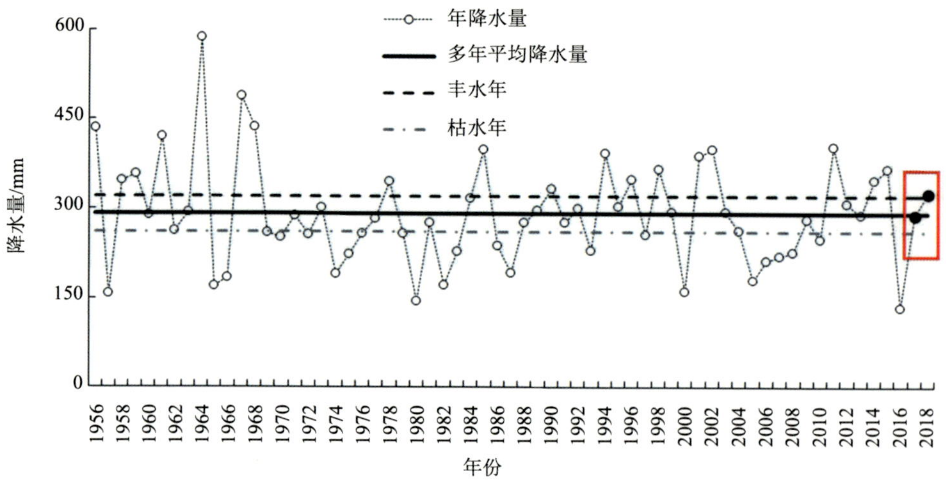

图 8-2　研究区多年降水量

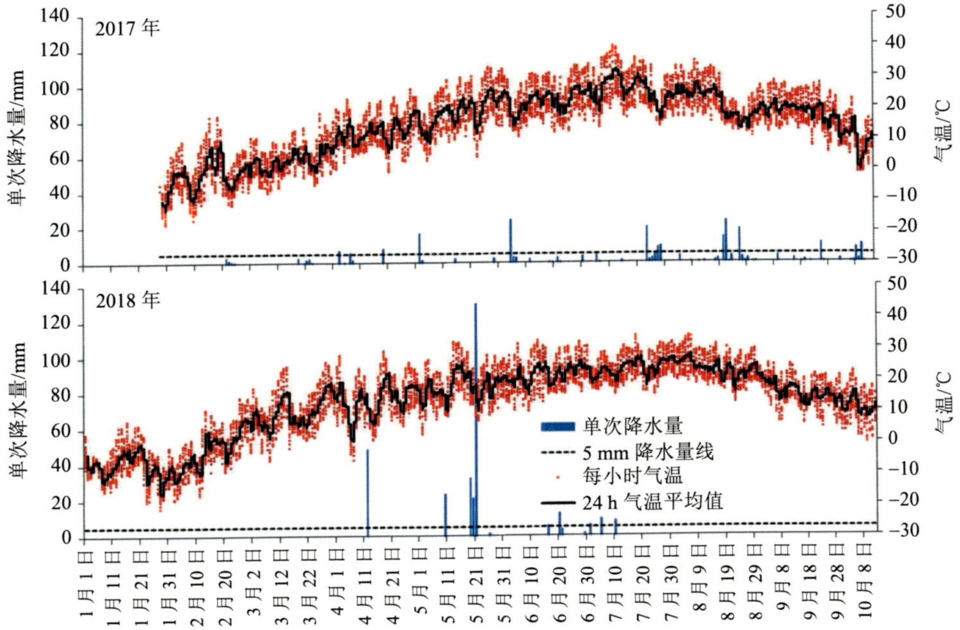

图 8-3 研究区单次降水量和气温

而降水事件在时间上具有较强的随机性和雨量上的不确定性。2017 年总降水量为 288.6 mm，仅比多年平均降水量少 2 mm，属于平水年，所设置的减水处理理论值为 202.02 mm（枯水年），增水处理理论值为 375.18 mm（丰水年）。不同月份降水分配不均，其中 1 月、11 月和 12 月降水量均为 0 mm；2—4 月月降水量分别为 7.4 mm、10.2 mm 和 22.2 mm，占全年降水量的 13.79%；5—10 月是植物生长季，降水量为 248.8 mm，占全年降水量的 86.21%，且有几次较大的有效降水，对植株生长有利。经统计，小量级降水事件（≤5 mm）的次数较多，高达 88 次，占总降水频次的 86.27%，而累积降水量为 105.2 mm，占全年总降水量的 36.66%；＞5 mm 且≤10 mm；＞10 mm 量级的降水次数均为 7 次，占到总降水频次的 6.86%，累积降水量分别为 55 mm 和 126.8 mm，占全年总降水量的 19.16% 和 44.18%。统计得出，降水事件单次平均降水量仅为 2.81 mm。

2018 年总降水量为 323.2 mm，比多年平均降水量多 32.6 mm，属于丰水年，所设置的减水处理理论值为 226.24 mm（枯水年），增水处理理论值为 420.16 mm

（丰水年）。降水主要集中在 4—5 月，降水量为 257.2 mm，占全年降水量的79.58%。其中 5 月 21 日单次降水量高达 129.6 mm，达到了大暴雨级别。统计不同量级的降水事件发现，≤5 mm 的小量级降水事件为 5 次，占总降水频次的29.41%，累积降水量为 10.2 mm，占全年总降水量的 3.16%；＞5 mm 且≤10 mm、＞10 mm 且≤25 mm 的降水次数分别为 5 次和 4 次，分别占总降水频次的 29.41%和 23.53%，累积降水量分别为 33.8 mm 和 69 mm，占全年总降水量的 10.46%和21.35%；＞25 mm 量级的降水次数为 3 次，仅占总降水频次的 17.65%，但降水量之和（210.2 mm）占总降水量的 65.04%。统计得出单次平均降水量为19.01 mm。

8.2.2 土壤水分特征

8.2.2.1 水分动态

从不同土壤类型来看，0～60 cm 土壤平均含水量为：基岩风化沉积土＞灰钙土＞风沙土；从增减水效果来看，从 4—11 月 3 种 0～60 cm 土壤类型下增水处理的土壤含水量较对照处理高，而减水处理土壤含水量则低于对照处理；进入冬季（12 月至次年 3 月）后土壤水的状态发生改变（由液态冷冻为结晶固态），由于监测仪器传感器工作原理的限制无法测出介电常数，进而换算成准确的土壤含水量，因此该阶段所测出的土壤含水量不是实际值。

土壤含水量对降水事件及其增减改变的响应较为明显，特别是表层（10 cm和 20 cm）土壤含水量响应速度较快，且变化幅度随着单次雨量的增大而增加，而深层（60 cm）则响应平缓且在时间上存在滞后。从增减水处理来看，增水处理土壤含水量对降水的增幅响应较之正常处理和减水处理大，减水处理中由于降水量的减少使得土壤含水量的变幅相对较小（图 8-4）。

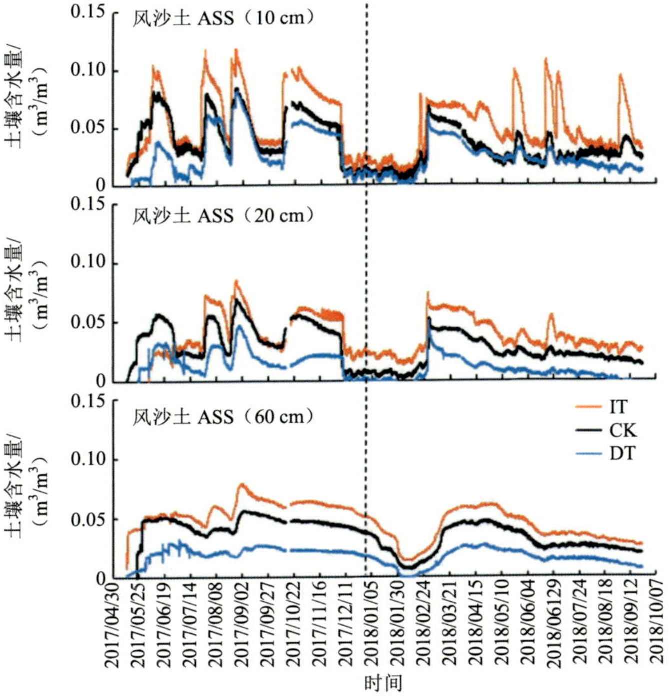
风沙土 ASS（10 cm）
风沙土 ASS（20 cm）
风沙土 ASS（60 cm）
土壤含水量/（m3/m3）
0.15
0.10
0.05
0
IT
CK
DT
2017/04/30
2017/05/25
2017/06/19
2017/07/14
2017/08/08
2017/09/02
2017/09/27
2017/10/22
2017/11/16
2017/12/11
2018/01/05
2018/01/30
2018/02/24
2018/03/21
2018/04/15
2018/05/10
2018/06/04
2018/06129
2018/07/24
2018/08/18
2018/09/12
2018/10/07
时间

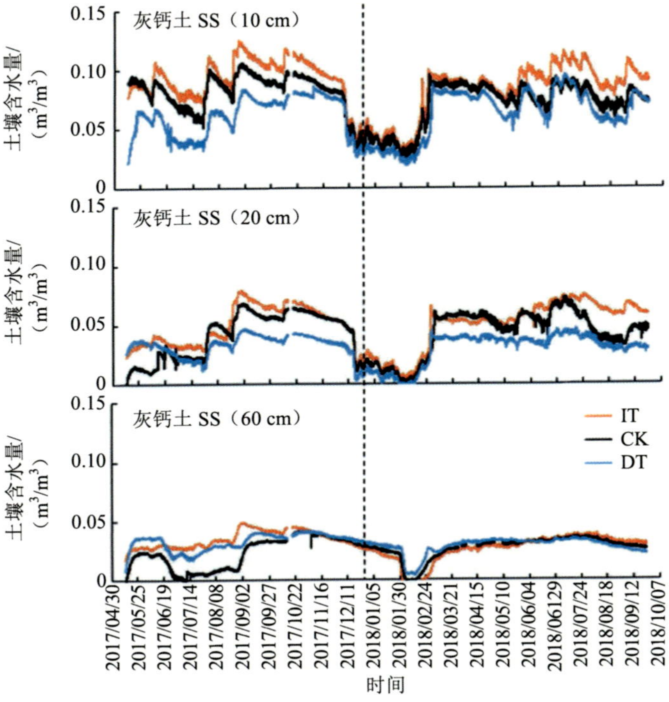
灰钙土 SS（10 cm）
灰钙土 SS（20 cm）
灰钙土 SS（60 cm）
土壤含水量/（m3/m3）
0.15
0.10
0.05
0
IT
CK
DT
2017/04/30
2017/05/25
2017/06/19
2017/07/14
2017/08/08
2017/09/02
2017/09/27
2017/10/22
2017/11/16
2017/12/11
2018/01/05
2018/01/30
2018/02/24
2018/03/21
2018/04/15
2018/05/10
2018/06/04
2018/06129
2018/07/24
2018/08/18
2018/09/12
2018/10/07
时间

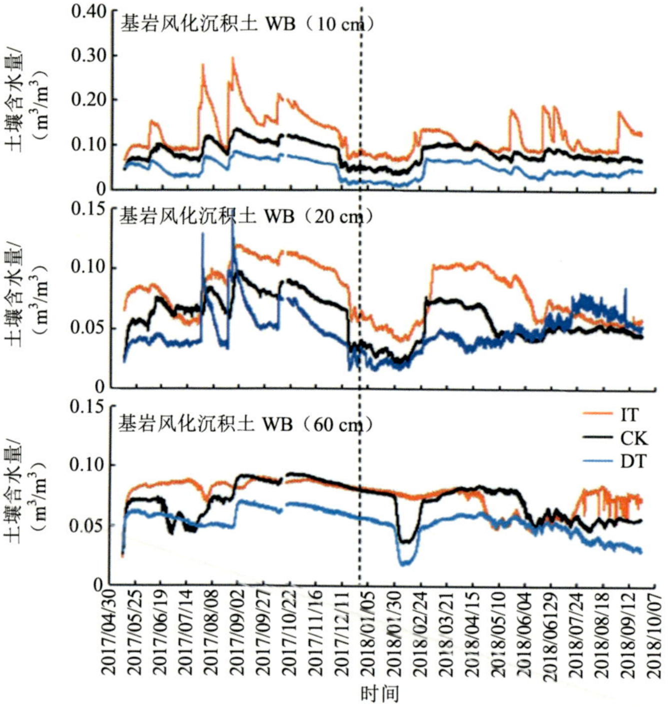

图 8-4　2017—2018 年异质生境下土壤水分动态

注：IT：增水处理；CK：对照处理；DT：减水区，下同。

8.2.2.2　储水量和耗水量

从储水量变化值来看，总体表现为减水处理储水量变化较小，而增水处理在不同土壤类型下对储水量的影响不同，在风沙土生境下增水处理较之减水处理变化幅度大，而在灰钙土和基岩风化沉积土生境下则变化较小；不同土壤类型下，风沙土和基岩风化沉积土的储水量变化幅度较大，而灰钙土变化相对较小；年际间由于降水量的不同，2017 年降水量较少，猪毛蒿植株蒸腾耗水和棵间蒸发使得储水量为负值，而 2018 年降水量较多，储水量多为正值或负值较小（仅为−1.72 mm），说明蒸散耗水量小于降水补给量。

而耗水量则表现为增水处理＞对照处理＞减水处理；不同土壤类型下，在水分较差的条件下，如降水量少的 2017 年较之降水量多的 2018 年，以及 2018 年的减水处理较之对照处理和增水处理，均表现出灰钙土生境的耗水量少于风沙土和基岩风化沉积土，见表 8-1。

表 8-1 异质生境下猪毛蒿群落 0～60 cm 储水量变化值和耗水量

年份	土壤类型	储水量变化值/mm			耗水量/mm		
		IT	CK	DT	IT	CK	DT
2017 年	ASS	−13.70	−23.67	−12.15	256.96	184.53	133.59
	SS	−12.52	−15.26	−12.10	258.14	192.94	133.64
	WB	−25.76	−22.41	−8.31	244.90	185.79	137.43
2018 年	ASS	18.95	12.74	10.50	376.19	287.54	202.86
	SS	−1.72	3.91	5.37	355.52	278.71	197.73
	WB	1.56	15.66	12.39	358.80	290.46	204.75

注：IT：增水处理；CK：对照处理；DT：减水区；下同。

8.2.3 异质生境下猪毛蒿种群存活分析

8.2.3.1 动态生命表

由表 8-2～表 8-4 可知，各生境下猪毛蒿种群的存活数均呈现出前期波动后期下降的趋势，2017 年 6—7 月猪毛蒿个体存活数量达到最大值，而 2018 年存活数最大值出现在 5—6 月。猪毛蒿萌发期始于 4 月初，2017 年由于开始监测的时间相对较晚（5 月 25 日），个体存活数达到了 23.56～104.44 株/m^2。但在温度升高、降水增多、土壤水分含量增高的条件下，猪毛蒿种子继续萌发，幼苗开始快速生长，在这个阶段猪毛蒿个体数呈平稳或略有增长的状态。根据 2018 年 5 月 16 日—7 月 7 日的调查结果可以明显看出这种现象，5 月 10 日降水量为 23.4 mm、5 月 19—21 日累计降水量高达 184.2 mm，这一时期日平均气温在 10℃以上，适宜植物的生长，5 月 16 日风沙土生境下对照处理的猪毛蒿存活数最高达到了 376 株/m^2，死亡数仅为 15.56 株/m^2，致死力为 0.04；灰钙土生境对照处理存活数增长至 785.33 株/m^2，死亡数为 24.89，致死力为 0.03；而基岩风化沉积土最高存活数则相对滞后，在 6 月 24 日达到 305.33 株/m^2，该时期死亡数为 6.67，致死力为 0.02。随着生育期的推进，受到自疏效应和资源限制的影响，各生境中存活数逐渐减少、死亡数逐渐增加，但幅度均较小，直至生育期末的正常死亡。

2018 年猪毛蒿种群的个体数明显高于 2017 年（$P<0.05$），这和周娟（2017）在该区域连续 5 年监测发现在年际间猪毛蒿生长存在大小波动的结果相一致。

表 8-2　2017—2018 年风沙土生境猪毛蒿种群动态生命

年份	日期	存活数			存活率			死亡数			致死力		
		IT	CK	DT	IT	CK	DT	IT	CK	DT	IT	CK	DT
2017 年	5 月 25 日	23.56	44.89	48.44	—	1.00	1.00	4.44	10.67	12.89	0.21	0.27	0.31
	6 月 13 日	19.11	34.22	35.56	—	0.76	0.73	–8.44	–8.00	–6.67	–0.37	–0.21	–0.17
	7 月 2 日	27.56	42.22	42.22	—	0.94	0.87	–4.00	1.78	–4.00	–0.14	0.04	–0.09
	7 月 21 日	31.56	40.44	46.22	1.00	0.90	0.95	3.56	10.22	10.22	0.12	0.29	0.25
	8 月 9 日	28.00	30.22	36.00	0.89	0.67	0.74	1.33	0.89	1.78	0.05	0.03	0.05
	8 月 28 日	26.67	29.33	34.22	0.85	0.65	0.71	3.56	4.44	4.00	0.14	0.16	0.12
	9 月 16 日	23.11	24.89	30.22	0.73	0.55	0.62	1.78	3.11	6.22	0.08	0.13	0.23
	10 月 5 日	21.33	21.78	24.00	0.68	0.49	0.50	—	—	—	—	—	—
2018 年	4 月 25 日	293.33	291.11	257.78	—	—	—	–39.56	–84.89	–74.67	–0.13	–0.26	–0.25
	5 月 16 日	332.89	376.00	332.44	1.00	1.00	1.00	59.56	15.56	60.89	0.20	0.04	0.20
	6 月 4 日	273.33	360.44	271.56	0.82	0.96	0.82	37.33	63.11	–5.78	0.15	0.19	–0.02
	6 月 24 日	236.00	297.33	277.33	0.71	0.79	0.83	0.44	11.11	30.22	0.00	0.04	0.12
	7 月 7 日	235.56	286.22	247.11	0.71	0.76	0.74	23.56	31.56	24.44	0.11	0.12	0.10
	7 月 29 日	212.00	254.67	222.67	0.64	0.68	0.67	8.00	15.11	19.56	0.04	0.06	0.09
	8 月 31 日	204.00	239.56	203.11	0.61	0.64	0.61	20.00	32.00	15.11	0.10	0.14	0.08
	9 月 24 日	184.00	207.56	188.00	0.55	0.55	0.57	—	—	—	—	—	—

表 8-3　2017—2018 年灰钙土生境猪毛蒿种群动态生命

年份	日期	存活数			存活率			死亡数			致死力		
		IT	CK	DT	IT	CK	DT	IT	CK	DT	IT	CK	DT
2017 年	5 月 25 日	90.22	104.44	65.78	—	—	—	–15.56	–37.33	–31.11	–0.16	–0.31	–0.39
	6 月 13 日	105.78	141.78	96.89	1.00	—	1.00	2.22	–2.67	8.00	0.02	–0.02	0.09
	7 月 2 日	103.56	144.44	88.89	0.98	1.00	0.92	11.11	27.11	8.44	0.11	0.21	0.10
	7 月 21 日	92.44	117.33	80.44	0.87	0.81	0.83	7.11	25.78	0.44	0.08	0.25	0.01
	8 月 9 日	85.33	91.56	80.00	0.81	0.63	0.83	–0.44	1.78	4.00	–0.01	0.02	0.05
	8 月 28 日	85.78	89.78	76.00	0.81	0.62	0.78	14.67	22.67	16.89	0.19	0.29	0.25
	9 月 16 日	71.11	67.11	59.11	0.67	0.46	0.61	16.44	16.89	18.67	0.26	0.29	0.38
	10 月 5 日	54.67	50.22	40.44	0.52	0.35	0.42	—	—	—	—	—	—

年份	日期	存活数			存活率			死亡数			致死力		
		IT	CK	DT	IT	CK	DT	IT	CK	DT	IT	CK	DT
2018 年	4 月 25 日	435.11	496.00	430.67	—	—	—	–207.11	–289.33	–320.89	–0.39	–0.46	–0.56
	5 月 16 日	642.22	785.33	751.56	1.00	1.00	1.00	27.56	24.89	70.67	0.04	0.03	0.10
	6 月 4 日	614.67	760.44	680.89	0.96	0.97	0.91	30.67	26.67	9.33	0.05	0.04	0.01
	6 月 24 日	584.00	733.78	671.56	0.91	0.93	0.89	–22.67	–10.22	–25.33	–0.04	–0.01	–0.04
	7 月 7 日	606.67	744.00	696.89	0.94	0.95	0.93	123.56	153.33	208.89	0.23	0.23	0.36
	7 月 29 日	483.11	590.67	488.00	0.75	0.75	0.65	133.33	106.67	111.11	0.32	0.20	0.26
	8 月 31 日	349.78	484.00	376.89	0.54	0.62	0.50	114.67	187.56	126.22	0.40	0.49	0.41
	9 月 24 日	235.11	296.44	250.67	0.37	0.38	0.33	—	—	—	—	—	—

表 8-4　2017 年、2018 年基岩风化沉积土生境猪毛蒿种群动态生命

年份	日期	存活数			存活率			死亡数			致死力		
		IT	CK	DT	IT	CK	DT	IT	CK	DT	IT	CK	DT
2017 年	5 月 25 日	39.56	39.56	39.56	—	—	—	–4.00	4.89	1.33	–0.10	0.13	0.03
	6 月 13 日	43.56	34.67	38.22	1.00	—	—	0.89	–10.67	–11.11	0.02	–0.27	–0.26
	7 月 2 日	42.67	45.33	49.33	0.98	1.00	—	0.00	0.44	–4.44	0.00	0.01	–0.09
	7 月 21 日	42.67	44.89	53.78	0.98	0.99	1.00	2.22	2.67	7.56	0.05	0.06	0.15
	8 月 9 日	40.44	42.22	46.22	0.93	0.93	0.86	1.33	1.78	0.44	0.03	0.04	0.01
	8 月 28 日	39.11	40.44	45.78	0.90	0.89	0.85	6.22	5.78	11.11	0.17	0.15	0.28
	9 月 16 日	32.89	34.67	34.67	0.76	0.76	0.64	2.67	3.56	5.33	0.08	0.11	0.17
	10 月 5 日	30.22	31.11	29.33	0.69	0.69	0.55	—	—	—	—	—	—
2018 年	4 月 25 日	223.11	252.00	238.67	—	—	—	–0.89	–19.11	34.67	0.00	–0.07	0.16
	5 月 16 日	224.00	271.11	204.00	1.00	—	—	21.33	–8.89	–72.89	0.10	–0.03	–0.31
	6 月 4 日	202.67	280.00	276.89	0.90	—	—	–9.78	–25.33	–5.78	–0.05	–0.09	–0.02
	6 月 24 日	212.44	305.33	282.67	0.95	1.00	1.00	17.33	6.67	33.78	0.09	0.02	0.13
	7 月 7 日	195.11	298.67	248.89	0.87	0.98	0.88	8.00	40.44	4.00	0.04	0.15	0.02
	7 月 29 日	187.11	258.22	244.89	0.84	0.85	0.87	29.33	29.78	64.89	0.17	0.12	0.31
	8 月 31 日	157.78	228.44	180.00	0.70	0.75	0.64	21.78	8.89	17.33	0.15	0.04	0.10
	9 月 24 日	136.00	219.56	162.67	0.61	0.72	0.58	—	—	—	—	—	—

8.2.3.2　存活分析

总体来看，2017 年和 2018 年各生境条件下猪毛蒿种群存活曲线属于 Deevey-Ⅰ型（图 8-5），即早期的死亡率较低，但达到一定时间后，死亡率增大。但 2018 年风沙土生境下猪毛蒿种群存活曲线更趋近于Ⅱ型，即对角线型，表明整个生长

周期内猪毛蒿的死亡率基本相同。灰钙土和基岩风化沉积土生境下的猪毛蒿种群存活曲线在 2 年监测期内的趋势相似。

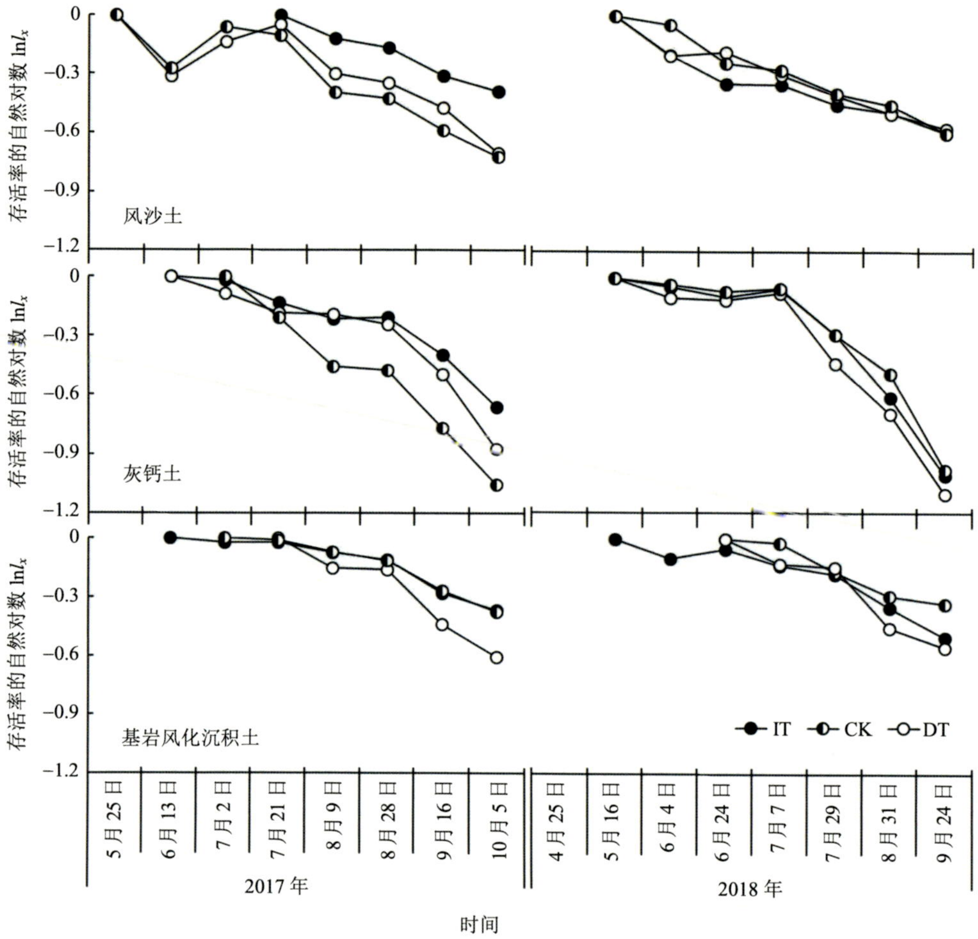

图 8-5　2017 年、2018 年异质生境下猪毛蒿种群的存活率曲线

增减水处理对猪毛蒿存活的影响是不同的。在风沙土中，2017 年的增水处理较正常和减水处理提高了猪毛蒿的存活率，但在 2018 年时却降低了存活率；在灰钙土生境中，2018 年增减水处理对猪毛蒿种群存活率的影响相对较小；而基岩风化沉积土生境中增水处理对猪毛蒿存活的影响与对照处理相差不大，总体来看，降水处理降低了猪毛蒿的存活率。

8.2.3.3 死亡分析

存活率和累积死亡率呈互补状态，即随着生育期的增加，猪毛蒿种群存活率逐渐下降，累积死亡率逐渐上升。从图 8-6 可以看出，不同生境下猪毛蒿种群在各个监测期内死亡率存在不同程度的波动，最后在 10 月前后达到了自然死亡。而不同土壤类型下死亡率的波动幅度是不一样的，风沙土和灰钙土的变幅较大，基岩风化沉积土则相对较小。整体来看，增减水处理对猪毛蒿种群死亡率的影响差异不大，只在个别时期有明显差异。

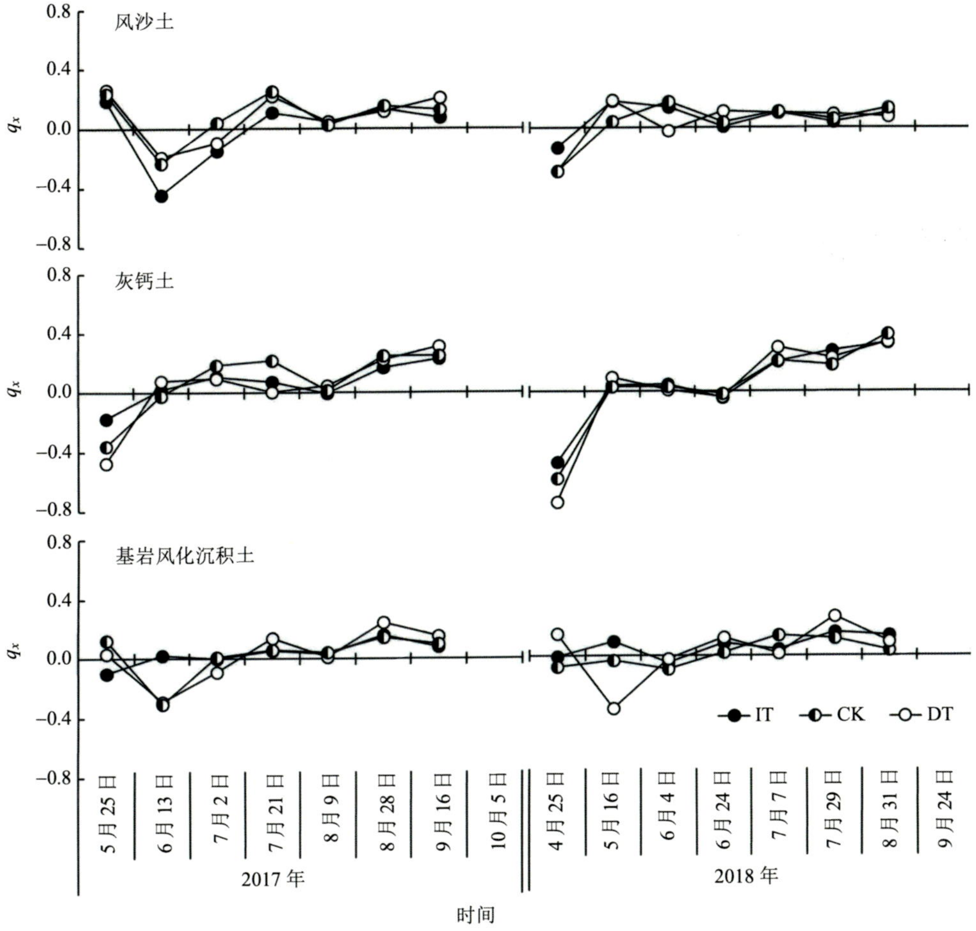

图 8-6　2017—2018 年异质生境猪毛蒿种群的死亡率曲线

不同年际间，死亡率高峰值出现的时间也是不一样的。2017 年，在风沙土生境下猪毛蒿在生育期内出现了 2 次较高的死亡率，分别在 5 月 25 日—6 月 13 日和 7 月 21 日—8 月 9 日，而 2018 年则在 5 月 16 日—6 月 4 日出现了较高的死亡率；在灰钙土生境下 2017 年出现较高的死亡率是在 8 月 28 日—9 月 16 日，2018 年出现在 7 月 7—29 日；基岩风化沉积土中死亡率相对平稳，峰值多出现在 8 月 28 日—9 月 16 日。

8.2.4 异质生境下猪毛蒿种群生长特征分析

8.2.4.1 生长特征的方差分析

土壤类型对猪毛蒿株高、冠幅、密度、盖度和生物量均有极显著的影响（$P<0.01$）。降水处理对猪毛蒿株高、冠幅和盖度有显著或极显著影响（$P<0.05$ 或 $P<0.01$），对密度和生物量则无显著影响（$P>0.05$），这可能是由于 2018 年降水丰富，因此猪毛蒿种群的生长未受到水分的影响，因此降水处理对猪毛蒿种群密度和生物量的影响不显著。而土壤类型和降水处理的交互作用对株高和冠幅有极显著影响（$P<0.01$），对密度、盖度和生物量则无显著影响（$P>0.05$），见表 8-5。

表 8-5 异质生境猪毛蒿生长差异的方差分析

生长特征	变异来源	df	F	P
株高	土壤类型	2	118.839	$<0.001^{**}$
	降水处理	2	36.938	$<0.001^{**}$
	土壤类型×水分处理	4	7.543	$<0.001^{**}$
冠幅	土壤类型	2	30.266	$<0.001^{**}$
	降水处理	2	12.228	$<0.001^{**}$
	土壤类型×水分处理	4	3.469	0.008^{**}
密度	土壤类型	2	5.656	0.005^{**}
	降水处理	2	2.245	0.113
	土壤类型×水分处理	4	0.210	0.932
盖度	土壤类型	2	29.719	$<0.001^{**}$
	降水处理	2	4.320	0.017^{*}
	土壤类型×水分处理	4	1.888	0.122

生长特征	变异来源	df	F	P
生物量	土壤类型	2	68.196	<0.001**
	降水处理	2	1.633	0.202
	土壤类型×水分处理	4	0.446	0.775

注：*为显著水平（P<0.05）；**为极显著水平（P<0.01）。

8.2.4.2 可塑性指数

从图 8-7 可以看出，不同生境下猪毛蒿各生长特征的可塑性指数存在差异。其中，冠幅的可塑性指数显著高于其他特征指标，其次为株高（P<0.05）。说明猪毛蒿在不同的生境压力下，可以通过优先调节这 2 个参数来应对生境变化（郭美玉等，2017）。从不同土壤类型来看，基岩风化沉积土下猪毛蒿生物量的可塑性指数显著高于风沙土和灰钙土（P<0.05），灰钙土和基岩风化沉积土生境下猪毛蒿种群的盖度可塑性显著高于风沙土（P<0.05），其他参数在不同土壤类型下无显著差异（P>0.05）。从增减水处理来看，除增水处理下猪毛蒿种群密度的可塑性指数显著高于对照和减水处理外（P<0.05），其他参数的可塑性指数在不同的降水处理条件下均无显著差异（P>0.05）。

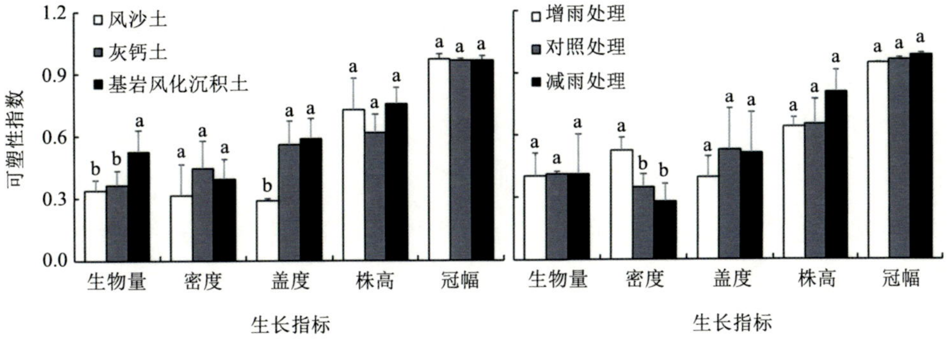

图 8-7　异质生境下猪毛蒿种群生长特征的可塑性指数

8.3 讨论与小结

8.3.1 猪毛蒿种群动态的影响因素

种子萌发、幼苗生长和成熟植株的存活、繁殖是植物生活史的主要过程（Wilbur，1976），其中幼苗阶段是个体生长最为脆弱、对环境变化最为敏感的时期（Jalili et al.，2003；Shimono et al.，2003），成为影响种群更新的“瓶颈”之一（Sánchez-Coronado et al.，2007）。幼苗的补充、生长受到群落内非生物条件（土壤类型、坡向和小气候等）的限制，其对种子的保存和萌发以及幼苗的成长都具有强大的筛选作用（张维等，2014），只有具有较强环境适应能力的幼苗才能存活，并生长发育为成年植株（苏嫄等，2014）。本研究通过连续 2 年的观测和调查，发现猪毛蒿种群在幼苗阶段，死亡率相对较低，有研究发现即使是在很小的尺度上，样地间微环境的差别对粗毛牛膝菊的生长发育仍能产生明显的影响，而这种差异也暗示了该物种具有一定的适应性，是迅速占据不同类型生境的重要原因（Callaway et al.，2003；刘刚等，2016）。在风沙土生境中，由于土壤结构松散，持水能力较差，如遇长时间的干旱，导致土壤水分含量较低，或遇到大暴雨，引起植株根系的不稳定以及根区的养分流失严重，都会导致该生境中猪毛蒿死亡率升高；而灰钙土的土体结构紧实，蓄水保墒能力较强，土壤养分相对较高，因此该生境中猪毛蒿植株的死亡率相对较低。

经典的生存对策理论认为，*r* 对策植物种群的死亡率主要是由环境的变化引起的，而与种群密度无关（张景光等，2005）。本研究通过对猪毛蒿的存活率进行分析，发现其死亡率与异质生境有关，且密度随着死亡率的改变而发生变化，这暗示着猪毛蒿种群内部存在着负密度制约效应（Jansen et al.，2014），这与 Grubb 等认为在胁迫生境中植物间会因为有限的资源进行剧烈竞争的结论相一致（徐彩琳等，2002）。由于猪毛蒿幼苗萌发的时间相对较早，且可以低温萌发，春季水分的获得使幼苗生长更具有竞争力。加之猪毛蒿释放的化学物质，使得家畜和其他动物很少啃食，存活相对容易。随着幼苗的逐渐长大，根系能够达到土壤较深处，所吸收获得的水分相对较多且能够满足植株生长，抵抗外界不利环境的能力增强，通过前期环境筛的有限作用后死亡率大大下降，渐趋于稳定；5—8月雨量较多，猪毛蒿能良好地生长发育，未受到干旱胁迫，但种群中出现了较高的死亡率，这主要是密度依赖的自疏现象，因此这个阶段竞争对种群动态起到重要的调节作用，这与诸多学者（何玉惠等，2010；王兮之等，2001；张景光等，2001）对一年生植物的研究结果相一致。此后密度逐渐趋于稳定，直至生长末期的生理死亡。以上截然不同的观点主要是由于研究者考虑问题的角度、尺度和条件不同所导致的。当然，影响植物种群动态的因素很多，特别是荒漠植物的种群动态可能是自然环境、竞争、生活史对策以及土壤特性等综合作用的结果（何玉惠等，2010）。因此，亟待进一步开展相关研究以揭示猪毛蒿种群动态的影响机理。

8.3.2 猪毛蒿对异质生境的可能适应对策

在漫长的进化过程中，植物往往形成了与之相对应的适应策略，如利用有限资源的能力、自身生物学（形态、繁殖）等特征。猪毛蒿产生大量的繁殖体（陈林等，2018），种子萌发率可以达到60%～80%（张小彦等，2010），为土壤种子库提供了丰富的种源，这使得猪毛蒿能够在该地区维持较高的繁殖体压力，为其在荒漠草原地区进一步扩大种群奠定了基础。本研究中，在相同的大区域气候背景和不同的小生境条件的共同作用下，各样地的猪毛蒿种群动态变化既有相似性，也有差异性。猪毛蒿种群在早期阶段，由于受种子数量较多的影响，萌发的幼苗个体数量也较多，由于群体规模的原因，往往具有一定的竞争力，使得其他物种不易生长。苏嫄等（2014）研究发现，黄土丘陵沟壑区坡沟立地环境下阳坡幼苗密度较小而存活率较高，阴坡幼苗密度较大但存活率较低，在生存竞争中是以“量”取胜。周娟（2017）通过连续5年监测发现，猪毛蒿在荒漠草原存在较强的连续性。

植物种子产量存在着大小年现象，种子产量存在波动性，造成对种群补充的波动性（陈远征等，2006），这可能是猪毛蒿种群在荒漠草原呈现波动的原因之一，今后需要加强猪毛蒿年际间种子生产情况。

此外，猪毛蒿种子质量轻，百粒重仅为0.002 5 g（张小彦等，2010），具有借助风力扩散的特性，有利于降低地形地貌的限制而实现远距离的扩散。加之对土壤资源（水分、养分）的高效利用，使得猪毛蒿幼苗密度相对较大且总体存活能力较强。在野外观察和实际调查过程中，发现猪毛蒿容易在地表受到干扰、土壤疏松的生境中（如翻耕地）维持较高的存活率和优势度，这可能是因为在受到人为活动干扰后，未被利用的资源叠加上原来植被群落的结构和功能遭受破坏后出现了生态位的空缺和原生植物抵抗力下降（Davis et al.，2000；刘刚等，2016）所致。

干旱区种子的萌发数量与降水的多少密切相关，但即使有一次充足的降水，土壤种子库中的种子也不会全部萌发，而是采取分批萌发，这可以极大地降低其后长期因干旱导致个体全部灭亡的风险，这一现象是否与种子的异型性有关，需要进一步研究验证。

第四篇 个体水平

DISIPIAN GETI SHUIPING

第 9 章 猪毛蒿水分利用效率特征

碳（C）是构成植物的基本元素之一，自然界中存在两种稳定的碳同位素：^{12}C（轻同位素）和 ^{13}C（重同位素），但由于二者物理化学性质不同，在植物光合作用的过程中会发生碳同位素的分馏。植物的稳定碳同位素组成（$\delta^{13}C$）主要受遗传因素的影响（冯虎元等，2000），其中 C_3 植物 $\delta^{13}C$ 值变化范围为–20‰～–35‰，C_4 植物 $\delta^{13}C$ 值的变化范围为–9‰～–17‰，CAM 植物 $\delta^{13}C$ 值的变化范围为–10‰～–22‰（Jiang，1996）。此外，在不同环境条件下，植物的 $\delta^{13}C$ 值也存在差异（冯虎元等，2003）。学者们对青藏高原北部植物叶片碳同位素组成的空间特征、现代陆生植物稳定碳同位素组成对气候变化的响应以及黑河下游不同生境胡杨的叶片碳同位素组成特征进行了研究，结果显示土壤含水量、经度、纬度和海拔等环境因素都会对 $\delta^{13}C$ 值产生一定影响（陈拓等，2003；刘贤赵等，2014；袁亚鹏等，2015）。因此，对于植物 $\delta^{13}C$ 值的研究，可以提取其生长期的环境信息。

宁夏盐池县荒漠草原地区，降水稀少，水分是限制植物生长的主要因素，影响植物的生长发育（魏胜林等，2004；徐朗然等，1997）。植物对水分的利用通常用水分利用效率（water use efficiency，WUE）表示。WUE 能反映植物对干旱的适应性（Martin et al.，1999；Ray et al.，1999）及其水分利用策略（Piconcochard et al.，2006），但其直接测定的方法费时、费力。研究表明，植物的 $\delta^{13}C$ 值与 WUE 呈很强的正相关性（Farquhar et al.，1982），且能反映植物长期生长过程的水分状况。因此，采用稳定碳同位素法是目前研究植物水分利用效率的最佳方法

（Farquhar et al.，1989；曹生奎等，2009；钟兰芳，2008），对于研究植物的水分利用效率及其生活策略且具有重要意义。

猪毛蒿在其生长过程中，叶片逐渐退化，形成同化枝，同化枝生物量在其个体构成中作用显著。以往主要研究集中在猪毛蒿的种内种间竞争（杜峰等，2006年）、化感（金海洙等，2001）及化学成分（徐汉虹等，1994；张介玲等，1991）等方面，而对荒漠草原猪毛蒿水分利用效率特征的研究相对较少，其与环境因子之间的关系尚不明确。因此，本研究以广泛分布于宁夏盐池县荒漠草原区的猪毛蒿为研究对象，通过野外调查，选取不同土壤条件和生境下猪毛蒿的同化枝，利用稳定碳同位素法，试图回答以下问题：①在宁夏荒漠草原区，猪毛蒿的水分利用效率（WUE）呈何种变化特征？②环境因子（经度、纬度、海拔及土壤水分）是否影响猪毛蒿同化枝稳定碳同位素组成？③不同生境下猪毛蒿同化枝的$\delta^{13}C$值具有怎样的变化特征？

9.1 材料与方法

9.1.1 研究区概况

研究区位于宁夏回族自治区盐池县，地势南高北低，北部与毛乌素沙地相连，东南部与黄土高原相连。气候属典型的中温带大陆性气候，年均气温 3.5℃，年均降水量 280 mm，主要集中在每年的 7—9 月，年蒸发量为 2 710 mm。土壤类型以灰钙土、风沙土为主，还有少量的基岩风化沉积土。植被类型以荒漠植被为主，主要分布有人工建植的中间锦鸡儿（*Caragana intermedia*），其间零星分布有大针茅（*Stipa grandis*）、长芒草（*Stipa bungeana*）、冰草（*Agropyron crisatum*）、苦豆子（*Sophora alopecuroides*）、虫实（*Corispermum tylocarpum*）、甘草（*Glycyrrhiza uralensis*）、老瓜头（*Cynanchun komarovll*）、猫头刺（*Oxytropis aciphylla*）和牛枝子（*Lespedeza potaninii*）等。

9.1.2 试验设计

在宁夏中部荒漠草原区选取 38 个猪毛蒿群落样地进行采样，分布范围为 37°26′49″～37°57′53″N，106°40′52″～107°39′23″E，海拔 1 320～1 534 m，见表 9-1。采样点均选择在开阔、平坦的地区，以保证生长环境中有充足的光照。所有样品于 2017 年 9 月下旬至 10 月初进行采集。先用手持 GPS 定位，记录采样点的经度、纬度和海拔，然后在各样地设置 5 个 1 m×1 m 的样方，样方间距至少 5 m。在每个样方中随机选取 1 株生长健康、没有人为干扰和病虫害影响的猪毛蒿个体，采样后装入信封。同时调查每个样方的生境信息（如土壤类型、地形类型、放牧干扰及群落类型）以及土壤体积含水率（%）。调查区内广泛分布有柠条林，考虑到灌木会对草本植物产生明显影响，因此本研究重点划分为柠条群落和无柠条群落 2 个等级。

表 9-1　38 个样地的基本信息及猪毛蒿 $\delta^{13}C$ 值

样地	纬度/°N	经度/°E	海拔/m	$\delta^{13}C$（平均值±标准误差）/%
1	37.828 24	107.501 21	1 431	−28.39±0.16
2	37.831 33	107.507 27	1 450	−27.08±0.16
3	37.822 74	107.492 53	1 393	−27.76±0.14 b
4	37.826 11	107.475 82	1 407	−27.91±0.28
5	37.832 88	107.484 92	1 425	−28.01±0.23
6	37.838 34	107.493 41	1 397	−26.30±0.37
7	37.847 61	107.500 75	1 399	−27.50±0.21
8	37.851 53	107.509 86	1 386	−27.62±0.41
9	37.863 6	107.564 93	1 334	−27.81±0.31
10	37.863 6	107.564 93	1 334	−28.30±0.30
11	37.821 68	107.496 04	1 393	−28.24±0.09
12	37.820 46	107.498 21	1 404	−27.59±0.21
13	37.817 66	107.498 26	1 382	−27.78±0.23
14	37.822 13	107.321 96	1 394	−27.53±0.50
15	37.964 97	107.079 87	1 440	−28.28±0.47
16	37.956 15	106.681 17	1 401	−28.35±0.15
17	37.895 54	106.694 02	1 468	−27.19±0.32

样地	纬度/°N	经度/°E	海拔/m	$\delta^{13}C$（平均值±标准误差）/%
18	37.691 9	106.866 81	1 357	–28.10±0.40
19	37.544 49	106.779 17	1 369	–27.70±0.25
20	37.597 09	106.835 88	1 415	–28.31±0.15
21	37.781 72	107.091 81	1 486	–28.02±0.24
22	37.774 24	107.208 32	1 534	–27.72±0.58
23	37.884 14	107.527 26	1 322	–28.14±0.20
24	37.878 71	107.551 59	1 331	–28.12±0.21
25	37.879 47	107.551 34	1 327	–28.14±0.24
26	37.879 42	107.574 32	1 332	–28.14±0.18
27	37.874 48	107.573 68	1 333	–28.42±0.11
28	37.846 58	107.656 66	1 341	–26.47±0.25
29	37.779 25	107.595 21	1 320	–27.84±0.42
30	37.787 2	107.586 12	1 336	–27.69±0.17
31	37.787 81	107.584 5	1 340	–28.29±0.20
32	37.797 19	107.531 83	1 350	–28.00±0.43
33	37.654 23	107.298 74	1 402	–27.63±0.18
34	37.630 12	107.257 14	1 443	–27.87±0.23
35	37.447 03	107.072 75	1 517	–28.48±0.49
36	37.516 34	107.018 06	1 492	–26.82±0.17
37	37.801 24	107.011 48	1 468	–27.19±0.36
38	37.776 81	107.157 84	1 533	–27.22±0.32
$\delta^{13}C$（平均值±标准误差）/%				–27.79±0.06
标准偏差 SD				0.788 35
F 值				3.158 42
P				0.001

9.1.3 猪毛蒿 $\delta^{13}C$ 值测定

将采集的猪毛蒿样品洗净后，及时放入 120℃烘箱杀青 30 min，带回实验室置于 65℃烘箱中烘干至恒重，将其同化枝分离出来，研磨，过 60 目筛制成供试样品。稳定碳同位素组成采用 Flash 2000 EA-HT 元素分析仪与 Delta V Advantage 气体稳定同位素质谱仪联用测定，样品在元素分析仪中高温燃烧后生成 CO_2，质谱仪通过检测 CO_2 的 ^{13}C 与 ^{12}C 比率，并与国际标准物比对后计算出样品的 $\delta^{13}C$

比率值，根据下列公式进行计算：

$$\delta^{13}\text{C}（‰）= [(^{13}\text{C}/^{12}\text{C})_{\text{sample}}/(^{13}\text{C}/^{12}\text{C})_{\text{standard}}-1] \times 1\ 000‰$$

整个测量误差不超过 0.1‰。

9.1.4 统计分析

采用 Microsoft Excel 2010 软件进行数据整理；采用 SPSS 22.0 软件进行单因素方差分析，并利用 LSD 进行多重比较；采用 Origin Pro 2017 软件进行图形的绘制。

9.2 结果与分析

9.2.1 猪毛蒿的同化枝 δ^{13}C 组成特征

样地内所测定的 190 份猪毛蒿同化枝样品的 δ^{13}C 平均值为–27.79‰，最大值为–25.10‰，最小值为–29.76‰，标准误差为 0.06。猪毛蒿同化枝的 δ^{13}C 值在–25.10‰～–29.76‰，如图 9-1 所示，根据 C_3 植物 δ^{13}C 值变化范围为–20‰～–35‰，可得，猪毛蒿属于 C_3 光合途径的植物。

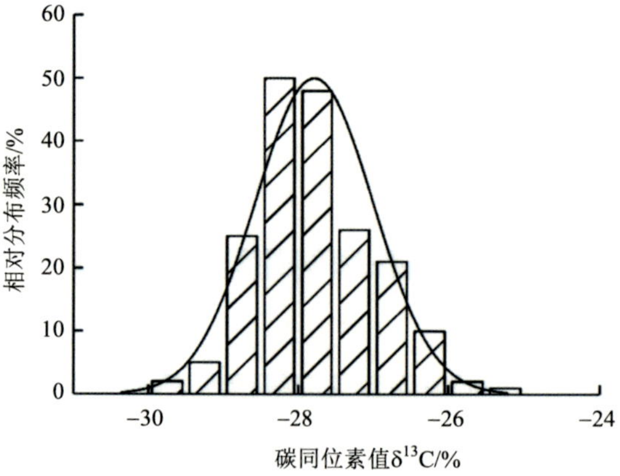

图 9-1 猪毛蒿 δ^{13}C 值分布直方图

根据单因素方差分析可得，不同样地的猪毛蒿同化枝的 δ^{13}C 值存在显著差异，见表 9-1。这是由于植物的 δ^{13}C 值可以反映其长期的水分利用效率，由此可见，猪毛蒿的 δ^{13}C 值存在空间差异，反映了猪毛蒿的水分利用效率也存在空间差异。

9.2.2　环境因子对猪毛蒿同化枝 δ^{13}C 值的影响

图 9-2 显示，190 个猪毛蒿同化枝 δ^{13}C 值与环境因子间的关系：δ^{13}C 值与经度（A）、δ^{13}C 值与纬度（B）、δ^{13}C 值与海拔（C）和 δ^{13}C 值与土壤水分（D）。分析可得：在宁夏盐池县荒漠草原区，猪毛蒿同化枝 δ^{13}C 值与经度（R^2=0.200）、纬度（R^2=0.120）、海拔（R^2=0.021）、土壤水分（R^2=0.008）进行线性拟合，虽然猪毛蒿同化枝 δ^{13}C 值与经纬度、土壤水分表现出相反的趋势，与海拔表现出相同的趋势，但它们之间的相关关系均不具有统计学意义（P>0.05）。

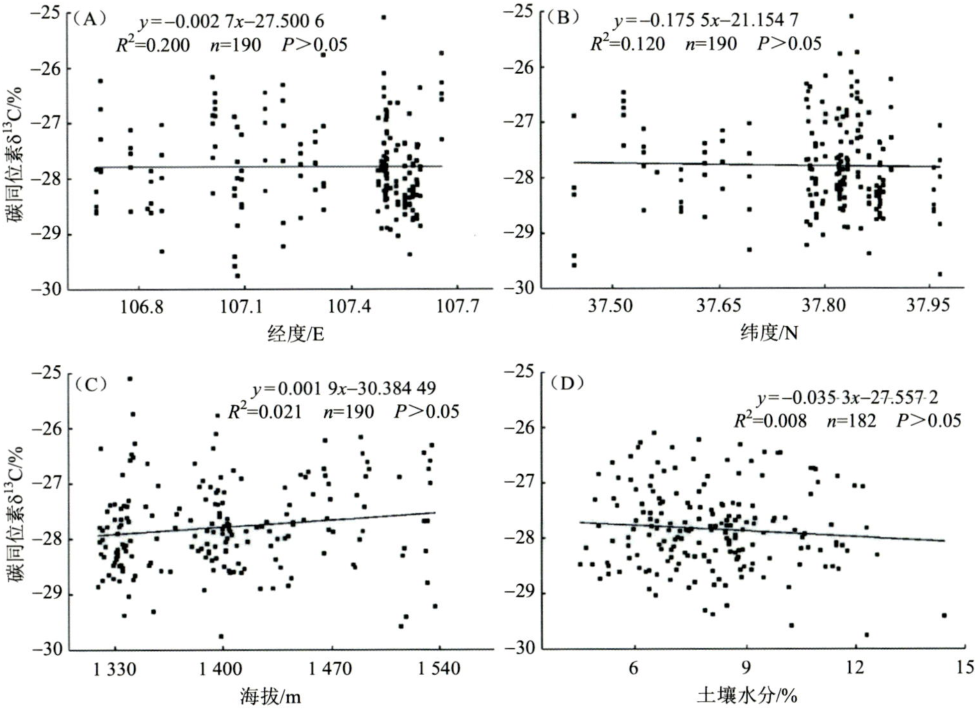

图 9-2　猪毛蒿同化枝稳定碳同位素值（δ^{13}C）与环境因子的关系

9.2.3 不同生境对猪毛蒿同化枝 δ13C 值的影响

图 9-3 为在不同的生境条件下，猪毛蒿同化枝 $\delta^{13}C$ 值的变化特征。根据研究区内猪毛蒿生长土壤类型的不同，将 38 个样地的土壤类型分为 3 种：风化基岩残积土、风沙土和灰钙土。不同的生长土壤类型（E），猪毛蒿同化枝 $\delta^{13}C$ 值之间存在差异，其中灰钙土下，猪毛蒿同化枝 $\delta^{13}C$ 值高于风沙土和风化基岩残积土；不同的地形类型（F），猪毛蒿 $\delta^{13}C$ 值也存在差异，坡中的猪毛蒿同化枝 $\delta^{13}C$ 值最低，而坡上的猪毛蒿同化枝 $\delta^{13}C$ 值最高；此外，受到放牧干扰时（G），猪毛蒿 $\delta^{13}C$ 值低于未受到放牧干扰（$P<0.05$）；柠条群落下（H），猪毛蒿的 $\delta^{13}C$ 值高于无柠条群落。

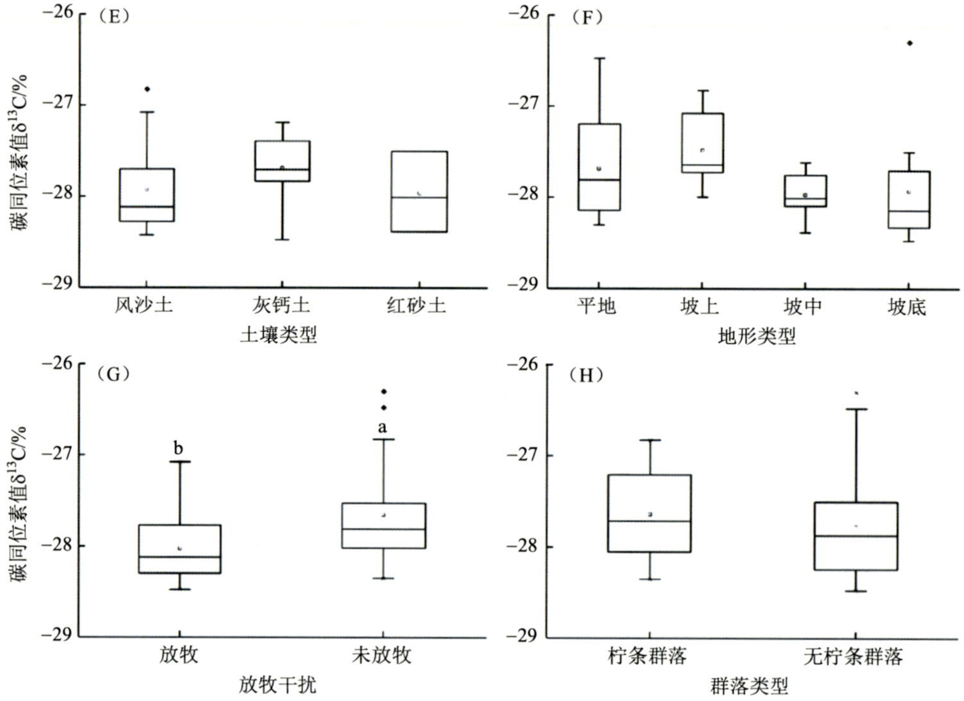

图 9-3 不同生境条件下猪毛蒿同化枝 δ13C 值的变化

注：图中的“•”表示离群值。

9.3 讨论与结论

9.3.1 猪毛蒿 $\delta^{13}C$ 值的组成特征

在植物的光合作用过程中，C_3 植物利用卡尔文循环固定 CO_2，形成初级光合产物磷酸甘油酸，在此过程中产生较强的同位素分馏；而 C_4 植物则利用二羧酸（Hatch-Slack）循环，生成初级光合产物草酰乙酸，该过程产生较弱的同位素分馏（刘贤赵等，2014），故 C_4 植物的 $\delta^{13}C$ 值较 C_3 植物的 $\delta^{13}C$ 值偏重。本研究中，根据所测得的猪毛蒿同化枝 $\delta^{13}C$ 值，平均值为–27.79‰，可知猪毛蒿属于 C_3 光合途径的植物。猪毛蒿同化枝的 $\delta^{13}C$ 值存在空间差异，这表明植物自身的遗传因素起着决定性作用，而外部环境因素也会对猪毛蒿同化枝 $\delta^{13}C$ 值产生一定的影响。

9.3.2 环境因子对猪毛蒿 $\delta^{13}C$ 值的影响

植物 $\delta^{13}C$ 值受叶片气体交换调控生理机制的影响。通常情况下，外部环境因素（Li et al.，2015b；赵丹等，2017；朱林等，2005）通过影响植物叶片的气体交换，使植物 $\delta^{13}C$ 值发生变化。影响植物 $\delta^{13}C$ 值的环境因子很多，如经纬度、海拔和土壤水分等。陈拓等（2003）认为，经度、纬度与植物叶片碳同位素组成呈负相关关系，这种经纬度效应主要受温度和相对湿度变化的影响。对于 C_3 植物 $\delta^{13}C$ 值随海拔高度的变化已有大量研究，Wang 等（2010），Stuiver 等（1987），Morecroft 等（1990）都认为，海拔与植物的稳定碳同位素组成呈正相关关系。海拔越高，植物的光合速率或 CO_2 的利用效率也越高，使得植物的 C_i/C_a（胞间 CO_2 浓度与空气 CO_2 浓度之比）随海拔的增大而降低（Körner et al.，1994）。而 C_3 植物 $\delta^{13}C$ 与 C_i/C_a 呈负相关，因此植物 $\delta^{13}C$ 值随海拔的升高而增大。本研究中，猪毛蒿同化枝 $\delta^{13}C$ 值与经纬度表现出相反的趋势，与海拔表现出相同的趋势，但是经纬度、海拔以及土壤水分对猪毛蒿同化枝 $\delta^{13}C$ 值的影响不明显。这可能主要是由于本研究取样地理范围和地形起伏落差均相对较小，因此导致了猪毛蒿同化枝 $\delta^{13}C$ 值无显著差异。

土壤水分一般在干旱或植物生理干旱时会影响植物稳定碳同位素组成，降低植物的气孔导度，减弱植物对 ^{13}C 的分馏能力（冯虎元等，2003）。研究发现，土壤水分与植物 $\delta^{13}C$ 值呈负相关关系（Ares et al.，1999；Su et al.，2000；曹生奎等，2012）。当植物受到干旱胁迫时，会选择性的关闭部分气孔，使得进入植物体内的 CO_2 浓度降低，从而引起 $\delta^{13}C$ 值升高。研究中也得出了猪毛蒿同化枝 $\delta^{13}C$ 值与土壤水分表现出相反的趋势，但由于本研究取样时间在秋季，降水量较多，因此，导致土壤水分与猪毛蒿稳定碳同位素组成之间没有显著相关性。由此可以看出，猪毛蒿的叶片退化为长卵形，由同化枝进行光合作用，缩小叶面积，以减少水分散失，从而更好地适应干旱的荒漠环境。

9.3.3 不同生境下猪毛蒿 $\delta^{13}C$ 值的变化特征

植物的生长与其生存环境是紧密相关的，生境会对植物的生长、发育和分布造成影响（宋玲玲等，2017；杨成等，2007）。因此，植物的碳同位素的组成不仅能反映出植物生长时的生理生态适应特性（袁亚鹏等，2015），也能反映出植物生存的小环境。前人的研究结果表明（陈世苹等，2004；王国安等，2003），不同生境下的植物 $\delta^{13}C$ 值变化明显。在本研究区内不同土壤类型下猪毛蒿的 $\delta^{13}C$ 值存在差异，其中灰钙土上生长的猪毛蒿的 $\delta^{13}C$ 值最大。这是由于土壤养分、土壤质地及土壤水分等对猪毛蒿 $\delta^{13}C$ 值造成的影响（杨成等，2007）。土壤养分对水分利用效率也具有重要作用，相关研究表明（张岁岐等，1996），合理的营养元素搭配，在一定程度上能够改善植物间的水分关系，提高植物的气孔调节能力、渗透调节能力、净光合速率及水分利用效率等。由此可见，生长在灰钙土上的猪毛蒿，其水分利用效率高于风沙土、风化基岩残积土。此外，不同地形类型的猪毛蒿的 $\delta^{13}C$ 值存在差异，但差异并不明显，其中坡上的猪毛蒿 $\delta^{13}C$ 值较大，这是由于地形较为平缓，起伏不大，地形因素对于猪毛蒿 $\delta^{13}C$ 值的影响较小。

放牧干扰通常会对植物生长的环境、内部元素的含量造成影响（Miller et al.，2001）。An Hui 等（2015）对宁夏地区植物 $\delta^{13}C$ 值对放牧的影响做了研究，发现大多数 C_3 植物 $\delta^{13}C$ 值受到放牧干扰时，会呈现下降的趋势。朱国栋（2016）在对内蒙古荒漠草原植物的 $\delta^{13}C$ 值与放牧关系的研究中，也得出了 C_3 植物在放牧的条件下出现了不同程度的降低。本研究的结果与前人的研究结论相似，即受到放牧干扰，猪毛蒿的 $\delta^{13}C$ 值显著低于未受到放牧干扰条件下（$P<0.05$）猪毛蒿的 $\delta^{13}C$ 值。这可能是由于放牧降低了土壤含水量，从而使猪毛蒿的 $\delta^{13}C$ 值下降。另一原因可能是家畜的粪尿会改变植物生长的微环境，增加了该区域大气中 CO_2 浓度，而使植物的 $\delta^{13}C$ 值下降（姜圆圆，2012）。顾梦鹤等（2017）；左小安等（2009）研究表明干旱地区的灌木会影响草本植物的生长。在柠条的生境下，猪毛蒿的 $\delta^{13}C$ 值较大。这可能是由于柠条自身的生长特性，对猪毛蒿产生一定的遮阴效应，导致猪毛蒿的气孔导度增大，而 $\delta^{13}C$ 值减小。

综上所述，宁夏荒漠草原区的猪毛蒿，其同化枝的稳定碳同位素的组成存在空间差异，即其水分利用效率也存在空间差异，这主要是受到各种生境因素（土壤类型、地形类型、放牧干扰和群落类型）的影响。由此可以看出，生长在灰钙土、坡上、柠条群落以及未受到放牧干扰生境下的猪毛蒿，其稳定碳同位素组成较高，即水分利用效率也较大。

第 10 章 猪毛蒿繁殖特征

“繁殖”不仅是种群形成、发展和进化的核心问题之一，也是生物群落和生态系统演替的基础（陈亭等，2014）。不同种类的植物采取不同的繁殖方式以维持其种群的延续，并形成多样化的分布格局（L'Hérault et al.，2013；王芸芸等，2014）。因此，繁殖特征在一定程度上反映了植物适应环境变化的策略（Gélin et al.，2016；肖红等，2018）。同时，了解植物的繁殖特征也是制定有效管理措施的重要依据（Kendall et al.，2011），特别是植物自然繁殖更新能力作为干旱区植被管理和恢复实践的重要研究内容，一直受到人们的关注（Vavrek et al.，1997；刘志民等，2003）。植物繁殖对策是通过调整资源分配模式，以最佳的分配策略适应变化的环境（Fabbro et al.，2004），提高植物自身适合度的组织过程（何维明等，1997），是植物生活史过程中最为关键的环节（张景光等，2005），也是生物群落演替和维持生态系统功能的基础。植物繁殖对于揭示植物生长、生殖和生存之间协同进化关系具有重要意义和应用价值。植物的繁殖对策千差万别（Hyun et al.，2019），研究植物在不同生境下的繁殖对策，能够反映出植物对环境的适应能力和在该环境中的生殖潜能（李媛媛等，2013），可为理解该地区物种多样性的形成机制提供有价值的参考（黄至欢等，2017），植物繁殖早已引起生态学界的高度重视（刘左军等，2002）。自 20 世纪 80 年代以来，在生态学领域对植物繁殖适应性的研究逐渐增多，繁殖生态学成了国际生态学领域一个新的热点（Xu，1999；王一峰等，2012；张大勇等，2001）。

植物表型可塑性被定义为同一个基因型植物响应并适应在不同生境下改变形态、生理和行为等现象或能力的特性（Pfennig，2016），也可以是一个基因型植物在环境作用下能表达的表型范围（Nicotra et al.，2010），是植物对环境条件或刺激作出的重要反应和方式（Agrawal，2001；潘晓云等，2006）。凭借表型可塑性，植物可以获取更多资源，占据广阔的地理范围和多样化的生境，使其具有更宽的耐受范围和更好的耐受性，从而成为生态位理论中的广幅种（杨贺雨等，2016）。一般来说，具有较大可塑性的植株，能更好地适应环境的变化（Richards et al.，2006）。植物对环境的响应性是反映植物对环境适应过程中内部与外部不同功能之间的权衡，是植物在特定环境下生存适应策略的重要表现（Hde et al.，1991），因此，研究植物表型可塑性具有重要的生态学意义（何军等，2009）。加之由于植物分布广、易生长繁殖，而且植物的表型可塑性指标测量简单易行，可明显地呈现出环境对其生长和发育的影响（王丹等，2015），长期以来，一直受到相关学者的关注（黎磊等，2016）。在近 30 年中对不同植物可塑性研究的数量呈指数增长（翟偲涵等，2017）。

在自然条件下，植物生长繁殖所处的生境条件和所需资源往往呈现出异质性分布（Chen et al.，2004），不仅在大的空间尺度上存在，在小的空间尺度上也被探测到（董鸣，1996），甚至 10 cm 尺度上微生境的异质性也有学者进行了研究（Gray et al.，1997），均发现生境的异质性会对植物的生长、定居、存活及分布等产生影响。宁夏中部荒漠草原相对海拔变化较小，无明显的气候垂直分布区域，海拔差异不会对气压、气温的差异等造成很大影响，该区域土壤水分、养分状况主要是受土壤类型差异的影响。水分是影响该地区植物存活、生长和繁殖的关键性限制因子之一（Berndtsson et al.，1994），由于受地形地貌的影响，小空间尺度范围内的土壤含水量也会发生较明显的变化，进而造成植被空间分布格局的差异（刘方等，2008；赵连春等，2017），植被类型往往表现为斑块性（宋乃平等，2018）。因此，生境异质性是影响植物的重要因素（Palmer et al.，2010；陈云等，2016；王慧杰等，2016）。而植物的繁殖性状受到内在遗传和外在环境因子的共同影响（李冰等，2013），外在环境的作用对植物的影响更显著（张大勇等，2001）。分析影响植物繁殖特征的众多因素并找出主要影响因子，是需要重点研究的内容。但从不同的角度研究同一个问题，经常会得出相反的结论（Mayer et al.，2011）。所以从不同的因素中综合分析并找出影响植物繁殖特征的主要因素，是摆在植物繁殖生态学家面前的挑战（任明迅等，2012）。在众多的环境因子中，土壤因子往往制约着荒漠植物的生命过程，起着重要的关键性作用（霍举颂等，2017）。

本章重点探索以下几方面问题：①在荒漠草原，异质生境下猪毛蒿是否具有表型可塑性？②异质生境下猪毛蒿的个体大小对投入到繁殖的绝对值和繁殖分配是否有影响？③哪些土壤因子对猪毛蒿繁殖特征会起主要影响作用？以期回答猪毛蒿的繁殖适应对策，为荒漠草原的恢复及管理提供基础资料和科学依据。

10.1　材料与方法

10.1.1　样地选择

本部分内容同 7.1.1 节内容。

10.1.2　植株特征和繁殖特征测定

植株特征的调查方法同 7.1.2 节内容。

本研究中猪毛蒿个体大小以地上生物量干重表示（何玉惠等，2009；刘左军等，2002）；繁殖器官大小以头状花序干重表示。统计单株猪毛蒿的生物量、繁殖体数量、繁殖体重量，并计算单个繁殖体重量，单个繁殖体重量为单株繁殖体重量与单株繁殖体数量的比值。繁殖分配为繁殖器官干重占总生物量干重的百分比。

10.1.3　土壤因子测定

在所调查的植株样方内，采用便携式土壤水分测量仪（England，ML3）和数显式土壤紧实度仪（USA，SC-900）分别对 0～10 cm、10～20 cm 土层土壤水分和 0～5 cm、5～10 cm、10～20 cm 土壤硬度进行测量。pH 于 5∶1 水土比悬液采用电位法测定；电导率于 4∶1 水土比悬液采用伏安法测定；全盐通过电导率换算而成；易氧化碳采用 $KMnO_4$ 氧化比色法测定；水溶性碳采用蒸馏水浸提–0.45 μm 滤膜过滤，K_2CrO_7 法测定；有机碳采用 K_2CrO_7 氧化法测定；全碳采用元素分析仪测定；全磷采用钼锑抗比色法测定；速效磷采用 0.5 mol/L $NaHCO_3$ 浸提-钼锑抗比色法测定；速效钾采用乙酸铵浸提-火焰光度法测定；全氮采用凯氏定氮法测定；碱解氮采用碱解扩散法测定（鲍士旦，2000）。

10.1.4 数据统计与分析

对个体大小应该用营养器官生物量还是地上部分总生物量来衡量并不统一，本研究中猪毛蒿个体大小以地上部分生物量干重为准（何玉惠等，2009；刘左军等，2002）；繁殖器官大小以头状花序干重为准；营养器官是根、茎和叶的干重之和；株高为主茎最上端与地面间的自然高度；冠幅为东西向长度和南北向长度的乘积；繁殖分配为繁殖器官干重占植物个体总生物量干重的百分比。在位置效应分析中，将植株按株高平均分为上部、中部和下部（韩春等，2016），分别统计单株猪毛蒿各部位的生物量、繁殖体数量和繁殖体重量，并计算单个繁殖体重量，单个繁殖体重量为单株繁殖体重量与单株繁殖体数量的比值。采用经典的异速方程：$Y=\beta x^{\alpha}$ 进行异速增长关系分析，个体大小与繁殖器官的数据进行对数转换以去除变量偏差对回归系数的影响，然后进行统计分析相关性（赵志刚等，2004）。根冠比为地下生物量和地上生物量的比值（卓露等，2014）。

可塑性的表达方式有很多，最基本的一种是计算特征平均值的差异，目前很多常用的公式衍生于此（王姝和周道玮，2017）。还可直接用方差分析得出的环境因子导致的特征变异程度评价可塑性（Richter et al.，2012），本研究采用两者结合的方法进行分析：0～20 cm 土层土壤含水量与田间持水量（风沙土田间持水量实测值为 23.9%，灰钙土为 29.3%，风化基岩为 24.6%）的百分比，即土壤相对湿度（李柏贞等，2014）进行统计分析，划分出＜30%、30%～40%和＞40%三个等级。0～20 cm 土层土壤硬度为 0～5 cm、5～10 cm 和 10～20 cm 土层土壤硬度的加权平均值。变异系数为标准差与平均值之比。

在 SPSS 21.0 软件中进行统计、计算、分析和制图，采取单因素方差分析和最小显著差异法分析异质生境土壤理化性质、猪毛蒿生长指标以及各生物量等方面的差异。采用 RStudio 和 Canoco 5.0 软件绘制猪毛蒿繁殖特征和植株特征的相关关系图、分析在不同土壤类型下猪毛蒿繁殖特征和土壤因子之间的关系。将样地内猪毛蒿的繁殖特征指标设为响应变量，包括单株头状花序数量、单个头状花序质量、单株头状花序质量和繁殖分配；将土壤因子中的不同深度土壤水分、不同深度土壤紧实度、易氧化碳、水溶碳、有机碳、全碳、速效磷、速效钾、碱解氮、全氮、全磷、pH 和全盐等 18 个指标综合构建解释变量。选择用 RDA 还是 CCA 分析，做趋势对应分析，根据分析结果中 Axis Lengths 的第一轴，如果＞4.0，就选 CCA（基于单峰模型，典范对应分析），如果为 3.0～4.0，选 RDA 和 CCA 均可，如果＜3.0，RDA 的结果会更合理（基于线性模型，冗余分析），本操作在 RStudio 软件中执行。分析结果表明第一排序轴长＜3.0，因此本研究以 RDA 进行猪毛蒿种群繁殖特征与土壤因子的关系分析，使用 Monte Carlo 检验判断变量的解释能力。

10.2 结果与分析

10.2.1 不同土壤类型生境下个体与繁殖分配的关系

10.2.1.1 异质生境

猪毛蒿生长的 3 种土壤生境下，0～20 cm 土壤水分存在明显的差异，65 个灰钙土测量点的平均含水率极显著高于风沙土（105 个测量点）和基岩风化残积土（20 个测量点）（P＜0.01）。0～20 cm 平均土壤硬度也存在显著差异（P＜0.05），灰钙土平均硬度为 1 779.01 kPa，基岩风化残积土则为 1 412.56 kPa，风沙土结果最小，仅为 506.18 kPa。调查样地中植被的总盖度无显著差异（P＞0.05），但基岩风化残积土中猪毛蒿的盖度显著低于其他 2 种生境（P＜0.05）。春萌猪毛蒿的密度间无显著差异（P＞0.05），但灰钙土中的秋萌苗达到了 227.23 株/m^2，显著高于风沙土（135.69 株/m^2）和基岩风化残积土（88.47 株/m^2）（P＜0.05），见表 10-1。

表 10-1 猪毛蒿不同生境特性的比较

生境		基岩风化残积土			风沙土			灰钙土			F值	P
		最小值	最大值	平均值	最小值	最大值	平均值	最小值	最大值	平均值		
0～20 cm 土壤水分/%		5.80	13.00	8.37 B	4.53	12.30	7.45 B	5.57	23.10	9.76 A	19.11	<0.001
0～20 cm 土壤硬度/kPa		703	2518	1 412.56 B	333	994	506.18 C	241	3719	1 779.01 A	3.11	0.047
植被盖度/%		10	75	40.93 A	15	85	44.82 A	15	95	48.42 A	1.12	0.328
猪毛蒿盖度/%		2	65	20.53 B	5	85	36.23 A	4	95	34.15 A	3.52	0.032
猪毛蒿密度/（株/m^2）	春萌苗	1	632	106.20 A	1	380.00	68.85 A	2	713	68.34 A	1.07	0.346
	秋萌苗	0	220	88.47 C	0	1140	135.69 B	0	1052	227.23 A	3.06	0.049

注：同行不同字母表示不同生境间差异显著（P<0.05）。

10.2.1.2 生长及生物量特征

分析结果显示，灰钙土生境下猪毛蒿平均株高（28.1 cm）略大于风沙土（27.9 cm），但差异未达到显著水平（P>0.05），与基岩风化残积土生境下（19.1 cm）差异显著（P<0.05）。灰钙土和风沙土中猪毛蒿平均冠幅分别高出基岩风化残积土的 63.71%和 42.48%，但差异未达到显著水平（P>0.05）。而灰钙土中茎粗平均值为 3.84 mm，风沙土为 2.95 mm，分别显著高出基岩风化残积土中猪毛蒿平均茎粗的 1.46 倍和 0.89 倍（P<0.05）。平均单株生物量差别较大，灰钙土中高达 10.60 g，风沙土中为 7.07 g，基岩风化残积土仅为 1.28 g，但经方差分析，各生境下单株生物量未达到显著差异（P>0.05），如图 10-1 所示。

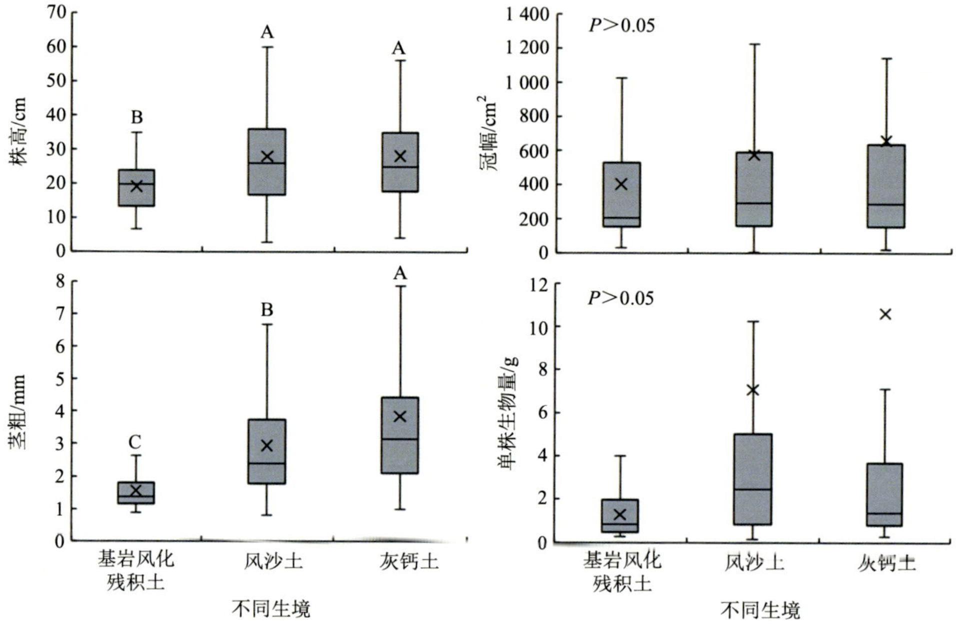

图 10-1　不同生境下的猪毛蒿生长指标及生物量特征

注：图中符号“×”表示平均值，下同。

10.2.1.3　生物量间的相关关系

所调查的猪毛蒿个体中营养器官平均重量为 4.52 g，繁殖器官重量为 3.73 g。其中，基岩风化残积土生境下营养器官平均重量仅为 0.69 g，繁殖器官平均重量为 0.59 g；风沙土中猪毛蒿营养器官平均重量为 3.81 g，繁殖器官平均重量为 3.25 g；而灰钙土生境下猪毛蒿的营养器官平均重量为 5.78 g，繁殖器官平均重量则为 4.82 g。基岩风化残积土中单株猪毛蒿的生物量较小，营养器官和繁殖器官生物量也较小，风沙土和灰钙土营养器官平均重量多集中在 0～20 g。总体来看，荒漠草原中猪毛蒿的繁殖器官生物量和营养器官生物量间呈线性正相关关系（R^2=0.972，P<0.001），如图 10-2 所示。

不同生境下猪毛蒿的繁殖体数量主要分布在 0～30 000 个，单株繁殖体重量多集中在 0～20 g。其中，基岩风化残积土生境下单株猪毛蒿的繁殖体平均个数仅为 941.47，繁殖体平均重量也仅为 0.59 g；风沙土中单株猪毛蒿繁殖体个数为

4 700.94，平均繁殖体重量为 3.25 g；而灰钙土中繁殖体个数高达 7 283.31，繁殖体平均重量为 4.82 g。单株猪毛蒿繁殖体数量越多，繁殖体的重量也就越多，存在显著的正相关关系（R^2=0.986，P＜0.001），说明猪毛蒿的繁殖体数量和质量间也存在着正向权衡。

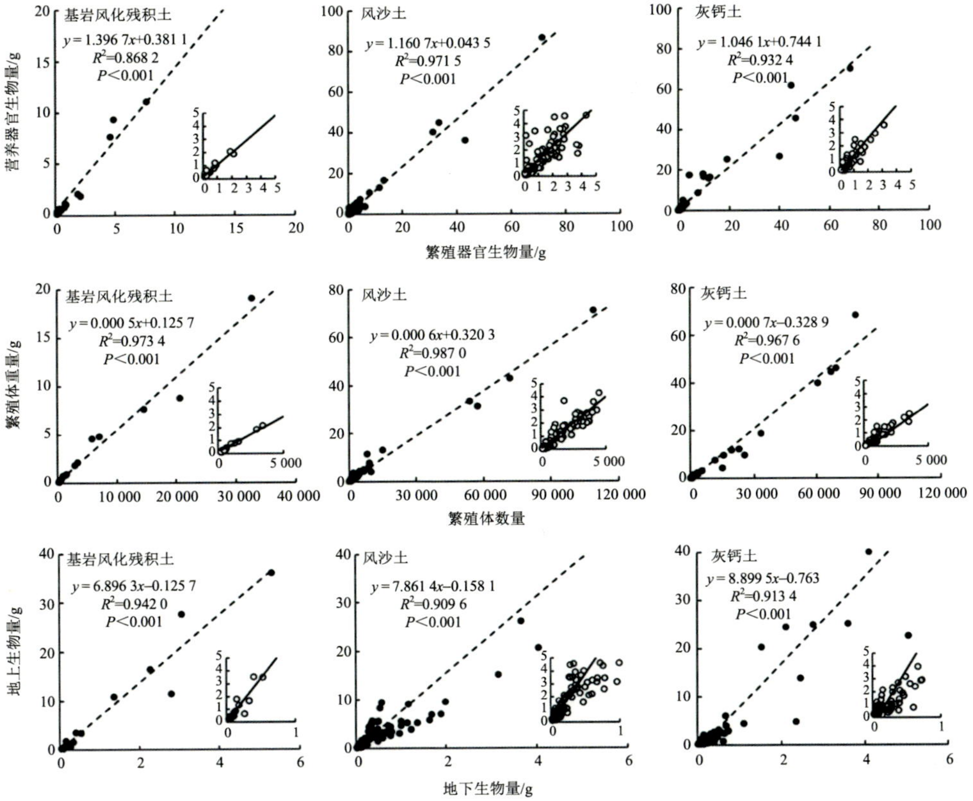

图 10-2 猪毛蒿各组生物量之间的线性回归关系

单株猪毛蒿地上生物量多集中在 0～10 g，平均值为 7.32 g，地下生物量则在 0～2 g，平均值为 0.94 g。基岩风化残积土中猪毛蒿平均地上生物量为 5.96 g，地下生物量则为 0.87 g；风沙土中地上生物量平均值为 6.26 g，地下生物量则为 0.82 g；灰钙土中地上生物量平均值为 9.45 g，地下生物量则为 1.15 g。可以看出，随着地下生物量的增大，地上生物量也呈线性增加，分析表明单株猪毛蒿地上生物量和地下生物量间存在着极显著的正相关关系（R^2=0.953，P＜0.001），同样说明猪毛蒿的地上和地下生物量间也存在着一定的权衡。

10.2.1.4 位置效应

猪毛蒿不同部位的地上生物量、繁殖体数量、繁殖体重量和单个繁殖体重量变化情况见图 10-3。单株猪毛蒿地上生物量在 3 种生境下平均重量为：风沙土＞灰钙土＞基岩风化残积土，但 3 种生境下差异并不显著（$P>0.05$）；风沙土和灰钙土生境下的猪毛蒿地上生物量不同部位平均重量表现出下部＞中部＞上部的位置布局，而基岩风化残积土中则表现出中部＞下部＞上部，但各部位间未能达到

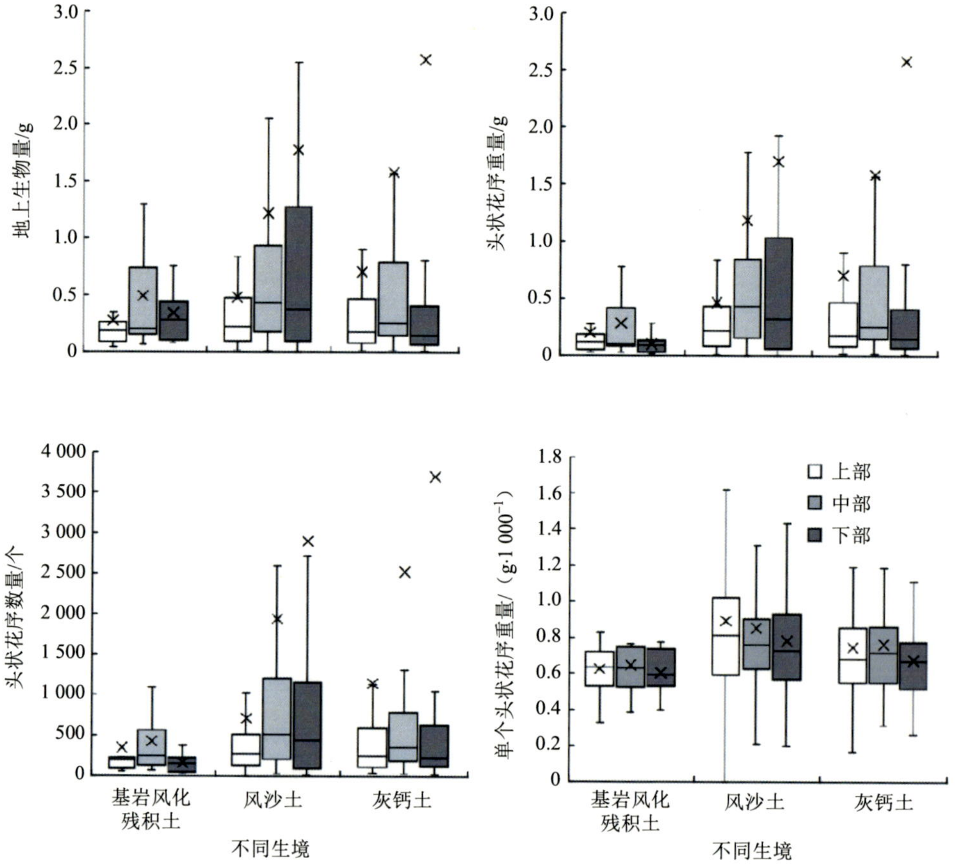

图 10-3 不同土壤类型下的猪毛蒿个体大小和繁殖器官格局特征

显著差异（$P>0.05$）。繁殖体重量和单株繁殖体数量也表现出相同的趋势，同样经过方差分析，不同生境下和各部位间差异均不显著（$P>0.05$）。繁殖体重量中，基岩风化残积土、风沙土和灰钙土生境间分别为 1.87×10^{-6} g、2.52×10^{-6} g 和 2.18×10^{-6} g，无显著差异（$P>0.05$）；基岩风化残积土和灰钙土生境下猪毛蒿上部、中部、下部单个繁殖体重量分别为 0.62×10^{-6} g、0.64×10^{-6} g、0.60×10^{-6} g 和 0.75×10^{-6} g、0.76×10^{-6} g、0.67×10^{-6} g，均表现出中部＞上部＞下部，而风沙土中上部平均重量为 0.89×10^{-6} g，高于中部 0.85×10^{-6} g 和下部 0.78×10^{-6} g，但不同生境下猪毛蒿各部位单个繁殖体重量间差异均不显著（$P>0.05$）。

10.2.1.5 个体大小依赖的繁殖器官绝对投入量

根据繁殖器官生物量与重量存在的异速增长效应（Sugiyama et al.，1998；Weiner et al.，2009），按照侯勤正等（2016）的分析方法，对繁殖器官生物量与个体重量进行对数转换后，讨论两者间的线性关系。结果显示，猪毛蒿的繁殖器官绝对投入量（lg R）在 3 种生境下均随着重量（lg V）的增大而增加，且呈现出极显著的正相关关系（$P<0.001$）。当 y 轴为 0 时，基岩风化残积土、风沙土和灰钙土 3 种生境下 x 轴的截距（图中虚线）分别为 0.316、0.292 和 0.299，表明猪毛蒿繁殖需要一个最小的个体重量，即存在繁殖阈值，所应对繁殖阈值的个体重量分别为 2.07 g、1.96 g 和 1.99 g，如图 10-4 所示。

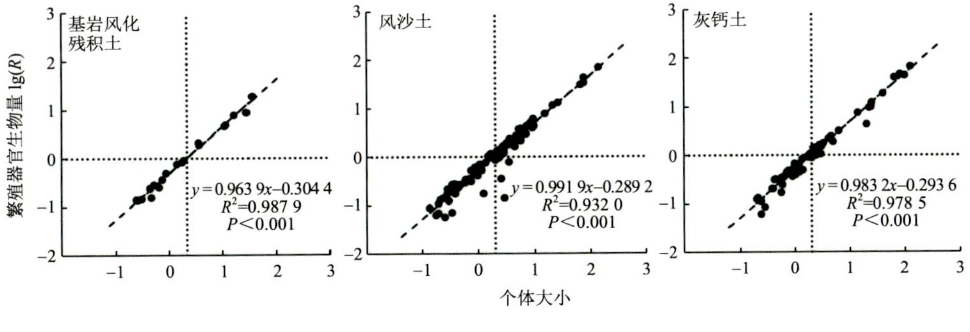

图 10-4 不同土壤类型下猪毛蒿繁殖器官生物量（lg R）和个体大小（lg V）的相关性

10.2.1.6 个体大小依赖的繁殖分配

整体来看，基岩风化残积土生境下猪毛蒿的繁殖分配（0.494±0.082）略低于风沙土（0.536±0.129）和灰钙土（0.516±0.105），但三者间均未达到显著差异（$P>0.05$）。从猪毛蒿繁殖分配和个体大小的关系来看，3 种生境下均呈现出负相关关系，经 Pearson 相关性分析，基岩风化残积土、风沙土和灰钙土生境下的相关系数分别为–0.327、–0.045 和–0.024，但均未达到显著相关水平（$P>0.05$），如图 10-5 所示。

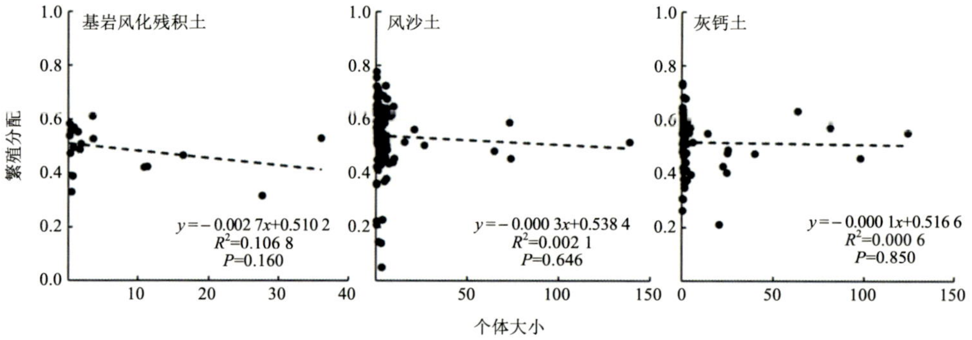

图 10-5 不同土壤类型下猪毛蒿植株个体大小与繁殖分配的关系

10.2.1.7 生物量的权衡

由图 10-6 可以看出，不同土壤生境下单个头状花序重量为：风沙土（$0.812\times1\ 000^{-1}$ g）＞灰钙土（$0.722\times1\ 000^{-1}$ g）＞基岩风化残积土（$0.614\times1\ 000^{-1}$ g）。不同生境下猪毛蒿单个头状花序重量和个体大小、单个头状花序重量和每株头状花序数量间呈负相关关系。虽然大量研究已经发现，花的数量和大小之间存在权衡关系（王一峰等，2015），但也有学者研究发现 *Amphibromus scabrivalvis* 的这种权衡仍未被有力证明（Cheplick，1995），这与本研究对猪毛蒿的研究结果相一致。

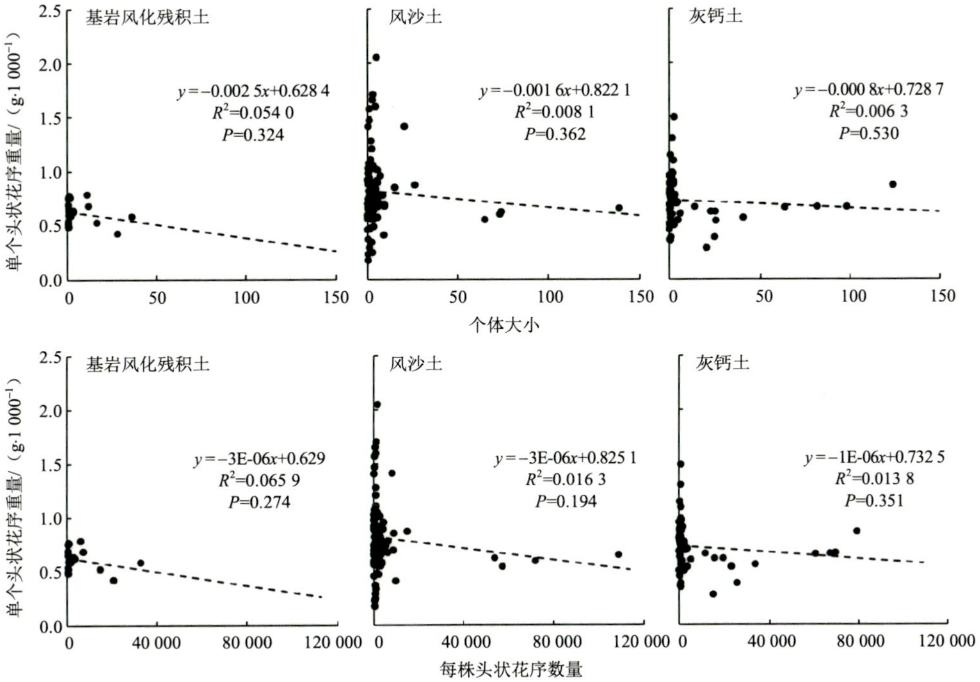

图 10-6 不同土壤类型下单个头状花序重量与个体大小、每株头状花序数量间线性关系

10.2.2 不同土壤相对湿度生境下个体大小与繁殖分配的关系

10.2.2.1 生长和生物量特征

从图 10-7 可以看出，当土壤相对湿度＞40%时，猪毛蒿的株高（42.51 cm）极显著高于其他两种土壤相对湿度生境，且土壤相对湿度＜30%的株高（22.84 cm）又极显著低于 30%～40%的土壤相对湿度生境（27.88 cm）（P＜0.001）。土壤相对湿度＞40%的猪毛蒿平均茎粗为 4.44 mm，极显著大于其他两种土壤相对湿度生境（P＜0.001），而土壤相对湿度＜30%的茎粗（2.50 mm）和 30%～40%（2.99 mm）间无显著差异（P＞0.05）。根长方面，30%～40%的土壤相对湿度生境和＞40%、＜30%生境间均无显著差异（P＞0.05），但＞40%生境下的平均根长（18.34 cm）显著高于＜30%生境（14.27 cm）（P＜0.05）。不同土壤相对湿度生境下根重间的差异和茎粗的情况一样，土壤相对湿度＞40%生境下（1.88 g）极显著大于＜30%

（0.31 g）和 30%～40%（0.53 g）生境（*P*＜0.001），而＜30%和 30%～40%无显著差异（*P*＞0.05）。从单株生物量来看，土壤相对湿度＞40%生境下（17.61 g）远高于＜30%（2.10 g）和 30%～40%（4.27 g）土壤相对湿度生境，达到了极显著差异（*P*＜0.001）。但对根冠比的分析发现，土壤相对湿度＜30%、30%～40%和＞40%生境下的平均值分别为 0.189、0.185 和 0.152，随着土壤相对湿度的增大而呈减小的趋势，但无显著差异（*P*＞0.05）。

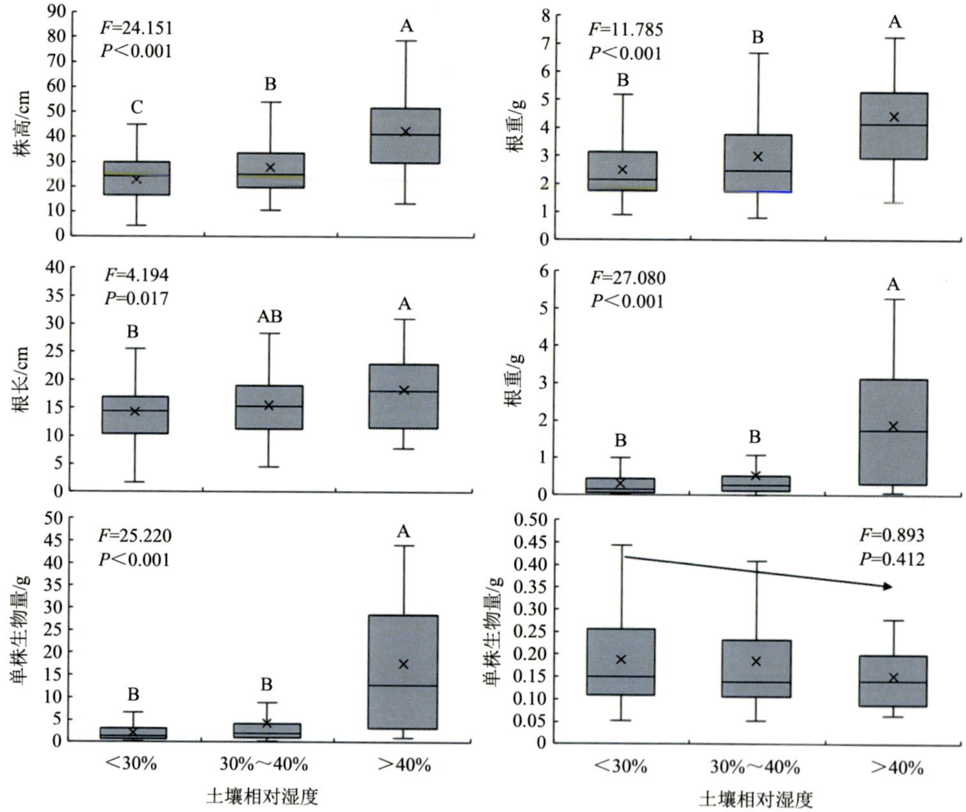

图 10-7　不同土壤相对湿度下猪毛蒿的生长和生物量特征

注：不同大写字母表示不同土壤相对湿度间差异显著。图中符号“×”表示平均值，下同。

10.2.2.2　位置效应

相对湿度不同土壤生境下猪毛蒿的地上生物量、头状花序数量和重量、单个头状花序重量的比较结果如图 10-8 所示。可以看出，土壤相对湿度＞40%生境下单株地上生物量、单株头状花序数量和重量均显著大于土壤相对湿度＜30%和 30%～40%生境（P＜0.05），而土壤相对湿度＜30%和 30%～40%生境间差异不显著（P＞0.05）。

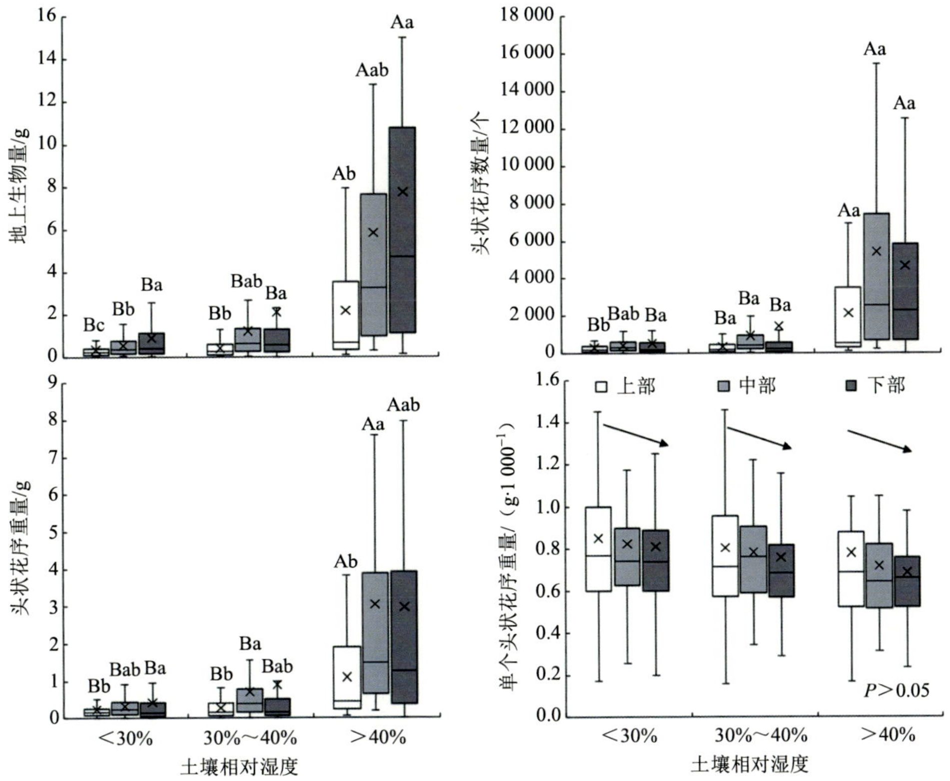

图 10-8　不同土壤相对湿度下猪毛蒿个体大小和繁殖器官格局特征

注：不同大写字母表示不同土壤相对湿度间差异显著，不同小写字母表示同一土壤相对湿度不同部位间差异显著。

不同土壤相对湿度生境下，猪毛蒿不同部位生物量为：上部＜中部＜下部，且下部显著大于上部（P＜0.05），除＜30%生境下中部生物量与上部和下部间有显著差异（P＜0.05），其他两种土壤相对湿度生境下中部与上部和下部间均无显著差异（P＞0.05）。

从头状花序数量来看，土壤相对湿度在30%～40%或>40%的生境下，猪毛蒿上部、中部和下部头状花序平均个数分别为352.90、934.81、1 441.00和2 117.42、5 408.25、4 665.38，但同一土壤相对湿度生境差异并不显著（$P>0.05$），<30%生境下的上部、中部和下部头状花序平均个数分别为302.43、426.54和530.45，下部数量明显多于上部（$P<0.05$）。

从头状花序重量来看，土壤相对湿度<30%的生境下，猪毛蒿上部、中部和下部头状花序重量分别为0.24 g、0.32 g和0.42 g，下部的头状花序重量显著高于上部（$P<0.05$），中部和上部、下部间无显著差异（$P>0.05$）；土壤相对湿度在30%～40%的生境猪毛蒿上部、中部和下部头状花序重量分别为0.28 g、0.71 g和0.90 g，>40%生境下猪毛蒿头状花序重量分别为1.10 g、3.05 g和2.97 g，这2种生境下中部头状花序重量显著高于上部（$P<0.05$），而下部则与上部和中部无显著差异（$P>0.05$）。

土壤相对湿度<30%的生境下，猪毛蒿上部、中部和下部单个头状花序重量分别为8.5×10^{-4} g、8.2×10^{-4} g和8.1×10^{-4} g，土壤相对湿度在30%～40%或>40%生境下，猪毛蒿上部、中部和下部单个头状花序重量分别为8.0×10^{-4} g、7.8×10^{-4} g、7.6×10^{-4} g和7.8×10^{-4} g、7.2×10^{-4} g、6.9×10^{-4} g，均表现为上部>中部>下部。猪毛蒿不同部位的单个头状花序重量间均无显著差异（$P>0.05$）。

10.2.2.3 不同土壤相对湿度下繁殖器官绝对投入量

异速生长描述的是非线性数量关系，通常以幂函数形式表示（韩文轩等，2008；张霁等，2013）：$Y=\beta x^{\alpha}$。其中，Y为繁殖器官生物量，X为植物的个体大小，β和α是常数。通过对繁殖器官生物量与个体大小进行对数转换后，分析两者间的异速增长关系。不同土壤相对湿度生境下猪毛蒿的繁殖器官绝对投入量（lg R）随着个体大小（lg V）的增大而增加，呈极显著的正相关关系（$P<0.001$）。根据繁殖阈值的概念，当y轴为0时，土壤相对湿度<30%、30%～40%和>40%生境下x轴的截距（图10-9中虚线）分别为0.272、0.298和0.302，所应对繁殖阈值的个体大小分别为1.868 g、1.987 g和2.006 g。

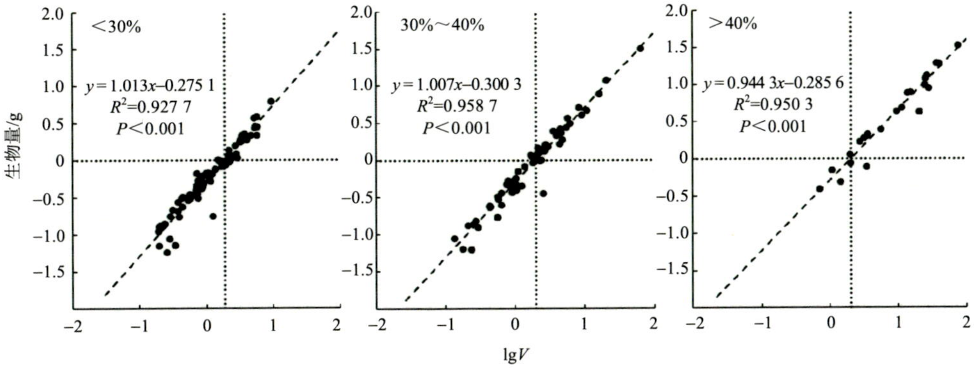

图 10-9 不同土壤相对湿度下猪毛蒿繁殖器官生物量（lg R）和个体大小（lg V）的相关性

10.2.2.4 不同土壤相对湿度下繁殖分配

猪毛蒿的平均繁殖分配在土壤相对湿度<30%、30%～40%和>40%三种生境下分别为 0.259、0.345 和 0.484，三个处理间呈极显著差异（$P<0.001$）。3 种土壤相对湿度生境下猪毛蒿个体大小和繁殖分配间达到了极显著正相关水平（$R^2=0.254$，$P<0.01$），但只有在土壤相对湿度为 30%～40%时，两者间呈显著正相关水平（$R^2=0.075\ 5$，$P<0.05$），而土壤相对湿度<30%或>40%的生境下未达到显著水平（$P>0.05$）（图 10-10）。

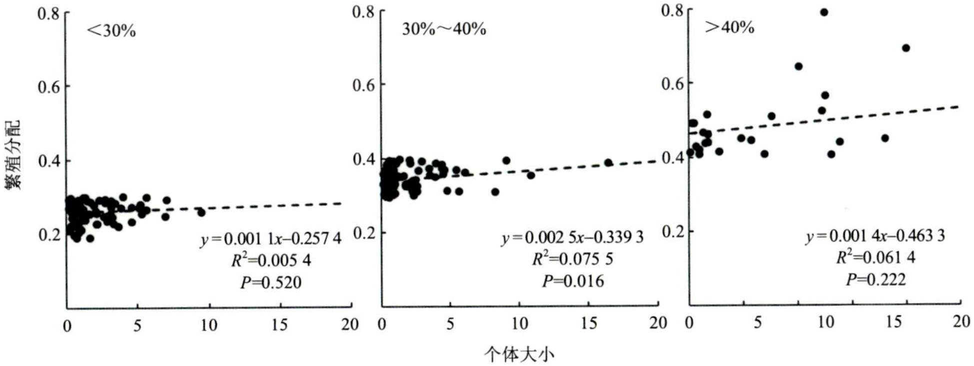

图 10-10 不同土壤相对湿度下猪毛蒿植株个体大小与繁殖分配的关系

10.2.2.5 生物量间的相关关系

猪毛蒿的平均营养器官生物量在土壤相对湿度<30%、30%～40%和>40%三种生境下分别为 1.287 g、1.546 g 和 18.801 g，而对应的繁殖器官生物量分别为 1.078 g、1.251 g 和 15.505 g。从图 10-11 可以看出，3 种土壤相对湿度生境下营养器官和繁殖器官生物量间均呈极显著正相关关系（$P<0.001$）。整体分析，荒漠草原猪毛蒿的繁殖器官和营养器官生物量间呈线性正相关关系（$R^2=0.944\ 9$，$P<0.001$），说明猪毛蒿的繁殖器官和营养器官生物量间存在正向权衡。

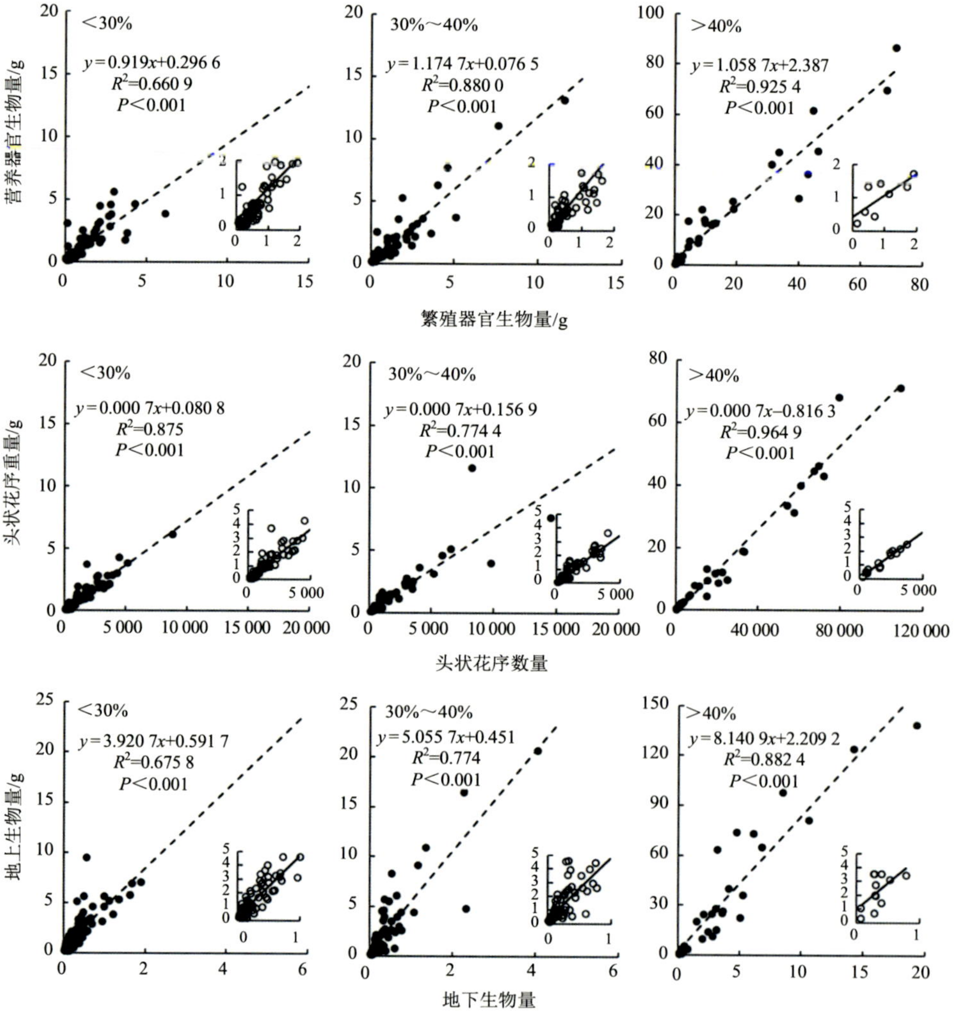

图 10-11 猪毛蒿各组生物量之间的线性回归关系

不同土壤相对湿度生境下猪毛蒿的头状花序数量分布在 107～108 841 个，单株头状花序重量则在 0.056 9～71.253 6 g。其中，土壤相对湿度＜30%生境下的单株猪毛蒿的头状花序平均个数仅为 1 388.01，平均头状花序重量也仅为 1.08 g；土壤相对湿度在 30%～40%生境下的单株猪毛蒿头状花序个数为 1 666.40，平均重量为 1.26 g；而土壤相对湿度＞40%生境下的猪毛蒿的单株头状花序个数高达 24 267.00，头状花序平均重量为 15.50 g。综合分析得出，荒漠草原猪毛蒿的头状花序重量和数量间呈极显著线性正相关关系（R^2=0.971 7，P＜0.001），说明猪毛蒿的繁殖体数量和质量间也存在着正向权衡。

土壤相对湿度＜30%生境下的单株猪毛蒿平均地上生物量为 2.01 g，平均地下生物量为 0.36 g；土壤相对湿度在 30%～40%生境下的单株猪毛蒿平均地上生物量为 2.41 g，平均地下生物量则为 0.39 g；而土壤相对湿度＞40%生境下的猪毛蒿平均地上生物量为 30.79 g，平均地下生物量为 3.51 g。可以看出，3 种土壤相对湿度生境下的猪毛蒿地上生物量均大于地下生物量，且地下生物量随着地上生物量的增大而增加，两者间均呈极显著正相关关系（P＜0.001）。同样表明猪毛蒿的地上和地下生物量间也存在着一定的权衡。

10.2.2.6 生物量的权衡

土壤相对湿度＜30%的生境下猪毛蒿单个头状花序平均重量为 0.791 g，土壤相对湿度在 30%～40%的生境下单个头状花序平均重量为 0.781 g，土壤相对湿度在＞40%的生境下为 0.636 g，不同土壤相对湿度生境下的单个头状花序重量间均无显著差异（P＞0.05）。从图 10-12 可以看出，猪毛蒿单个头状花序重量与个体重量间呈正相关关系，但相关性并不显著（P＞0.05）。单个头状花序重量与单株头状花序数量间呈负相关关系，同样未达到显著水平（P＞0.05）。说明单个头状花序重量并不随着个体重量和头状花序数量的增加而发生显著变化。

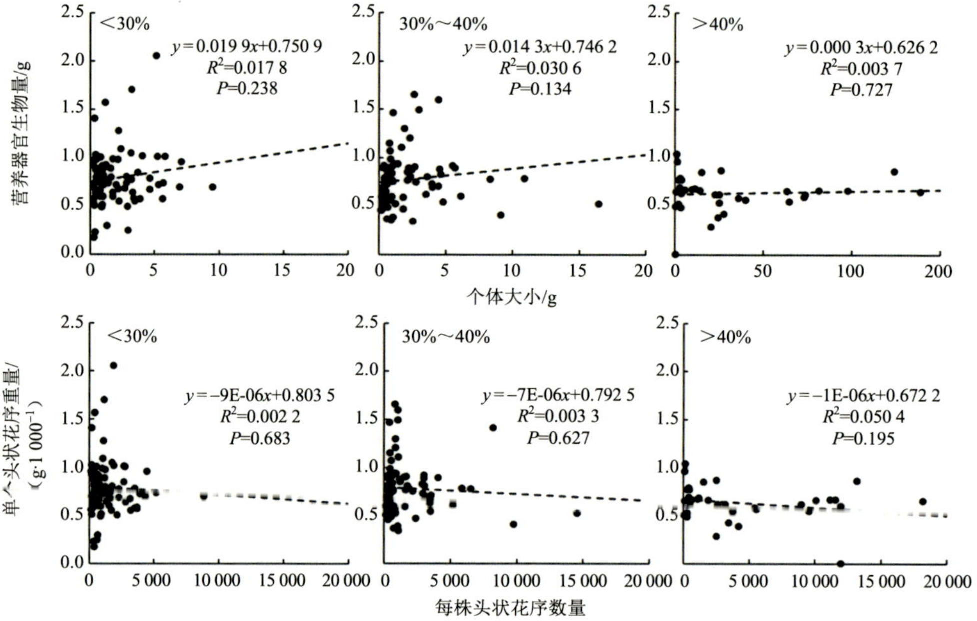

图 10-12　单个头状花序重量与个体重量、每株头状花序数量的线性回归关系

10.2.3　猪毛蒿繁殖特征与土壤因子的关系

10.2.3.1　土壤因子特征分析

由表 10-2 可以看出，所调查样地中的 3 种土壤类型理化性质存在一定的差异。水溶性碳、全氮、全磷和土壤水分间存在极显著差异（$P<0.01$），全盐和 0～20 cm 平均土壤硬度存在显著差异（$P<0.05$）。其中，风沙土中的水溶性碳极显著低于灰钙土和基岩风化沉积土（$P<0.01$）；基岩风化沉积土中的全氮含量极显著低于灰钙土和风沙土（$P<0.01$）；风沙土中的全磷则极显著低于灰钙土和基岩风化沉积土（$P<0.01$）；表层（0～20 cm）土壤水分则是灰钙土中极显著高于基岩风化沉积土（$P<0.01$），风沙土最低；风沙土中的全盐显著低于灰钙土和基岩风化沉积土（$P<0.05$）；0～20 cm 土壤硬度则表现为灰钙土>基岩风化沉积土>风沙土。而易氧化碳、有机碳、全碳、速效磷、速效钾、碱解氮、pH、5 cm 土壤硬度、10 cm 土壤硬度和 20 cm 土壤硬度间则无显著差异。

表 10-2 猪毛蒿种群不同生境中土壤特性的比较

土壤特性	风沙土	灰钙土	基岩风化残积土	方差分析	
				F	*P*
易氧化碳/（mg/g）	1.022±0.760	1.088±1.065	0.639±0.337	2.192	0.115
水溶性碳/（mg/g）	0.048±0.178	0.209±0.439	0.297±0.557	7.006	＜0.001***
有机碳/%	0.449±0.477	0.450±0.187	0.424±0.139	0.042	0.959
全碳/%	0.541±0.242	0.605±0.401	0.654±0.268	1.594	0.206
速效磷/（mg/kg）	2.776±1.875	2.625±1.854	1.755±1.170	2.672	0.072
速效钾/（mg/kg）	81.592±37.170	71.040±40.591	70.963±40.242	1.668	0.192
碱解氮/（mg/kg）	230.668±123.556	191.756±54.719	237.687±285.222	1.787	0.170
全氮/%	0.034±0.013	0.040±0.013	0.027±0.011	9.938	＜0.001***
全磷/%	0.029±0.013	0.037±0.010	0.038±0.010	10.480	＜0.001***
pH	9.076±0.209	9.092±0.165	9.090±0.288	0.191	0.827
全盐/（g/kg）	0.265±0.045	0.315±0.198	0.317±0.155	3.409	0.035*
0～10 cm 土壤水分/%	7.591±1.997	10.268±3.757	8.990±2.813	17.556	＜0.001***
10～20 cm 土壤水分/%	7.309±2.588	9.902±4.008	8.768±1.898	13.529	＜0.001***
0～20 cm 土壤水分平均值/%	7.489±1.707	10.031±3.274	8.747±1.652	22.330	＜0.001***
0～5 cm 土壤硬度/kPa	1 003.436±516.201	1 245.283±796.110	1 060.000±560.993	2.824	0.062
5～10 cm 土壤硬度/kPa	1 377.634±709.554	1 697.746±1 196.433	1 611.250±870.530	2.058	0.131
10～20 cm 土壤硬度/kPa	2 032.554±1 303.646	2 465.967±1 338.089	2 281.400±1 124.882	2.140	0.121
0～20 cm 土壤硬度平均值/kPa	1 471.208±678.777	1 807.194±896.430	1 659.950±726.002	3.714	0.026*

注：*表示 $P<0.05$ 时的相关性显著；**表示 $P<0.01$ 时的相关性显著；***表示 $P<0.001$ 时的相关性显著，下同。

10.2.3.2 繁殖特征分析

猪毛蒿种群在荒漠草原普遍存在，不同土壤类型下均有生长，本研究中猪毛蒿个体大小以单株总生物量表示，不同生境下的大小为：灰钙土（10.60 g）＞风沙土（7.07 g）＞基岩风化残积土（1.28 g）。基岩风化残积土生境下猪毛蒿的繁殖分配（0.49±0.08）略低于风沙土（0.54±0.13）和灰钙土（0.52±0.11），但三者间均未达到显著差异（P＞0.05）。灰钙土生境下单株头状花序数量的平均值（7 283.31 个）远高于风沙土（4 700.94 个）和基岩风化残积土（941.47 个）（P＜0.05），风沙土中的变异系数高达 307%，单株头状花序数量最大值高达 108 841 个。基岩风化残积土生境下单株头状花序质量平均值（0.59 g）明显低于灰钙土（4.82 g）和风沙土生境（3.25 g）（P＜0.05）。单个头状花序质量在风沙土（8.1×10^{-4} g）、灰钙土（7.2×10^{-4} g）和基岩风化残积土（6.1×10^{-4} g）生境下差异不大（P＞0.05），最大值仅为 42.2×10^{-4} g，见表 10-3。

表 10-3　不同土壤类型下猪毛蒿的繁殖特征

繁殖特征	土壤类型	最大值	最小值	平均值	标准差	变异系数
TB	风沙土	157.89	0.16	7.07	19.75	2.79
	灰钙土	138.22	0.25	10.60	25.62	2.42
	基岩风化残积土	4.02	0.29	1.28	1.23	0.95
Ra	风沙土	0.78	0.05	0.54	0.13	0.24
	灰钙土	0.73	0.21	0.52	0.11	0.20
	基岩风化残积土	0.61	0.33	0.49	0.08	0.14
Cnp	风沙土	108 841.00	107.00	4 700.94	14 557.55	3.07
	灰钙土	79 019.00	122.00	7 283.31	17 272.63	2.37
	基岩风化残积土	3 414.00	202.00	941.47	988.64	1.05
Eam	风沙土	42.2	1.8	8.1	4.7	5.5
	灰钙土	15.0	2.9	7.2	2.3	3.2
	基岩风化残积土	7.7	4.7	6.1	1.0	1.6
Cmp	风沙土	71.25	0.06	3.25	9.14	2.79
	灰钙土	68.30	0.06	4.82	12.41	2.58
	基岩风化残积土	2.13	0.14	0.59	0.63	1.06

注：TB 为个体重量，以单株总生物量表示；Ra 为繁殖分配；Cnp 为单株头状花序数量；Eam 为单个头状花序质量（$g\times10^{-4}$）；Cmp 为单株头状花序质量，下同。

10.2.3.3 繁殖特征和植株性状的相关性分析

植物的生长与繁殖能力是植物适应环境的体现，是统一的整体，所以植株繁殖特征也必然与植株的各生长特征紧密联系（刘志民等，2003b）。猪毛蒿繁殖特征间的相关性分析表明，繁殖分配与单个头状花序质量与单株头状花序数量呈极显著正相关关系（r=0.44，r=0.97，P＜0.001），单株头状花序数量与单个头状花序质量呈显著负相关关系（r=–0.17，P＜0.05）。繁殖分配与单株头状花序数量和单株头状花序质量间、单个头状花序质量与单株头状花序质量间均无相关关系（P＞0.05）。

植株性状特征之间的相关性分析表明，除了盖度与平均冠幅、平均高度与根长、根冠比与根生物量、根长、营养器官生物量、平均冠幅和茎粗间无显著相关关系外（P＞0.05），所测定的其他植株特征之间均呈显著或极显著相关关系（P＜0.05 或 P＜0.001）。

猪毛蒿繁殖特征与植株性状特征之间的相关性分析表明，繁殖分配与平均高度和茎粗呈极显著负相关关系（r=–0.31，P＜0.001；r=–0.28，P＜0.001）。单株头状花序数量与根冠比呈显著负相关关系（r=–0.19，P＜0.05），与其他指标间均呈现极显著正相关关系（P＜0.001）。单个头状花序质量仅与根长存在显著正相关关系（r=0.17，P＜0.05），而与其他指标均无相关关系（P＞0.05）。单株头状花序质量与根冠比呈显著负相关关系（r=–0.18，P＜0.05），与其他指标间呈极显著正相关关系（P＜0.001），如图 10-13 所示。

10.2.3.4 繁殖特征与土壤因子的关系

（1）基于不同土壤类型的 RDA 分析

RDA 排序图可以直观地表示不同土壤类型下猪毛蒿繁殖特征与土壤因子间的关系，以及各土壤因子间的相互关系。带有空心箭头的黑色线段表示不同的土壤因子，箭头所处的象限表示环境因子与排序轴间的正负相关性。箭头连线的长度表示该土壤因子对繁殖特征影响的程度，连线越长，说明相关性越大，能解释影响程度的比例也越多，反之越小。箭头连线和排序轴的夹角以及箭头连线之间的夹角表示相关性，锐角表示呈正相关关系，钝角则表示呈负相关关系。夹角越小，相关性越高。

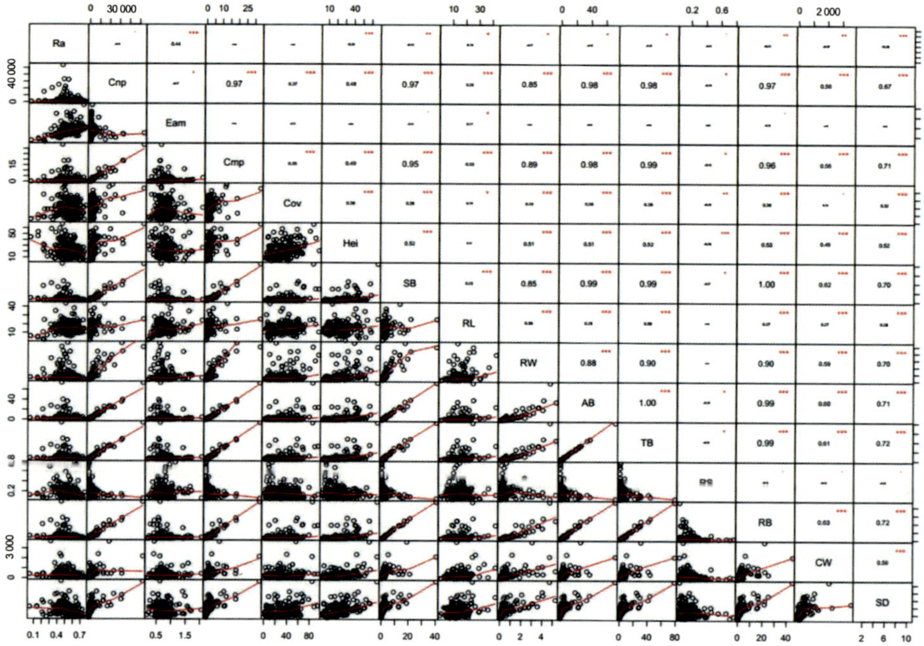

图 10-13　猪毛蒿繁殖特征与植株性状特征间的 Pearson 相关性

注：Cov 为盖度；Hei 为平均高度；SB 为茎生物量；RL 为根长；RW 为根生物量；AB 为地上总生物量；TB 为总生物量；RS 为根冠比；RB 为营养器官生物量；CW 为平均冠幅；SD 为茎粗。

猪毛蒿繁殖特征与土壤因子关系的冗余分析结果显示，在风沙土生境下［图 10-14（a）］，各土壤因子对猪毛蒿繁殖特征影响的前两轴解释量为 29.41%，其中单株头状花序质量主要受到水溶性碳、土壤水分以及 pH 的正向影响，而与土壤硬度、碱解氮、速效钾和易氧化碳呈负相关关系。单株头状花序数量受全盐的正向影响最大，受全碳和有机碳的负向影响较大。繁殖分配和单个头状花序质量主要受全碳的影响。在灰钙土生境下［图 10-14（b）］，土壤因子的前两轴解释量为 64.39%，单株头状花序质量与水溶性碳、土壤水分以及有机碳呈正相关关系，说明随着土壤水溶性碳和不同土层土壤水分的增加，单株头状花序质量也越大。在基岩风化沉积土生境下［图 10-14（c）］，猪毛蒿繁殖特征的变异主要受到水溶性碳、土壤硬度、土壤水分、全磷和速效钾的影响，其中 99.62%的变异能被前两轴解释。单株头状花序质量主要受到水溶性碳的影响，其值越大，单株头状花序质量越大。单株头状花序数量受土壤硬度的影响最大。单个头状花序质量和繁殖分配与土壤硬度、全磷和土壤水分等呈负相关，说明这几个指标值越大，单个头状花序质量和繁殖分配则越小。综合分析来看［图 10-14（d）］，土壤因子对猪毛蒿繁殖特征影响的总解释量为 30.74%，单株头状花序数量和质量受水溶性碳的影响最大，其次为土壤水分，与全磷和 pH 也呈正相关关系，但影响较小，而与土壤硬度和易氧化碳几乎无关。繁殖分配和单个头状花序质量与水溶性碳、土壤水分呈负相关关系。

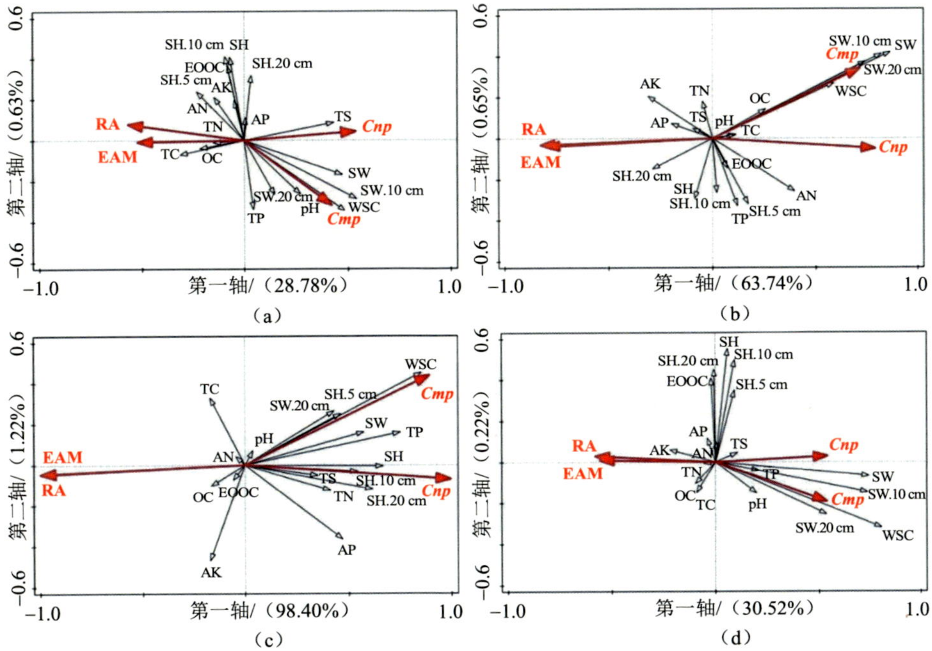

图 10-14 猪毛蒿繁殖特征与土壤因子关系的冗余分析排序

注：（a）为风沙土；（b）为灰钙土；（c）为基岩风化沉积土；（d）为综合分析；EOOC 为易氧化碳；WSC 为水溶性碳；OC 为有机碳；TC 为全碳；AP 为速效磷；AK 为速效钾；AN 为碱解氮；TN 为全氮；TP 为全磷；TS 为全盐；SW.10 cm 为 0～10 cm 土壤水分含量；SW.20 cm 为 10～20 cm 土壤水分含量；SW 为 0～20 cm 土壤水分含量平均值；SH.5 cm 为 0～5 cm 土壤硬度；SH.10 cm 为 5～10 cm 土壤硬度；SH.20 cm 为 10～20 cm 土壤硬度；SH 为 0～20 cm 土壤硬度平均值，下同。

（2）土壤因子对繁殖特征变异的解释量

排序轴是反映综合生态梯度的抽象轴，特征根值是反映相应的排序轴所集中的指标重要值矩阵中信息量的大小，而相关系数表示的是各排序轴与真实环境梯度之间的相关性（余敏等，2013）。因此进一步对每个繁殖特征进行 Monte Carlo 置换检验，结果显示：在基岩风化沉积土生境下，对猪毛蒿繁殖特征的影响中，水溶性碳的解释量高达 71.7%（P<0.001），其次是全磷（55.4%，P<0.001），0～20 cm 土壤水分和土壤硬度的解释量分别为 32.4%和 43.6%（P<0.01），而 0～5 cm、5～10 cm 和 10～20 cm 土壤硬度的解释量同样达到了显著或极显著水平（P<0.05 或 P<0.01）。速效磷的解释量也达到了 21.9%（P<0.05）。在风沙土生境下，各土壤因子的解释量均不高（<10%），其中水溶性碳、全盐、0～20 cm 平均土壤水分和 0～10 cm 土壤水分的解释量达到了显著水平或极显著水平（P<0.05 或 P<0.01）。在灰钙土生境下，0～20 cm 土壤水分的解释量为 47.9%（P<0.001），0～10 cm 和 10～20 cm 的土壤水分解释量分别为 43.2%和 35.3%，水溶性碳的解释量同样达到了极显著水平（22.1%，P<0.001），碱解氮的解释量为 10.0%，达到了显著水平（P<0.05）。综合分析结果表明，水溶性碳和 0～20 cm 土壤水分的解释量分别为 19.9%和 16.9%，达到了极显著水平（P<0.001），同样，0～10 cm 和 10～20 cm 土壤水分的解释水平也达到了极显著水平（P<0.001），由此可见 0～20 cm 土层的土壤水分对猪毛蒿种群的繁殖特征有显著影响。而其他土壤因子解释量均未能达到显著水平（P>0.05），见表 10-4。

表 10-4　不同土壤类型下各土壤因子解释量和显著性检验结果

土壤因子	风沙土			灰钙土			基岩风化残积土			综合分析		
	解释量/%	F	P	解释量/%	F	P	解释量/%	F	P	解释量/%	F	P
AK	0.10	<0.1	0.817 2	6.02	3.7	0.053 2	3.10	0.6	0.467 7	1.45	2.6	0.100 5
AN	0.66	0.7	0.424 3	10.04	6.5	0.013 5	0.20	<0.1	0.933 3	<0.01	<0.1	0.969 1
AP	0.02	<0.1	0.973 0	2.44	1.4	0.226 7	21.90	5.0	0.035 4	0.06	0.1	0.802 9
EOOC	0.28	0.3	0.612 9	0.33	0.2	0.684 7	0.30	<0.1	0.841 2	0.05	<0.1	0.807 1
OC	1.34	1.3	0.247 0	4.17	2.5	0.112 3	2.70	0.5	0.487 2	0.28	0.5	0.468 4
PH	2.16	2.2	0.132 1	0.80	0.5	0.493 6	0.10	<0.1	0.909 9	1.18	2.1	0.144 0

土壤因子	风沙土			灰钙土			基岩风化残积土			综合分析		
	解释量/%	F	P	解释量/%	F	P	解释量/%	F	P	解释量/%	F	P
SH	0.25	0.2	0.644 3	0.55	0.3	0.590 0	43.60	13.9	0.002 0	0.17	0.3	0.592 8
SH.5 cm	1.57	1.6	0.208 1	1.93	1.1	0.282 0	20.90	4.8	0.037 6	0.27	0.5	0.498 7
SH.10 cm	0.36	0.4	0.571 5	0.12	<0.1	0.849 1	29.00	7.3	0.013 9	0.31	0.6	0.466 0
SH.20 cm	0.11	0.1	0.782 7	5.25	3.2	0.070 6	37.30	10.7	0.003 9	0.05	<0.1	0.820 4
SW	6.44	6.8	0.010 5	47.88	53.3	0.000 1	32.40	8.6	0.007 0	16.89	36.4	0.000 1
SW.10 cm	8.46	9.2	0.002 6	43.20	44.1	0.000 1	15.40	3.3	0.083 9	16.62	35.7	0.000 1
SW.20 cm	0.68	0.7	0.407 1	35.26	31.6	0.000 1	18.20	4.0	0.061 6	8.79	17.3	0.000 1
TC	2.81	2.9	0.087 4	0.71	0.4	0.483 6	3.00	0.6	0.471 3	0.26	0.5	0.496 8
TN	0.66	0.7	0.421 1	0.18	0.1	0.790 3	16.70	3.6	0.070 7	0.10	0.2	0.705 7
TP	0.13	0.1	0.769 3	0.98	0.6	0.467 2	55.40	22.3	0.000 2	1.32	2.4	0.121 9
TS	5.36	5.6	0.017 6	0.61	0.4	0.485 6	12.20	2.5	0.120 7	0.34	0.6	0.435 3
WSC	6.87	7.3	0.008 4	22.10	16.5	0.000 5	71.70	45.6	0.000 1	19.90	44.5	0.000 1

10.3 讨论与小结

植物种群的更新和个体生活史的完成均依赖于种群的繁殖过程（Larson et al.，2016；仝杜娟等，2012），植物的繁殖性状是植物资源投入—收益长期权衡的结果（张大勇，2004），通过植株、花序等资源的分配可以很好地解释重要的繁殖特征，在很大程度上协调了不同侧重点研究所得到的矛盾结论（任明迅等，2012）。

10.3.1 不同生境下的个体大小及其位置效应

植物在其生长过程中植株个体之间会产生差异，个体大小的表型可塑性是植物适应异质环境的重要方式，使植物适应不确定环境或持续变化的环境（郭红超等，2015；王一峰等，2015）。由于植物较大的个体面临的生存危险远大于植物个体较小者，小个体更适宜于恶劣的生态环境，从而在竞争中取得优势，这也是植物在长期进化过程中形成的适应环境的生活史对策（王一峰等，2012b）。荒漠草原的生境高度异质性，生态因子的波动不稳定性，都会对植物的生长繁殖造成胁迫。通过对不同土壤生境特性的实地调查，发现基岩风化残积土由于底层（＞20 cm）是较为坚硬的母岩，猪毛蒿根系延伸和生长繁殖受到了一定的限制，因此，其地上生物量和地下生物量、繁殖器官和生殖器官、繁殖体数量和重量等方面均小于风沙土和灰钙土生境下的猪毛蒿根系延伸和生长繁殖。

生态学之所以被称为“自然的经济学”，原因之一在于它将资源投入与分配及其收益之间的权衡作为理解自然界各种生物学特征及适应进化的基础（任明迅等，2012）。植物在其生长和发育过程中增加对根生物量的投入，保证了植株随个体大小的增长而不断增加的养分和水分需求（徐波等，2013）。也有研究发现，生物量的分配随着生育期而发生变化，叶生物量分配在幼年阶段较高，而在成熟阶段会减小（Poorter et al.，2012），主要是植物在不同时期会动态调整生物量的分配以利于自身在有限资源条件下的生长和生存，即异速生长（张霁等，2013）。本研究中，平均地下生物量（0.94 g/株）小于地上生物量（7.32 g/株），这可能是在植物生长后期，猪毛蒿将营养物质尽量投入到繁殖生长，以保证后代的延续。从所处的生境来看，在土壤相对湿度较高的条件下（土壤相对湿度＞40%），猪毛蒿地下生物量相对较多（3.51 g/株），以提供生长所需要的营养，同时可以将更多的资源分配给地上部分植物的生长（30.79 g/株），整株生物量较大，可以保证其在光照、空间、养分等方面的竞争力。

猪毛蒿株高、茎粗、根长、根重以及地上生物量均表现出随土壤相对湿度的增大而增加，表明水分条件对于猪毛蒿的生物量积累是至关重要的。当土壤湿度较高时，其资源水平和环境容量也相对较高，猪毛蒿植株的生长旺盛，在充分利用有限资源的基础上，进行种群扩张，以占据更为有利的生境；当土壤相对湿度较低时，由于资源的限制，土壤中可用水量减少会引起叶内水分含量下降，从而减慢光合速率，进而导致生物量的降低（关保华等，2003）。由此可见，荒漠草原猪毛蒿在土壤相对湿度较好、降雨量多的年份会产生更高的生物量，这对于猪毛蒿的防控具有一定的参考价值。

通常情况下，植株不同部位甚至同一花序不同位置的小花、果实和种子的数量、大小、形态及繁殖效率可能不同（樊宝丽等，2008），存在明显的位置效应（刘左军等，2003）。研究表明，种子的大小或数量沿花序由下而上或是先开的花到晚开的花递减，这种差异是植株个体水平上提高整体适合度的繁殖对策（谢田朋等，2010），在繁殖资源受限时植物会通过权衡繁殖资源分配比而形成差异化的分配格局（韩春等，2016），也有研究发现植株中部或是基部晚开的花有较高的果实、种子形成率（王晓娟等，2010）。猪毛蒿的头状花序近球形，并排成复总状或复穗状花序，在茎上再组成大型、开展的圆锥花序，研究猪毛蒿繁殖体的位置效应，并比较植株不同部位的繁殖资源分配的差异，对猪毛蒿种群适应机制的研究具有重要意义。本研究中，不同生境下猪毛蒿未表现出资源投入的差异性，单株猪毛蒿不同部位的地上生物量、繁殖体数量、繁殖体重量和单个繁殖体重量均无显著差异（$P>0.05$），这与 Zimmerman 等（1989）研究发现 *Neotropical Orchid* 果实和种子的形成是不受位置效应影响相一致的。目前解释植物资源投入差异主要有资源竞争、结构效应和花粉限制 3 种假说（谢田朋等，2010），但 Brunet（1996）对 *Aquilegia caerulea* 的研究认为，以上 3 种假说并不能全部解释基部花较低的坐果率和结实率，而将这一现象更多地归于基部花的花粉产量和传播在形态学和功能上的偏雄性特化。而猪毛蒿对生境资源的高效利用，生长在同一生境不同位置的花获得资源与花序轴维管组织的发育状况及大小没有显著差异，以及同一生境中不同位置的花由于自交和异交在数量和质量上没有显著差异，这有可能是猪毛蒿头状花序并未表现出明显位置效应的原因，但这种生理学机制以及与生境的关系还有待进一步研究证实。此外，菊科植物种子多有异型性（王雷等，2010），猪毛蒿异型种子质量如何，也就是异型种子萌发和生长是否具有差异，异型种子是否存在位置效应，也是今后值得研究的内容。

10.3.2 个体大小依赖的繁殖分配

由于自然种群中植物存在大小等级性（赵志刚等，2004），对繁殖投入与个体大小的关系又成为繁殖分配研究中生态学家关注的焦点（何玉惠等，2009），分析个体大小依赖的繁殖策略是理解植物繁殖资源分配的关键（Weiner et al.，2009）。而异速模型通常被认为是植物繁殖绝对投入和个体大小的最适关系（王赟等，2010）。荒漠草原猪毛蒿的繁殖器官生物量的绝对投入（$\lg R$）会随着个体大小（$\lg V$）

的增大而增加，表现出极显著正相关关系（$P<0.001$）。由此说明猪毛蒿可以同时增加对营养生长和繁殖的资源投入，而不同生境主要作用于猪毛蒿的个体大小，并不直接作用于繁殖器官的大小，这和侯勤正等（2016）对青藏高原湿生扁蕾的研究结果相一致。

较多的研究多集中在海拔因子，但海拔并非影响繁殖分配模式的唯一因子，环境中的其他因子同样影响植物的繁殖分配模式（孟丽华等，2011）。针对不同土壤生境条件下，植物繁殖分配的相关研究还较少。植物存在个体大小依赖的繁殖分配的前提假设是植物可用资源的有限性（Zhang et al.，2002），本研究地点以基岩风化残积土、风沙土和灰钙土为主，土壤发育年轻，薄层性和粗骨性强，养分含量差别相对较小，因此未表现出显著的差异。这表明在荒漠草原，猪毛蒿的繁殖分配没有受到土壤类型条件的明显限制，具有较广的适应能力，既能生活在结构松散的风沙土上，也能适应硬度较大的灰钙土和基岩风化残积土生境条件。但该区域植物生长受限的主要原因是水分，今后应当对不同土壤水分条件下猪毛蒿个体大小依赖的繁殖分配进行相关研究。因此，不同土壤水分条件和资源利用效率对荒漠草原猪毛蒿的繁殖分配的影响将是未来研究的重要方面。

进行繁殖的植株个体大小存在一个阈值（Hemborg et al.，1998），这已经在许多案例中被证实（廖万金等，2003；王赟等，2010；谢田朋，2014）。但也存在例外，研究人员赵方等（2008）对不同海拔居群中华山蓼和赵志刚等（2004）对 5 种毛茛科植物的研究，并没有发现繁殖阈值的存在。猪毛蒿繁殖器官生物量极显著地随着地上个体大小的增大而增大，这与前人的研究结果相一致（刘左军等，2002），且繁殖阈值较低。Fan 等（2009）对 *Polygonum viviparum* 的研究结果表明，在恶劣的环境中植物的繁殖比优质环境生长具有更为重要的地位。本研究同样也表明猪毛蒿在较少的营养积累下就可以达到开花繁殖状态，说明猪毛蒿在恶劣环境中的繁殖比营养生长具有更为重要的作用和意义。这也证明了植物亲代个体对子代的贡献就是尽可能获得更高的繁殖输出，使得个体的适合度越大（何玉惠等，2009）。

而不同生境下同种植物其繁殖阈值通常存在差异，表明繁殖阈值与环境因子密切相关（孟丽华等，2011）。湿生扁蕾在生境从嵩草草甸经交错带到金露梅灌丛的过渡中，湿生扁蕾所获得的有效资源逐步减少，其繁殖所需的个体大小的阈值也呈现出递减趋势，这表明植物繁殖所需的个体大小阈值会随着其在生境中可获取的有效资源量的增加而变大（侯勤正等，2016）。岩白菜个体大小繁殖阈值在林线以下会随海拔的升高而增加，而在林线以上则差异不显著，推测阈值的变化与植株可获得的资源量有关，生境稳定则繁殖阈值相对稳定（王赟等，2010）。本研究中，荒漠草原不同生境下猪毛蒿繁殖阈值差异并不大，说明猪毛蒿在不同生境下均可以完成后代繁殖，又或者是由于调查土壤类型生境的差异性较小，不足以使得猪毛蒿的繁殖阈值发生变化。

10.3.3 生物量间的权衡关系

植物在不同的选择下，将有限的资源合理地分配给不同的功能或器官（Weiner，2004）。植株体内资源分配的关系是植物生态学策略的一个普遍特征（张茜等，2014）。自然环境中可供植物利用的资源是有限的，当一定的资源分配给某个植物器官或行使某种功能时，就不能被其他的植物器官或功能所利用（李钰等，2013），而植物的每个生活史性状在有限生态资源条件下达到最佳是无法实现的，植物必须权衡这些性状间的资源分配，才能更好地适应复杂多变的环境（王一峰等，2015）。有研究表明，在植物生长的后期，植物将会选择增加繁殖投资来确保有性生殖的顺利进行（王一峰等，2015），采取将资源尽可能地集中到繁殖体，以确保后代的持续，有些植物会选择产生更少而更大的种子来确保每粒种子的生存能力（王一峰等，2014），本研究中，大小依赖的繁殖分配、头状花序重量以及单株头状花序数量间的关系均属于猪毛蒿对这些性状的权衡，表现出了一定的趋势，但猪毛蒿的这些权衡间没有显著的分配关系，也可能是邻体效应与繁殖分配的关系在个体水平上并不明显的原因，也就是说邻体效应（如本研究区内广泛分布的人工柠条林）是否会影响植物（猪毛蒿）个体的繁殖分配，以及植物在不同邻体效应下将采取何种繁殖对策，目前尚无明确的结论（刘左军等，2002）。同时，不排除和本研究的取样量有关，个体大小＞20 g 的样本数相对较少，会导致拟合方程和显著性检验的结果未能很好的表现，今后将加大样本数量进行综合分析。

此外，根据野外观察发现，猪毛蒿的大量结实和多次萌发特性的叠加使种群增加了适应荒漠草原恶劣多变环境的途径，这可能是猪毛蒿长期对生境选择作出的积极反应，也是对生境长期适应的结果，使猪毛蒿在荒漠草原中具有适应优势，保证种群的延续。

10.3.4 异质生境对植物生长繁殖的影响

生境的异质性在不同植物群落中普遍存在，直接影响植物的生长发育（Olmo et al.，2016）。在相似的气候条件下，土壤理化性质的空间差异决定了植被分布的空间差异（赵锐锋等，2006），也制约了干旱地区植物生命过程，对植物种类、生长、分布及数量特征产生重要影响（Johnson et al.，2016；岳跃民等，2012）。反过来，生活在不同环境条件和资源状况中的植物往往具有与之相对应的形态和生理特点（王建成等，2009），植物种群的繁殖特征也表现出明显差异（张治来等，2009）。本研究中，猪毛蒿的个体大小、单株头状花序数量和单株头状花序质量以及单株头状花序质量在异质生境条件下均表现出一定的差异，说明不同土壤类型和土壤水分条件对其生长和繁殖特征的影响较为明显，灰钙土生境下猪毛蒿个体较大，且单株头状花序质量较大，但繁殖分配和单个头状花序质量却不是最优的。有研究发现，生境异质性可以影响群落中植被恢复和补充的各个阶段，尤其是幼苗建成过程中的早期生长阶段（刘方炎等，2011），甚至对花期物候和坐果率都有显著影响（黄至欢等，2017）。薇甘菊叶片功能性状、开花结实和繁殖分配对异质环境条件也具有不同的适应对策（徐高峰等，2014）。芦苇种群在根茎长度、生物量、干物质贮量等数量特征在生境间的差异均表现出明显的土壤因子环境效应（焦德志等，2018）。而异质生境中长花柱花性状的变化是导致雪地报春长短花柱花性状分化的主要因素（艾沙江·阿不都沙拉木，2018）。以上研究均发现植物会对异质生境产生相适应的对策，因此植物适应的对象是生存环境，但最终目标是物种的持续生存和繁衍。

10.3.5 土壤因子对猪毛蒿繁殖特征的影响

土壤有机碳会对荒漠植物产生重要影响（霍举颂等，2017），而水溶性有机碳是最活跃的碳组分（沈玉芳等，2011），它是能溶解于水、不同大小不同结构、活性较高的有机分子混合体（Flessa et al.，2015），可在土壤中迅速转化成其他组分，为植被提供养分。植物枯枝落叶分解和根系分泌物是水溶性有机碳的重要来源（肖列等，2017），而水溶性有机碳又是土壤微生物主要的能量来源之一。土壤湿度的不同会造成土壤微生物活性的差异，从而土壤微生物对水溶性有机碳的消耗也不一样，导致水溶性有机碳含量出现变化（Fang et al.，2015；Wang et al.，2016）。目前，关于影响土壤水溶性有机碳的因素的研究相对较多（Koltes，2006；Scaglia et al.，2009；Singh et al.，2017；Song et al.，2018），而土壤水溶性有机碳是如何影响植物生长性状，特别是如何影响植物繁殖性状的机理机制还有待进一步深入研究。

有研究发现，土壤水溶性有机碳含量与降水量呈显著负相关关系，因为降雨量的增加，导致水溶性有机碳淋溶、淋失作用加强，从而水溶性有机碳含量较低（刘荣杰等，2013）。但本研究区降雨较少，雨水的淋溶作用不足以使土壤水溶性有机碳发生淋失，而土壤水分相对较高的生境能促进枯枝落叶的分解，进而增加了土壤中水溶性有机碳的含量，因此土壤水溶性有机碳与土壤水分呈现出正相关关系。本研究区或地下水位较低，植物往往无法利用，土壤中水分的补给主要来源是降雨，且具有很强的时空异质性和随机性，导致该地区植物群落分布多呈斑块状分布（宋乃平等，2018）。有研究结果表明荒漠植物数量特征的关键驱动力是土壤含水量，特别是表层（0～20 cm）土壤水对荒漠植物群落数量特征起到非常重要的生态作用（霍举颂等，2017）。本研究中，单株头状花序质量和数量极显著的受到土壤水分的影响，水溶性碳与单株头状花序质量呈正相关关系，这与有关学者（杜华栋等，2016）研究发现猪毛蒿叶片形态、解剖和生理指标的可塑性对立地土壤水分和有机质含量较为敏感的结果有相同之处。土壤水溶性碳和土壤水分是影响猪毛蒿繁殖特征的重要因素。

第 11 章

猪毛蒿光合特征

全球草地面积为 3.50×10^9～5.25×10^9 hm^2，覆盖 26.0%～40.5%的陆地面积（White et al.，2000；沈海花等，2016），是陆地上分布最广的生态系统类型之一（马文红等，2008），占干旱—半干旱区总面积的 88%（白永飞等，2020）。我国草地主要分布在东北平原经内蒙古高原、鄂尔多斯高原、黄土高原直达青藏高原的南缘，是欧亚中高纬度草地生态系统的重要组成部分（陈佐忠等，2000），其中天然草地面积为 4.0×10^8 hm^2，占国土总面积的 41.7%（中华人民共和国农业部畜牧兽医等，1996）。草地不仅提供饲草饲料支撑畜牧业生产，在防风固沙、水土保持、水源涵养以及生物多样性保护中也扮演着重要角色（沈海花等，2016），对保障我国粮食安全、生态保护、提升生态系统服务和生态系统稳定性具有极其重要的作用（白永飞等，2020；方精云等，2016）。

荒漠草原是草原的重要组成部分，但稳定性差，极易遭到破坏，对全球变化的响应十分敏感（陈敏玲等，2016）。而植物无法像动物自由移动，在生命周期内会受到各种环境条件的综合影响，其中水分是植物生长过程中必不可少的环境因素，参与了细胞内的多种代谢活动（李佳等，2019）。而干旱严重威胁着全球高达 60%以上的陆地面积（Rabara et al.，2015），严重影响植物的生长、发育和繁殖，因此研究植物对干旱的响应机理是植物生理生态学的重点问题之一。植物的光合能力是植物能够生长发育的一个关键指标，是植物生长发育和最终产量形成的基础，也是一个很容易受到干旱影响的代谢过程（Shen et al.，2015）。在干旱情况下植物生长受到抑制，很大程度上取决于植物的光合作用（李佳等，2019），因此光合作用可以衡量植物受环境胁迫的影响（Flexas et al.，2006）。

在全球气候变化背景下，降雨严重改变着荒漠草原的结构、功能及其生态过程，开展荒漠草原植物对干旱的响应机制研究，有利于准确高效地判断和分析植物生长、代谢水分需求，同样也对生态恢复过程中的物种选择、栽培和建植提供依据，在荒漠草原生态系统的恢复和可持续管理的理论和实践上均具有重要意义。

11.1 材料与方法

11.1.1 样地概况

研究区位于宁夏回族自治区东部的盐池县皖记沟行政村（37°47′30″～37°57′00″N，107°22′30″～107°33′45″E），在地形上处于黄土高原向鄂尔多斯台地（沙地）的过渡地带，在气候上是从半干旱区向干旱区的过渡地带，在植被上是从干草原向荒漠草原的过渡地带，在资源利用上是从农区向牧区的过渡地带（陈林，2019）。天然降雨是该地区的主要水分来源，但年降雨量小、时空分布不匀，年际变化率大，多以小雨或暴雨的形式为主（陈林等，2015），蒸发量大，温度和降雨的时间变异率大，冬春两季风大沙多，属典型的中温带大陆性气候（宋乃平等，2018）。土壤类型主要为风沙土和灰钙土，裸露的松散基岩风化沉积土呈斑块状分布。地表水与地下水资源匮乏。该区域植被受水分因素限制，表现出物种多样性较少、群落结构简单。近些年，随着封育禁牧、退耕还林还草、生态移民等政策的实施，宁夏生态环境得到了明显改善，植被覆盖度显著提高（幸赞品等，2018）。但由于对草地生态系统的结构和功能缺乏了解，不重视草地资源的科学管理和合理利用，猪毛蒿在宁夏荒漠草原迅速扩散（彭文栋等，2013），且在该区域具有连续性生长，4—8 月的降雨量与其生长状况关系非常密切（周娟，2017）。水分条件对于猪毛蒿的生物量积累和繁殖是至关重要的（陈林等，2019，2019b，2019c）。

11.1.2 研究对象

猪毛蒿分布于欧、亚大陆温带至亚热带地区（李克昌等，2012；马德滋，1986），局部地区往往可形成单一优势种群和次生演替的先锋物种，单个样地覆盖度可达50%以上（焦菊英等，2008）。猪毛蒿是一种 C_3 植物，却呈现类似CAM（具景天酸代谢途径）植物的叶片特征（杜华栋等，2016），可以高效利用资源，对裸地利用能力强。因具有较强的适应恶劣环境能力以及在生物群落中较强的竞争能力，往往成为退化荒漠草原恢复过程中的先锋种和优势种，具有较高的扩散性（杜峰等，2006b）。猪毛蒿属于机会主义者，与邻近植物竞争中采取“以量取胜”策略（陈林，2019），容易出现“突然爆发和猛烈破产”的极端状态（张景光等，2005）。而其种群一旦形成规模，其他植物往往难以定居。因此，猪毛蒿能适应所在生境强烈干扰并具有利用有限资源的能力，是影响荒漠草原恢复初期稳定性和群落进一步演替的关键物种（陈林，2019）。

11.1.3 试验设计

在自然条件下，通过人工添加水量或简单遮拦降水的手段在相关试验中被大量采用，但人工增水不能准确模拟自然降水的特征，很难在有限的时间内对不同降水梯度的变化做到及时模拟。因此，我们应用野外增减水的试验专利装置（陈林等，2017）开展相关试验。其中，减水主要是通过均匀安装所需面积的截雨槽（透明、开口向上的U形丙烯酸板）将自然降水截留，以减少下方减水小区内的降水量来实现减水目的，同时截留的降水受重力作用流进增水槽（透明、开口向上、有漏水孔的U形丙烯酸板）内，实现增水小区同步增水目的，对照小区则不做任何处理。

基于本试验装置，参考国内外同类、同地区研究设定的降水量处理设计，在宁夏大学生态学教学科研基地——荒漠草原野外监测试验站的同质园内布设不同降水量（降水增加30%、自然降水和降水减少30%）的模拟控制试验。每个处理重复5次。小区面积为2 m×2 m，各小区四周用不透水塑料膜隔离以尽量避免不同降水量试验地间土壤水分的连通干扰。

11.1.4 测定指标与计算方法

11.1.4.1 气候指标

降水量、气温及最小相对湿度等来源于中国气象数据网（http://data.cma.cn/）的盐池站点数据。本研究采用国内较常用的标准划分降水年型（张北赢等，2008）：

$$\text{丰水年：} P_i > \bar{P} + 0.33\delta$$

$$\text{枯水年：} P_i > \bar{P} - 0.33\delta$$

式中，P_i——当年降水量，mm；

$\bar{P}$——多年（1956—2020 年）平均降水量，mm；

δ——统计年间的降水量标准差，mm。

无效降水定义为日降水量＜5 mm 的降水事件（王明明等，2020），小雨等级≥5 mm 且≤9.9 mm 的降水事件，中雨等级≥10 mm 且≤24.9 mm 的降水事件，大雨等级≥25 mm 且≤49.9 mm 的降水事件，暴雨等级≥50 mm 的降水事件。

考虑到草地生态系统中无论是群落水平还是在个体水平上，根系生物量主要分布在 0～30 cm 土层，占根总量的 90%以上（王敏等，2013），而猪毛蒿水分利用来源集中于 0～10 cm（赵伟，2017），参考焦菊英（王巧利等，2012）课题组的研究方法，本研究涉及取样和计算的地下深度均按 60 cm 计，共分为 3 个层次测定，分别为 10 cm、20 cm 和 60 cm。

11.1.4.2 土壤含水量测定

本研究选用数据采集系统（HOBO，U30，USA）收集存储不同处理下的土壤水分含量数据。将土壤水分监测探头（HOBO，S-SMC-M005，USA）安放于各处理样地的中间位置，分别安装在地表以下 10 cm、20 cm 和 60 cm 处。探头安装时，将探头水平插置在原状土中，安装完成后，对土坑进行仔细地回填和镇压措施，以保证与原土坑最大可能的一致性（Li et al.，2015），并在土壤自然沉降两个月后开始读取数据（Wang et al.，2013），数据记录间隔为每 10 min 采集一次，具有较高的时间分辨率，并定期手动下载。该监测系统具有长时间、连续自动记录并存储数据的优势，极大地减少了土壤含水量采集所需的时间和人力。

11.1.4.3 光合参数

使用 LI-6400 便携式光合作用测定系统测定猪毛蒿的光合作用。在所测植株冠层上部的阳面选择成熟、健康、无病虫害的叶片和同化枝，使用底部不透明的 2 cm×6 cm 的狭长叶室（6400-11 型）进行活体测定，每次测定重复 5 次。由于所测猪毛蒿叶片和同化枝面积小于叶室面积，因此对测定的叶片进行拍照，利用 PhotoShop 6.0 测算实际测定的叶片和同化枝面积，再输入 LI-6400 主机对光合作用参数进行校正（高松等，2011）。

使用 LI-6400-02 LED 红蓝光源叶室进行测定光响应曲线。每次测定前对目标同化枝进行充分的诱导，叶室温度设置为 25℃，相对湿度设置为 55%，CO_2 浓度设置为 400 μmol CO_2/mol，光强梯度共设置 14 个点，分别为 2 000 μmol/（m^2·s）、1 800 μmol/（m^2·s）、1 600 μmol/（m^2·s）、1 400 μmol/（m^2·s）、1 200 μmol/（m^2·s）、1 000 μmol/（m^2·s）、800 μmol/（m^2·s）、600 μmol/（m^2·s）、400 μmol/（m^2·s）、200 μmol/（m^2·s）、150 μmol/（m^2·s）、100 μmol/（m^2·s）、50 μmol/（m^2·s）和 0 μmol/（m^2·s）。进行测定时，在每个设置的光合有效辐射下适应 3～5 min 后测定其光合作用（叶子飘等，2008）。测定参数包括：净光合速率［P_n，μmol CO_2/（m^2·s）］、气孔导度［G_s，mol H_2O/（m^2·s）］、胞间 CO_2 浓度（C_i，μmol CO_2/mol）、样品室 CO_2 浓度（C_a，μmol CO_2/mol）和蒸腾速率［T_r，mmol H_2O/（m^2·s）］等。

11.1.5 数据处理

气孔限制值（L_s）$=1-C_i/C_a$；水分利用效率分为内禀水分利用效率（WUE_i，μmol/mol）$=P_n/G_s$ 和瞬时水分利用效率（WUE_{inst}，mmol/mol）$=P_n/T_r$（陈亮等，2017；王强等，2021）。

采用单因素方差分析（one-way ANOVA）检验降雨处理对土壤含水量的影响（α=0.05）。所有数据在 Excel 和 Rstudio 软件中进行统计、计算和制图。

11.2 结果与分析

11.2.1 降雨和气温特征

从 2017—2020 年的日降雨量和日平均气温（图 11-1）可以看出，猪毛蒿生长时期（4 月底至 10 月初）的气温相对较稳定，无极端温度灾害（冻害或高温）的发生，因此气温不会对猪毛蒿生长产生较大影响。2017 年降雨量为 393.3 mm，2018 年降雨量为 385.6 mm，2019 年降雨量为 323.2 mm，而 2020 年降雨量仅为 205.8 mm。

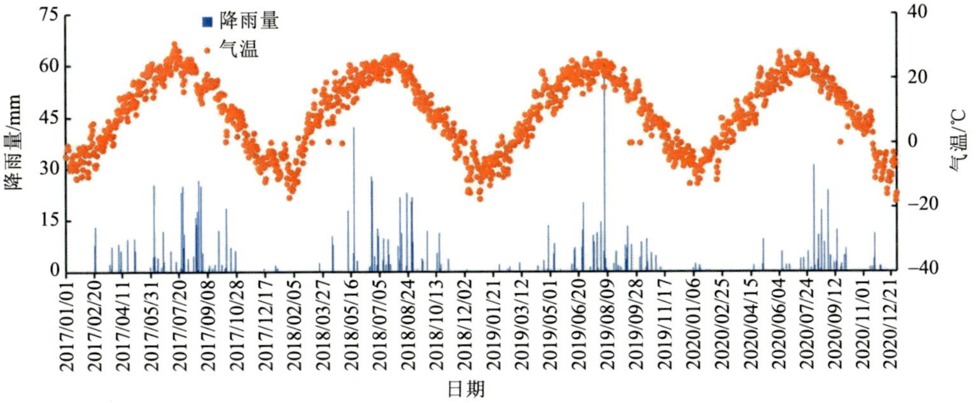

图 11-1　2017—2020 年研究区单次降雨量和气温

从降雨等级特征来看（图 11-2 和图 11-3），无效降雨事件（＜5 mm）的发生次数较多（2017 年为 39 次，2018 年为 36 次，2019 年为 39 次，2020 年为 52 次），占当年降雨频次的 60.00%～82.54%，而累积降雨量分别为 60.9 mm、50.0 mm、53.7 mm 和 63.6 mm，占全年总降雨量的 12.97%～30.90%；小雨等级（≥5 mm 且≤9.9 mm）的降雨事件在近 4 年中分别发生了 13 次、9 次、16 次和 5 次，占当年降雨频次的 7.94%～25.40%，累计降雨量依次为 92.7 mm、67.0 mm、112.8 mm 和 36.1 mm，分别占当年总降雨量的 23.57%、17.38%、34.90%和 17.54%；中雨（≥10 mm 且≤

24.9 mm）事件发生的次数在 5～11 次，但降雨量较多，在 75.2～172.4 mm，占当年总降雨量的 29.64%～44.71%；大雨等级（≥25 mm 且≤49.9 mm）的降雨事件较少，2017 年和 2018 年各发生了 3 次，降雨量分别为 77.0 mm 和 96.2 mm，占当年总降雨量的 19.58%和 24.95%，2019 年未发生，2020 年仅为 1 次，降雨量为 30.9 mm，占当年总降雨量的 15.01%；暴雨等级（≥50 mm）的降雨事件仅在 2019 年中发生了 1 次，降雨量达到了 60.9 mm，占当年总降雨量的 18.84%。统计得到 4 年中平均单次降雨事件的降雨量分别为 6.1 mm、6.5 mm、5.1 mm 和 3.3 mm。

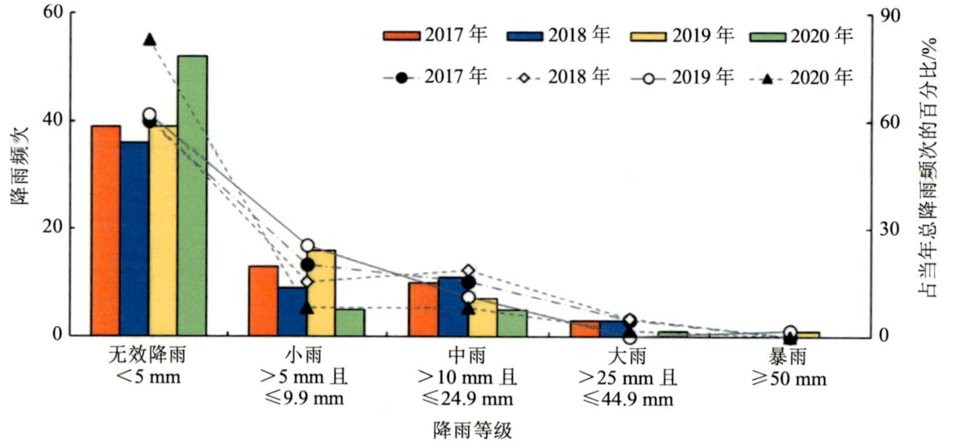

图 11-2　2017—2020 年研究区不同降雨等级降雨频次和占比

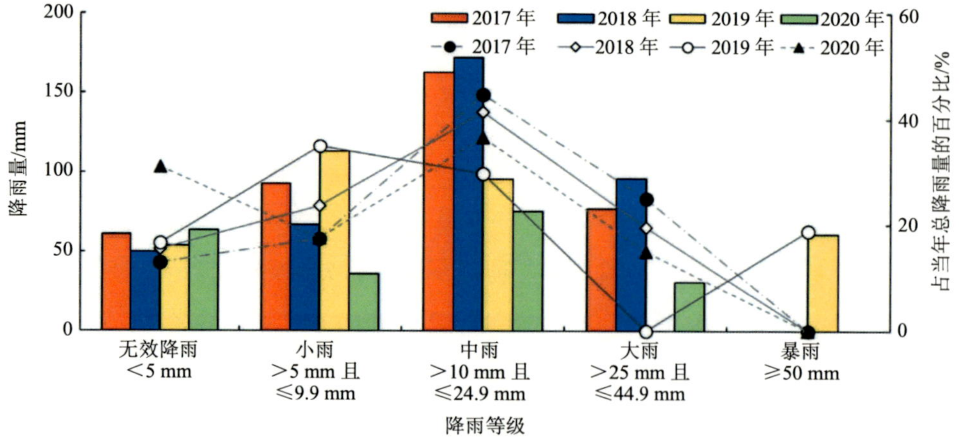

图 11-3　2017—2020 年研究区不同降雨等级降雨量和占比

11.2.2 土壤水分特征

从图 11-4 可以看出，不同年份猪毛蒿生长季（5—9 月）土壤含水量存在较大差异，除 2020 年增雨处理和正常处理的表层（10 cm）土壤含水量间无显著差异外（P>0.05），其他年份各土层间均存在显著差异（P<0.05）。总体来看，增雨处理的土壤含水量高于减雨处理和正常处理，减雨处理的土壤含水量最低。

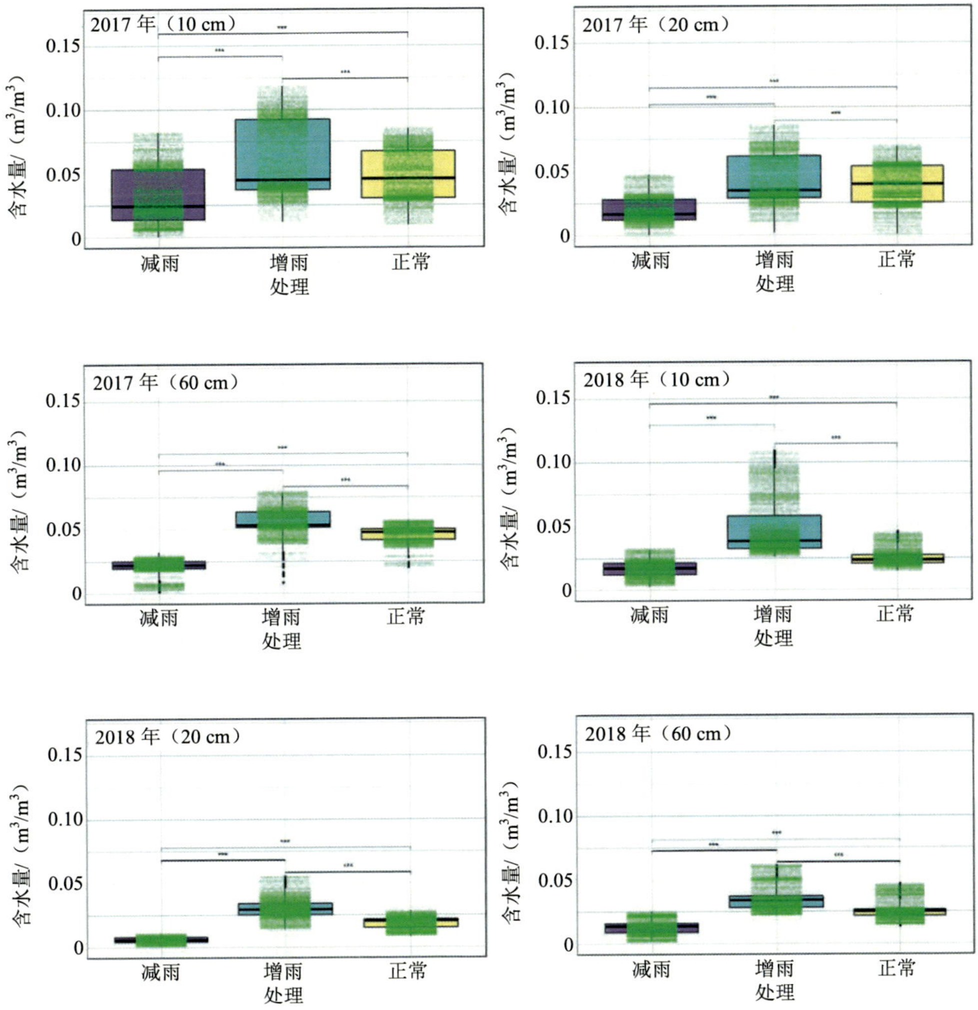

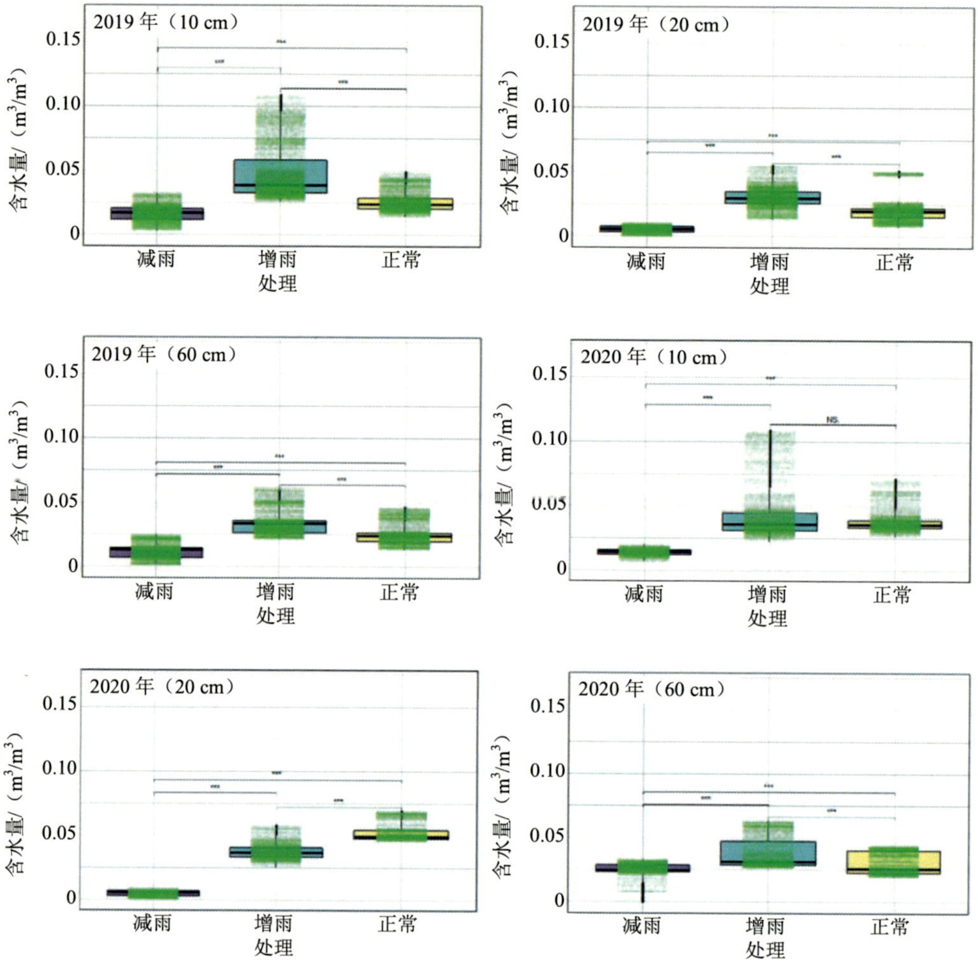

图 11-4　2017—2020 年生长季不同处理土壤水分的空间差异

IT：增雨处理；CK：对照处理；DT：减雨区，下同。

受到降雨（土壤含水量会迅速升高）、高温（土壤含水量会迅速下降）和植株（截留降雨和根系吸收水分）的影响，各处理样地表层（10 cm）土壤含水量较次表层（20 cm）和深层（60 cm）的变化大，响应时间也较短；次表层（20 cm）土壤含水量的波动较表层小，且平均含水量低于表层，这与该区域小降雨事件发生频次较高而降雨入渗补给该层的量小、植物根系的提水效应消耗水分有关；而深层（60 cm）土壤含水量变化较小，相对稳定，受降雨和气温的影响较小，但在较为干旱的 2020 年，该层土壤含水量的变异程度相对较大，与干旱导致无降雨补给、地表蒸发和植被需水增强而消耗了该层土壤含水量有关。

11.2.3 猪毛蒿光合特性对降雨变化的响应

猪毛蒿光合—光响应曲线如图 11-5 所示。净光合速率随着光合有效辐射的增加而增大，光合有效辐射在 400～1 600 μmol/（m^2·s）时，正常处理和减雨处理下降的幅度相对增雨处理小，说明在该条件下水分的增加对猪毛蒿净光合速率的影响较大。但光合有效辐射＞1 600 μmol/（m^2·s）时，猪毛蒿净光合速率有下降的趋势，其中增雨处理下降幅度最大，说明达到光饱和点后水分的增加对猪毛蒿净光合速率的影响较大，出现了光抑制现象。

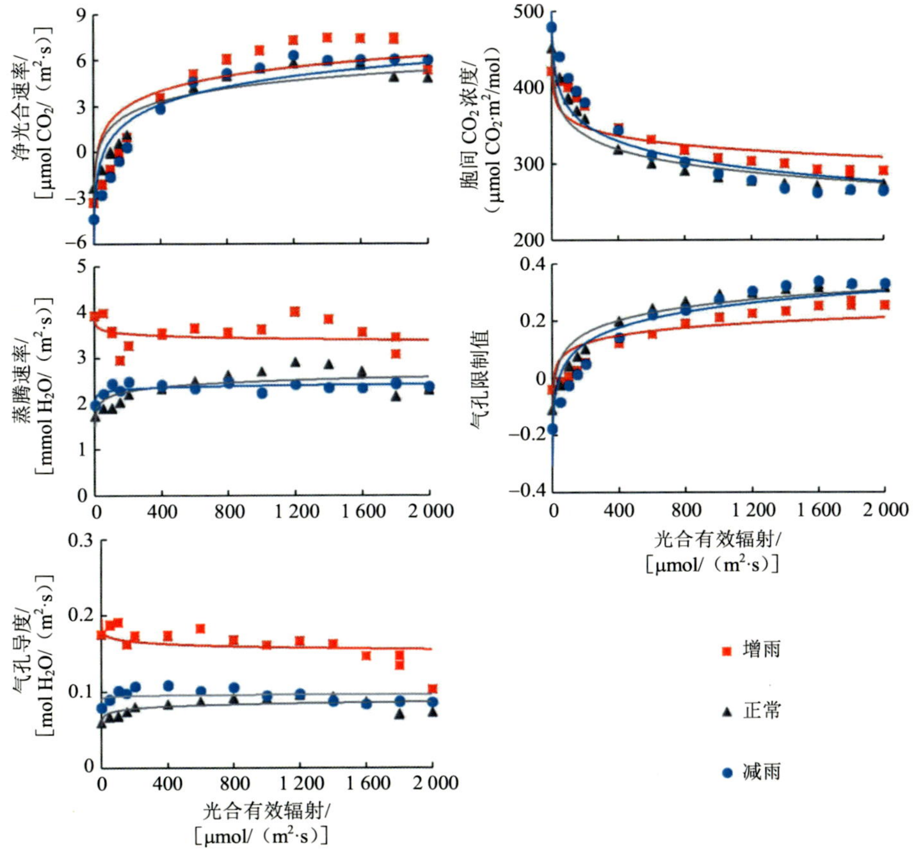

图 11-5 在不同处理下猪毛蒿光合—光响应曲线

光合有效辐射在 400 μmol/（m^2·s）之前，胞间 CO_2 浓度降幅极大，几乎呈直线下降；而当光合有效辐射＞400 μmol/（m^2·s）时，胞间 CO_2 浓度值则下降缓慢。这主要是因为在光合有效辐射增大的初始阶段，叶片光合速率急速增加，消耗了较多的 CO_2，导致了胞间 CO_2 浓度的急速下降，当光合有效辐射超过一定强度之后，光合速率增速放缓，胞间 CO_2 浓度也趋于缓慢（李佳等，2019）。在 1 600 μmol/（m^2·s）光合有效辐射时，胞间 CO_2 浓度出现了最小值，说明这时猪毛蒿达到了光饱和点，光合速率最大，消耗了较多的 CO_2，进而导致胞间 CO_2 浓度最小，随着超过光饱和点［＞1 600 μmol/（m^2·s）］后，猪毛蒿气孔关闭，开始出现光抑制现象，胞间 CO_2 浓度略有上升的趋势。总体来看，随着降雨的减少，胞间 CO_2 浓度的数值越低。

蒸腾速率和气孔导度情况与其他光合参数不同，增雨处理的蒸腾速率在不同光照强度下均表现为最高，而且并未表现出随着光照强度的增加而有显著的增大或减小。正常处理和减雨处理间的差异较小，总体表现为减雨处理的蒸腾速率较低，这与净光合速率的趋势类似。

气孔限制值和净光合速率相似，也是随着光合有效辐射的增加而呈上升的趋势。光合有效辐射在＜400 μmol/（m^2·s）时，各处理间的气孔限制值差异不大，但随着光合有效辐射的增加［＞600 μmol/（m^2·s）］，减雨处理的增幅较大，气孔限制值高于增雨处理。总体来看，降雨的增加减少了气孔限制值。

11.2.4　猪毛蒿水分利用效率对降雨变化的响应

由图 11-6 可知，猪毛蒿的内禀水分利用效率和瞬时水分利用效率相似，均在较低的光照强度时［＜400 μmol/（m^2·s）］随着光照强度的增加而迅速增大，随后［＞400 μmol/（m^2·s）］增速较为平缓。增雨处理中猪毛蒿最大内禀水分利用效率（52.22 μmol·mol^{-1}）和最大瞬时水分利用效率（2.31 mmol/mol）所对应的光照强度为 2 000 μmol/（m^2·s）；正常处理中光照强度为 1 800 μmol/（m^2·s）时，内禀水分利用效率和瞬时水分利用效率达到了最大值，分别为 69.86 μmol/mol 和 2.26 mmol/mol；减雨处理中，最大内禀水分利用效率（72.47 μmol/mol）和最大瞬时水分利用效率（2.58 mmol/mol）所对应的光照强度为 1 600 μmol/（m^2·s）。可以看出，随着干旱程度的增加，猪毛蒿水分利用效率达到最大值对应的光照强度有减小的趋势。此外，减雨处理的内禀水分利用效率和瞬时水分利用效率在光照强度＞400 μmol/（m²·s）时增速较快，高于正常处理和增雨处理，说明适度的干旱可以提高猪毛蒿的平均水分利用效率。

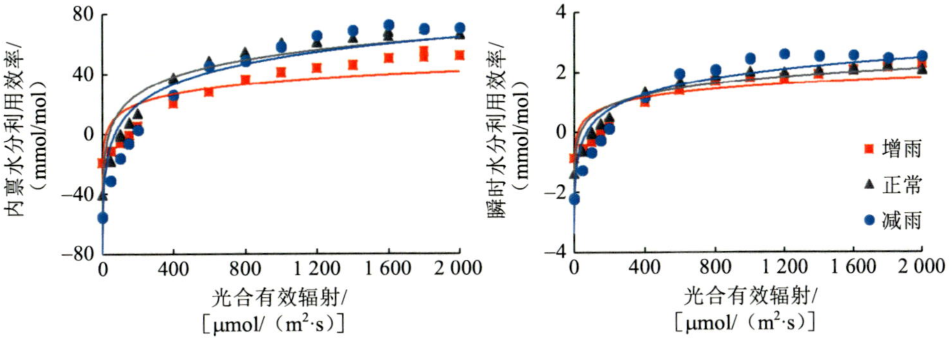

图 11-6 在不同处理下猪毛蒿水分利用的效率

11.3 讨论与结论

11.3.1 改变降雨对植物光合特征的影响

水分是荒漠草原植物生长发育的关键因素，降雨对生态系统的影响主要是通过土壤水分的变化来实现（陈敏玲等，2016）。据预测，全球气候变化将导致中国北方地区在未来百年内降雨量增加，同时小降雨事件将会减少，极端降雨事件将有所增加（D R et al.，2000；李香云等，2020）。植物的生长发育依赖于水分运输和平衡，水分吸收、运输和蒸腾是维持水分平衡的基本因素（刘丽燕等，2020）。在正常水分条件下，植物会尽最大可能截获光能，促进自身的生长发育，但气候干旱会降低植物的光合电子传递能力和能量分配，破坏植物体内水分平衡，并引起气孔关闭和光合速率下降（赵文赛等，2016），导致光合作用能力下降，进而降低植物的活力，影响植物的生长（Boughalleb et al.，2011）。虽然有研究表明重度干旱在光合上能提高植物对二次干旱的抵抗能力，但不能弥补前期干旱对生长产生的不利影响（赵文赛等，2016）。因此干旱是限制植物生长的一个基本因素，对植物形态结构、光合性能等产生影响。而光合作用是植物生长发育和生物量形成最重要的生理代谢过程，与环境的关系是植物长期适应的结果（崔骁勇等，2000），是评定植物抗旱能力的一个主要指标，光响应曲线最能反映植物对光强和环境的适应能力（刘丽燕等，2020）。利用净光合速率、气孔导度、蒸腾速率、胞间 CO_2 浓度、水分利用效率等主要的光合指标，可用于解释植物对不同环境的响应对策（Yokoya et al.，2007；吕程瑜等，2018）。编者以前的研究结果发现，猪毛蒿是 C_3 光合途径的植物（苏莹等，2020），一般比 C_4 植物 CO_2 补偿点高，所以在 CO_2 含量低的情况下存活率比 C_4 植物会低。在本研究中，增加降雨在一定范围的光强下可以提高其净光合速率和减小气孔限制值，而随着降雨的减少，胞间 CO_2 浓度值则呈下降的趋势，说明改变降雨对猪毛蒿光合特征会产生较大的影响。但本研究未能研究引起猪毛蒿光合作用发生重要转折的土壤水分阈值范围，因此，今后尚需对不同水分梯度下猪毛蒿各生育期的光合特征临界阈值进行探讨。

根据气孔限制理论，植物在环境胁迫下，光合作用水平下降的原因可以分为气孔限制和非气孔限制，若随着净光合速率下降，气孔导度和胞间 CO_2 浓度下降，气孔限制值上升，则气孔限制占主导；反之，则非气孔因素占主导（赵自国等，2019）。有研究表明，在盐胁迫下多枝柽柳光合作用水平下降主要是受到气孔因素限制（朱金方等，2013），同样在本研究中，对不同水分处理下猪毛蒿的光合作用水平同样受到气孔因素限制的影响。但随着干旱胁迫的加深，叶肉细胞光合作用受到限制，气孔限制会向非气孔限制转变（刘丽燕等，2020）。还有研究认为在干旱胁迫下气孔与非气孔因素共同降低了植物的光合作用水平（Zhang et al.，2010b）。取得结果和结论不一致的原因与试验植物的种类、生长阶段、土壤养分和胁迫强度等有关，还与诸多的生理生化指标有关，因此需要综合分析以揭示出更为精准可靠的内在机理。

11.3.2 光照强度对植物光合特征的影响

光合作用是生物界赖以生存的基础（李力等，2016），光是植物进行光合作用以及生长发育必不可少的因素（Yang et al.，2019）。光辐射条件可对植物起到限制性作用，当植物吸收的光能超过其所需时，过剩的激发会产生光抑制并降低光合作用效率（李德全等，2004），进而影响植物种群密度和生态系统功能（吕程瑜等，2018）。在长期的生物进化过程中，不同生活型植物为适应各种复杂的光环境，其接收光能有效辐射的能力存在较大差异，因此不同植物对光照强度有不同的适应性（蔡建国等，2017）：在光强较弱的生境中，植物可以通过有效提升表观量子效率、降低光补偿点和暗呼吸速率等途径适应弱光环境来确保稳定生长（Wu et al.，2013），而有些植物则是通过提高碳同化能力以及光照的高补偿点来实现生长和能量调节的平衡（刘建锋等，2011）。光响应曲线反映了植物光合速率会随着光照强弱的变化而变化，并可以了解植物光合能力对环境胁迫的响应程度。本研究对猪毛蒿的光响应曲线拟合表明，在同一光照强度下，随着水分的减少，净光合速率降幅增大，这与大多数的研究结果一致。

但是在自然界中，植物所处的光照环境往往受到叶片、植株相互遮挡和云的运动等影响，也发生明显的波动性（乔美玉等，2019）。当生长环境中的光照强度过低时，则限制光合作用的快速进行，进而导致植物体净光合速率下降；当生长环境中的光照强度过高时，高光照则能够引起光抑制现象，从而抑制光合作用，降低光合作用的效率和最大净光合速率（付忠等，2016）。以往大部分研究多以稳态或恒定光强为主，而自然条件下植物所处的光环境非常复杂，其中强光和弱光都是植物经常遭遇的光环境，波动光是植物光环境的重要形式之一，这种光环境的变化性是影响植物生长和光合作用的重要因素，因此单一的稳定光强不能很好地反映光环境的复杂性以及光环境对植物的影响（乔美玉等，2019），需要加强植物对光波动性响应的研究。

11.3.3 改变降雨对植物水分利用效率的影响

水分是荒漠草原生态系统植物生长的主要限制因素，水分利用效率是表征植物在等量水分消耗情况下固定CO_2的能力，是衡量植物对环境胁迫适应性的关键指标（赵自国等，2019）。植物叶片水平的水分利用效率研究不仅可以揭示植物叶片内在的耗水机制，明确植物自身光合能力大小，还是表征植物在叶片尺度上对水分变化适应性的指标（王强等，2021），且还能反映植物有效利用水分的能力，为人们了解植物水分利用特征提供有用的信息（叶子飘等，2016）。

根据气孔最优化理论，植物可以通过气孔的短时变化，在保持最高CO_2同化速率的同时降低水分损耗，提高水分利用效率，从而更好地适应胁迫环境（赵自国等，2019）。本研究中，随着降雨的减少，猪毛蒿净光合速率降低的幅度小于蒸腾速率，所以猪毛蒿在受旱条件下水分利用效率更高，以便于应对水分缺少导致的生理干旱，是猪毛蒿抗旱策略的重要组成部分。这与其他研究结果，随着适合胁迫程度的增加，植物水分利用效率将逐渐升高的结论相一致（赵自国等，2019）。

第 12 章 猪毛蒿代谢特征

代谢物是生物信息传递的终端层次，能直观反映生物体对所处环境的响应（赵丹等，2015）。代谢组学则是以代谢物组群指标分析为基础，以高通量检测和数据处理为手段，以信息建模与系统整合为目标的系统生物学的一个分支，是继基因组学、转录组学和蛋白质组学后系统生物学的另一重要研究领域（滕中秋等，2011），可以反映外界刺激或遗传修饰的细胞或组织的代谢应答变化（Nicholson et al.，1999）。因此，代谢组学是定性和定量研究分析某一生物、组织或细胞中代谢产物的一门学科（Goodacre et al.，2004）。随着新的分析检测技术和生物信息学的发展，代谢组学为植物代谢研究提供了全面、多维的视角，为人们从整体上全面理解植物代谢提供了可能（滕中秋等，2011），有助于加深对生态系统运作规律的理解（赵丹等，2015）。

广泛靶向代谢组学分析是一种结合非靶向代谢组学和靶向代谢组学优点的新方法，利用基于多反应监测（multiple reaction monitoring，MRM）模式的 Q TRAP 质谱法，可同时定量数百个已知代谢物和近千种未知代谢物，实现了高灵敏度、广泛靶向代谢物的检测和鉴定（Chen W et al.，2013；Sawada et al.，2009）。运用代谢组学的方法研究不同水分条件下猪毛蒿代谢物变化的相关报道尚少，本研究以荒漠草原猪毛蒿为研究对象，采用广泛靶向代谢组学的方法，利用超高效液相色谱质谱技术，检测分析不同降水条件下猪毛蒿的代谢物种类及其代谢途径，为深入挖掘猪毛蒿有效化学成分和药用价值奠定理论基础。

12.1 材料与方法

12.1.1 样地概况

内容同 11.1.1 节内容。

12.1.2 试验设计

内容同 11.1.3 节内容。

12.1.3 测定指标与计算方法

12.1.3.1 气候指标

内容同 11.1.4.1 节内容。

12.1.3.2 生长指标

密度（株/m^2）：分别统计样方内标记植株的独立株数。

株高（cm）：用钢卷尺测量固定样方内标记的所有植株体，从地面到植株顶端的垂直高度（自然高度），记为株高。

冠幅（cm^2）：为东西向长度和南北向长度的乘积。

盖度（%）：选择最为常用的目测估算法。

生物量（g/m^2）：用剪刀齐地面剪取地上部分，装入信封后带回实验室，于（105±2）℃烘箱内杀青 30 min 后，在（65±2）℃烘干至恒重，用万分之一天平称重，记为生物量。为了减少刈割对次年种群生长的影响，每隔 2 年对生物量进行测量，即在 2018 年和 2020 年生育后期对生物量进行了 2 次测量。

可塑性指数：可塑性指数反映了该参数代表的形态学和种群特征在异质生境中的变异程度，可以反映植物对异质生境的适应能力（郭美玉等，2017；韩玲等，2017）。本研究参照 Valladares 等（2000）的方法计算对不同降水处理下猪毛蒿密度、株高、冠幅、盖度和生物量的可塑性指数，即：同一生境内所调查的猪毛蒿某个参数的最大值减去该参数中的最小值，再除以其最大值。

12.1.3.3 代谢产物

样品提取：选取不同处理下生长状况良好且无病虫害的猪毛蒿茎叶，各设 3 个生物学重复。将样品放置于冻干机中真空冷冻干燥；利用研磨仪研磨 15 min 至粉末状；称取 100 mg 的粉末，溶解于 1.2 mL 70% 甲醇提取液中；每 30 min 涡旋一次，每次持续 30 s，共涡旋 6 次，样本置于 4℃冰箱过夜；离心（转速 12 000 r/min，10 min）后，吸取上清液，用微孔滤膜 0.22 μm pore size 过滤样品，并保存于进样瓶中，用于 UPLC-MS/MS 分析。

检测分析：数据采集仪器系统主要包括超高效液相色谱和串联质谱。液相条件主要包括：①色谱柱：Agilent SB-C18 1.8 μm，2.1 mm×100 mm；②流动相：A 相为超纯水（加入 0.1%的甲酸），B 相为乙腈（加入 0.1%的甲酸）；③洗脱梯度：刚开始 0 min 时，B 相比例为 5%，9.00 min 内 B 相比例线性增加到 95%，并在 95%保持 1 min，随后在 10.00～11.10 min，B 相比例降为 5%，并以 5%平衡至 14 min；④流速 0.35 mL/min，柱温 40℃，进样量 4 μL。

质谱条件：LIT 和三重四极杆（QQQ）扫描是在三重四极杆线性离子阱质谱仪（Q TRAP），AB 4500 Q TRAP UPLC/MS/MS 系统上获得的，该系统配备了 ESI Turbo 离子喷雾接口，可由 Analyst 1.6.3 软件（AB Sciex）控制运行正负两种离子模式。ESI 源操作参数如下：离子源，涡轮喷雾；源温度 550°C；离子喷雾电压（IS）5 500 V（正离子模式）/–4 500 V（负离子模式）；离子源气体Ⅰ（GSI），气体Ⅱ（GSII）和帘气（CUR）分别设置为 50 psi、60 psi 和 25.0 psi，碰撞诱导电离参数设置为高。在 QQQ 和 LIT 模式下分别用 10 μmol/L 和 100 μmol/L 聚丙二醇溶液进行仪器调谐和质量校准。QQQ 扫描使用 MRM 模式，并将碰撞气体（氮气）设置为中等。通过进一步的 DP 和 CE 优化，完成了各个 MRM 离子对的 DP 和 CE。根据每个时期内洗脱的代谢物，在每个时期监测一组特定的 MRM 离子对。

定性定量：根据二级谱信息进行物质定性，分析时去除了同位素信号，含 K^+ 离子、Na^+离子和 NH_4^+离子的重复信号，以及本身是其他更大分子量物质的碎片离子的重复信号。代谢物定量是利用三重四极杆质谱的多反应监测模式分析完成。该模式中，四极杆首先筛选目标物质的前体离子（母离子），排除掉其他分子量物质对应的离子以初步排除干扰；前体离子经碰撞室诱导电离后断裂形成很多碎片离子，碎片离子再通过三重四极杆过滤选择出所需要的一个特征碎片离子，排除非目标离子干扰，使定量更为精确，重复性更好。获得不同样本的代谢物质谱分析数据后，对所有物质质谱峰进行峰面积积分，并对其中同一代谢物在不同样本中的质谱出峰进行积分校正。

基于超高效液相色谱串联质谱检测平台（UPLC-MS/MS）和自建数据库（Metware Database）对代谢物进行鉴定。

12.1.4 数据处理

获得不同样品代谢物数据后，利用 Analyst 1.6.1 软件进行质谱定性、定量分析，包括基线过滤、峰识别、积分、保留时间校正、峰对齐和质谱碎片归属分析等。对数据进行归一化处理，根据获得的保留时间、质荷比和峰强等进行注释，同时使用标准品进一步确认。采用多维统计分析，建立可靠的数学模型对代谢物进行分析。

12.1.4.1 差异代谢物筛选

本研究不同处理各有 3 个生物学重复，则采取将差异倍数值（Fold change）、偏最小二乘法判别模型（OPLS-DA）的变量重要性投影值（Variable Importance in Projection，VIP）相结合的方法来筛选差异代谢物。筛选标准如下：

（1）选取 fold change≥2 和 fold change≤0.5 的代谢物。代谢物在对照组和实验组中差异为 2 倍以上或 0.5 以下，则认为差异显著。

（2）选取 VIP≥1 的代谢物。VIP 值表示对应代谢物的组间差异在模型中各组样本分类判别中的影响强度，一般认为 VIP≥1 的代谢物则为差异显著。

12.1.4.2 差异代谢物 KEGG 富集分析

代谢物质是生物体表型的基础，能帮助我们更直观有效地了解生物学过程及其机理，通过 KEGG 数据库对差异代谢物进行注释，获得主要的代谢通路（熊欢欢等，2019）。根据差异代谢物结果，进行 KEGG 通路富集，其中 Rich factor 为差异表达的代谢物中在对应通路中的个数与该通路检测注释到的代谢物总数的比值，该值越大表示富集程度越大。*P*-value 为超几何检验 p 值，超几何分布的计算公式如下所示：

$$P = 1 - \sum_{i=0}^{m-1} \frac{\binom{M}{i}\binom{N-M}{n-i}}{\binom{N}{n}}$$

式中，N——全部代谢物中具有 KEGG 注释的代谢物数量；

n——N 中差异代谢物的数量；

M——N 中某 KEGG 通路的代谢物数量；

m——M 中某 KEGG 通路的差异代谢物数量。

P-value 越接近于 0，表示富集越显著。

12.2 结果与分析

12.2.1 环境因子特征

从 2017—2020 年各月平均降水量分布来看，不同月份降水分配不均，1—3 月和 11—12 月降水量较低，平均月降水量＜10 mm，降水主要发生在 4—10 月，占全年降水量的 93.34%，而且较大的有效降水事件发生频次也较高，同时，这一时期气温相对较高，雨热同期有利于植物生长。

2017 年降水事件发生的天数共 65 天，降水量为 393.3 mm，2018 年有 59 天发生降水事件，降水量为 385.6 mm，2019 年有 63 天发生降水事件，降水量为 323.2 mm，而 2020 年虽然发生降水事件同样有 63 天，但降水量仅为 205.8 mm。经统计，1956—2020 年研究区的年平均降水量为 292.3 mm。从降水年型来看，2017 年和 2018 年为丰水年，2019 年也为丰水年（但仅比丰水年临界值 318.96 mm 多 4.2 mm），2020 年为枯水年，较多年平均降水量少了 87.5 mm。从所设置的增减水处理来看，2017 年减水处理理论值为 275.3 mm（平水年），增水处理理论值为 511.3 mm（丰水年）；2018 年减水处理理论值为 269.9 mm（平水年），增水处理理论值为 501.3 mm（丰水年）；2019 年减水处理理论值为 226.2 mm（枯水年），增水处理理论值为 420.2 mm（丰水年）；2020 年减水处理理论值为 144.1 mm（枯水年），增水处理理论值为 267.5 mm（平水年，仅比枯水年临界值 261.8 mm 多 5.7 mm），见表 12-1。

表 12-1　2017—2020 年各月降水量分布

月份	年份				平均值
	2017	2018	2019	2020	
1	0.00	3.90	2.20	7.30	3.35
2	21.60	0.00	2.50	0.30	6.10
3	11.00	2.50	2.70	0.00	4.05
4	25.60	18.40	20.10	1.80	16.48
5	17.60	68.50	14.70	11.90	28.18
6	55.60	63.40	57.30	10.80	46.78
7	78.00	63.30	55.50	15.70	53.13
8	122.50	112.50	85.00	98.90	104.73
9	18.60	29.10	40.10	37.30	31.28
10	41.70	19.50	37.10	0.20	24.63
11	0.00	3.80	5.90	17.40	6.78
12	1.10	0.70	0.10	4.20	1.53
合计	393.30	385.60	323.20	205.80	326.98

12.2.2　降水变化对猪毛蒿生长的影响

2018 年猪毛蒿生长指标的可塑性指数中，仅增水处理下种群密度的可塑性指数显著高于其他两个处理，其他生长指标的可塑性指数均无显著差异；而 2020 年，降水处理对猪毛蒿生物量、密度、株高和冠幅的可塑性指数均产生了显著影响，随着水分的减少，这些指数呈降低的趋势，但盖度无显著差异（图 12-1）。这可能是由于 2018 年降水丰富，猪毛蒿种群的生长未受到干旱影响，降水处理对猪毛蒿生长的影响并不大，而 2020 年为枯水年，特别是 1—7 月的降水量仅为 47.8 mm，生长季前期的干旱对猪毛蒿生长产生了较大的影响，水分的供给与缺少使不同处理间猪毛蒿种群特征（生物量、密度、株高和冠幅）发生显著差异。因此，我们选取 2020 年各处理下的猪毛蒿茎叶进行后续的代谢特征分析。

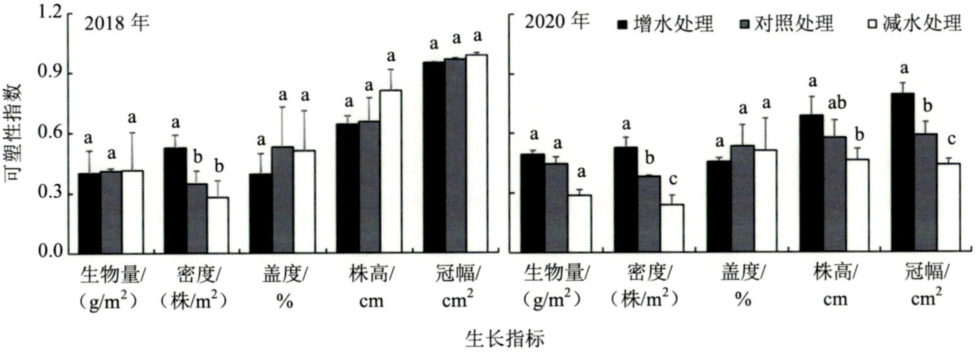

图 12-1 不同处理下猪毛蒿生长特征的可塑性指数

12.2.3 不同处理下代谢物的解析

12.2.3.1 代谢物的偏最小二乘模式识别分析

偏最小二乘模式识别分析（Partial Least Squares-Discriminant Analysis，PLS-DA）是一种有监督模式识别的多元统计分析方法，具体做法是分别提取自变量 *X* 与因变量 *Y* 中的成分，然后计算成分间的相关性。与主成分分析（Principal Component Analysis，PCA）相比，PLS-DA 可以使组间区分最大化，有利于寻找差异代谢物。

可以看出，增减雨处理组和对照组的检测数据结果可以很好地分开，而且各组的 3 个重复分别集中在一起，重复样品的相关系数在 0.7～0.9，说明在整个试验过程中系统误差（如仪器稳定性、实验过程操作）较小，数据的重复性较好，可以用于后续注释富集等进一步的分析，如图 12-2 所示。

12.2.3.2 代谢物定性定量分析

通过在不同处理下对猪毛蒿地上部分代谢物进行检测，共分析鉴定出 772 种代谢物（图 12-3 和图 12-4）。其中主要包括了 216 种黄酮［槲皮素-7-*O*-葡萄糖苷、槲皮素-3-*O*-葡萄糖苷（异槲皮苷）、槲皮素-3-*O*-半乳糖苷（金丝桃苷）、圣草酚、二氢槲皮素（花旗松素）等］、129 种酚酸类［1′-*O*-（3,4-二羟基苯乙基）-*O*-咖啡酰基-葡萄糖苷、1-*O*-没食子酰-*D*-葡萄糖、松柏醛、2-（4-羟基苄基）-4-（甲氧基甲基）苯酚、丁香酸等］、106 种脂质［顺-10-十七碳烯酸、溶血磷脂酰乙醇胺 16∶1

（2*n* 异构）、二十碳二烯酸、γ-亚麻酸、α-亚麻酸等］、72 种氨基酸及其衍生物（2-氨基异丁酸、高精氨酸、L-精氨酸、L-酪氨酸、L-脯氨酰-L-亮氨酸等）、68 种有机酸［β-羟基异戊酸、奎宁酸、精氨基琥珀酸、2-氧代己二酸、月桂酸（十二烷酸）等］、46 种核苷酸及其衍生物［5-脱氧-5-甲硫腺苷、1-甲基腺嘌呤、2-（二甲基氨基）鸟苷、鸟苷、次黄嘌呤等］、36 种木脂素和香豆素（秦皮乙素、瑞香素、松脂醇、异莨菪亭、茵芋苷等）、34 种生物碱（胆碱、*N*-苯亚甲基异甲胺、*N*-阿魏酰五羟色胺、二对香豆酰精胺、甜菜碱等）、15 种萜类［青蒿素 A、（5R）-2-甲基-5-（6-甲基庚烷-1,5-二烯-2-基）环己-2-烯-1-酮、3,4β-二氢-15-脱氢山莴苣苦素、去氢木香内酯、青蒿酸等］、2 种醌类｛2,6-二氧甲基-1,4-苯醌和 1,8,10-三羟基-6H-6H-萘[1,2-b]苯并[*d*]--6-酮-12-*O*-[6′-*O*-（3″,5″-二甲氧基-4″-羟基苯甲酰）]-葡萄糖苷｝、2 种鞣质（6-*O*-没食子酰-葡萄糖和 4-鼠李糖基-鞣花酸）以及 46 种其他类。

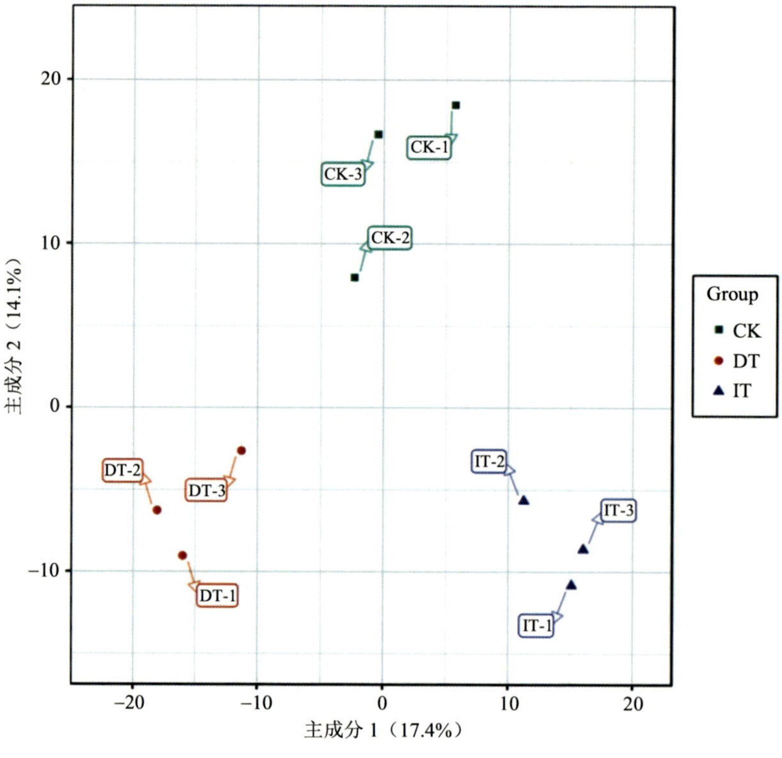

图 12-2　3 个处理组的 OPLS-DA 模型得分

注：IT：增雨处理；CK：对照处理；DT：减雨区。

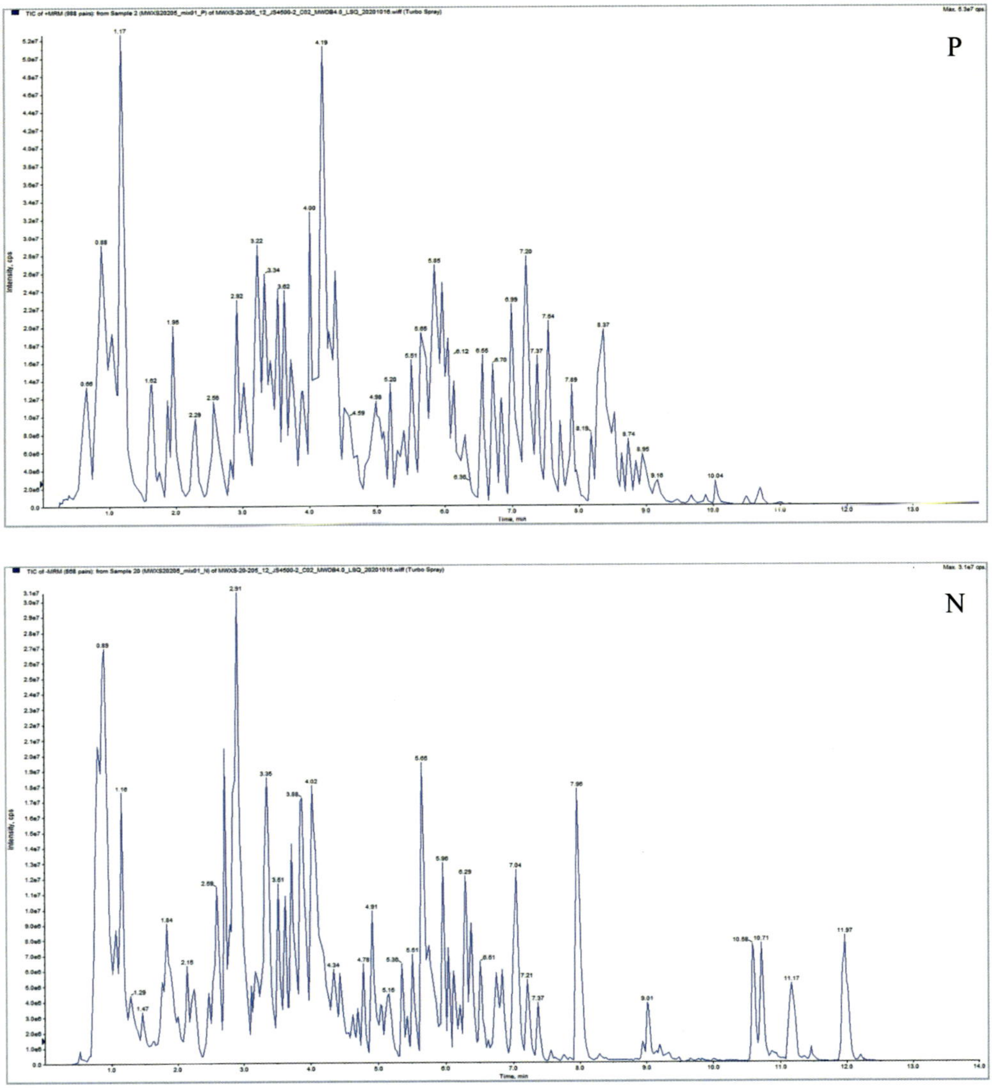

图 12-3　样品质谱分析总离子流

注：P 代表正离子模式，N 代表负离子模式。横坐标为代谢物检测的保留时间，纵坐标为离子检测的离子流强度，下同。

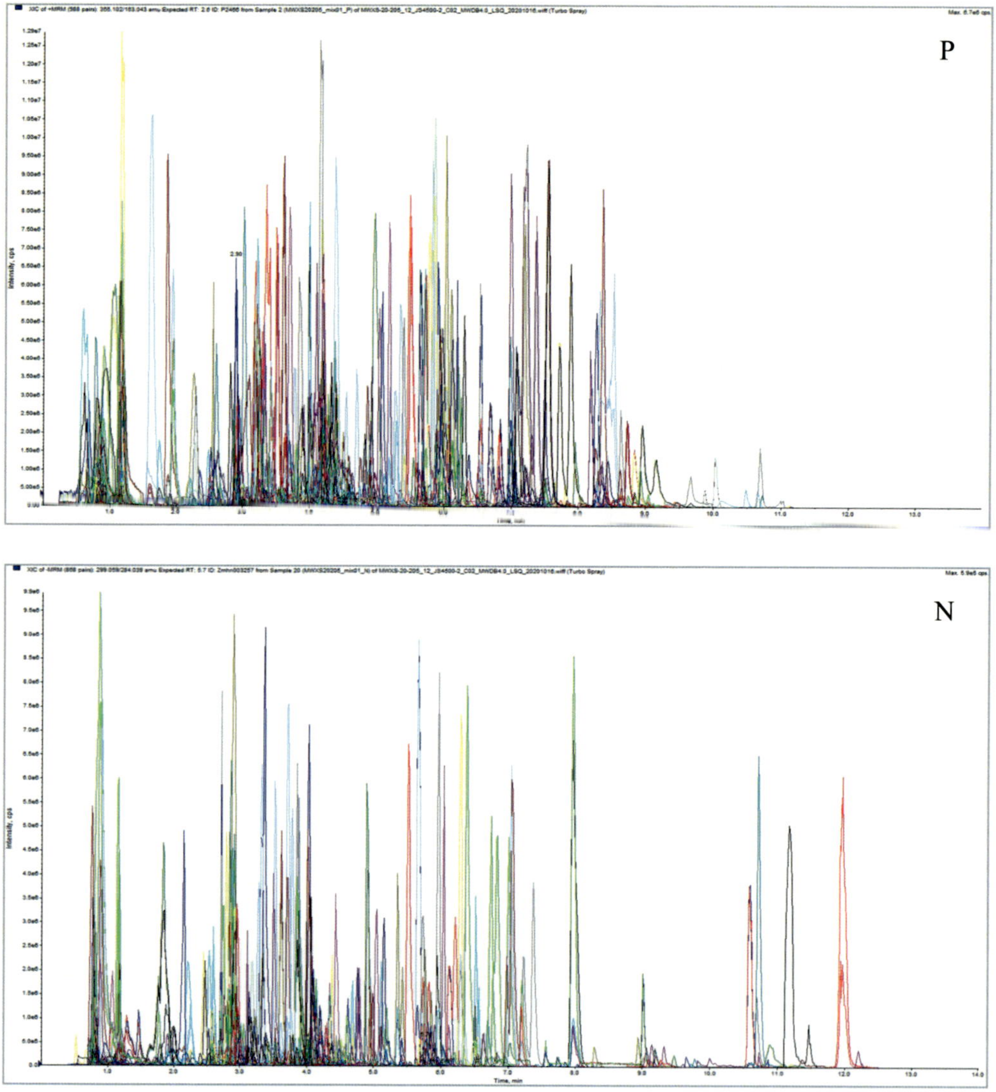

图 12-4　MRM 代谢物检测多峰图

12.2.4　差异代谢物分析和筛选

12.2.4.1　差异代谢物分析

与正常处理相比，增水处理上调的代谢物有 63 个，主要为黄酮 16 个、酚酸类14个、氨基酸及其衍生物9个、生物碱8个、有机酸6个、木脂素和香豆素5个等，包括甜菜碱、瑞香素、圣草酚、3-羟基苯基乙酸甲酯和L-谷氨酰胺等；下调的有42个，主要为黄酮13个、酚酸类9个、有机酸4个、木脂素和香豆素3个等，包括精氨基琥珀酸、D-果糖-6-磷酸、丁香树脂酚、水飞蓟宾和苯甲酰胺等。

而减水处理相比正常处理下调的代谢物数量（100个）较上调的42个多，其中下调的代谢物主要为黄酮45个、脂质19个、酚酸类14个、核苷酸及其衍生物7个、氨基酸及其衍生物6个等，包括5-甲基胞嘧啶、对羟基苯乙酸、3-（4-羟基苯基）丙酸、吡哆醇、5-羟基吲哚-3-乙醇等；上调的代谢物主要为氨基酸及其衍生物12个、酚酸类8个、有机酸7个和黄酮7个等，包括5-氧代-L-脯氨酸、L-天冬氨酸、对氨基苯甲酸、己二烯二酸和2,2-二甲基琥珀酸等。

增水处理和减水处理相比，发生显著差异的代谢物数量共有163个，有124个上调，39个下调。在上调的代谢物中主要是黄酮35个、脂质28个、酚酸类15个、氨基酸及其衍生物14个、核苷酸及其衍生物13个、有机酸6个、生物碱5个等，包括二十碳二烯酸、蒿黄素、5,6-二氢尿嘧啶、肉桂酸和N-甘氨酰-L-亮氨酸等；下调的代谢物中主要是酚酸类8个、脂质6个、木脂素和香豆素5个、有机酸5个、氨基酸及其衍生物5个等，包括油酸酰胺（9-十八碳烯酰胺）、α-酮戊二酸、香豆素、苯甲酰胺和L-天冬氨酸等。

研究说明水分对猪毛蒿代谢物的影响较大，特别是减水处理下调的差异代谢物数量较多，而相对于增水处理，差异代谢物主要以上调为主，占到了两者间差异代谢物数量的76.07%。此外，从韦恩图也可以看出，增减水处理间出现的单独差异代谢物最多，达到了52种；减水处理和对照处理间有44种单独差异代谢物；增水处理和对照处理间独有的差异代谢物最少，为28种。而增减水和对照处理三者间共同的差异代谢物仅为2种，见表12-2和图12-5。

表12-2 不同处理猪毛蒿差异代谢物的数量

不同处理间比较	差异代谢物数量	下调差异代谢物数量	上调差异代谢物数量
CK vs DT	142	100	42
CK vs IT	105	42	63
DT vs IT	163	39	124

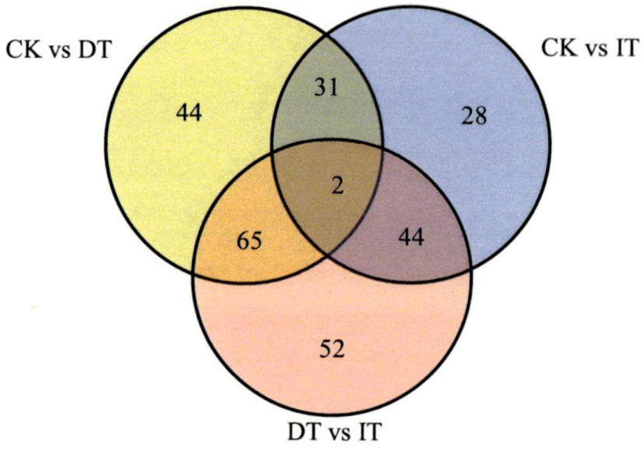

图 12-5 CK 与 DT 组、CK 与 IT 组及 DT 与 IT 组差异变量的韦恩图

注：图中每个圈代表一个比较组，圈和圈重叠部分的数字代表比较组之间共有的差异代谢物个数，没有重叠部分的数字代表比较组特有差异代谢物个数。

12.2.4.2 差异代谢物筛选

对检测到的代谢物进行 $\log_2$ 处理后，对照减水处理、对照增水处理、增减水处理间差异倍数排在前 20（上调和下调）的代谢物表明降水变化对猪毛蒿代谢物产生了较大的影响，与对照处理相比，减水处理中有机酸类的 3,4-二甲氧基苯乙酸显著上调了 10.88 倍，酚酸类中的 3-羟基-4-异丙基苯甲醇-3-*O*-葡萄糖苷显著下调了 14.68 倍；增水处理中黄酮类的槲皮素-3-*O*-鼠李糖基（1→2）阿拉伯糖苷则较之对照下调高达 20.38 倍；增减水处理间一种酚酸类上调倍数最大的达到了 16.46 倍（3-羟基-4-异丙基苯甲醇-3-*O*-葡萄糖苷），有一种黄酮类的下调最大为 17.36 倍［槲皮素-3-*O*-鼠李糖基（1→2）阿拉伯糖苷］，这些差异倍数较大的代谢物可能是影响不同处理间猪毛蒿表型和光合特性差异的主要原因，如图 12-6 所示。

为了获得更可靠的差异代谢物结果，结合偏最小二乘法判别方法的 VIP 值（VIP≥1）和单变量统计分析 *T* 检验 *P* 值（$P<0.05$）来筛选 3 种处理间的显著差异代谢物。具有显著差异的 43 种代谢物中，有机酸 7 种、脂质 3 种、酚酸类 3 种、氨基酸及其衍生物 7 种、生物碱 6 种、木脂素和香豆素 2 种、黄酮 5 种、核苷酸及其衍生物 6 种和 4 种其他类，见表 12-3。

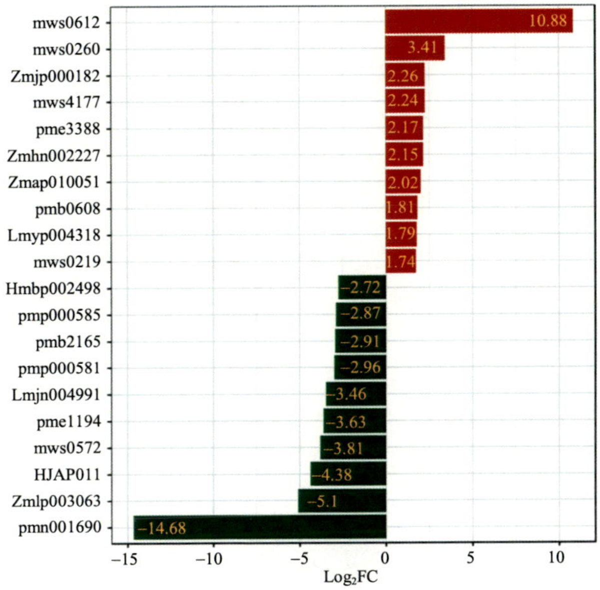

（a）CK vs DT

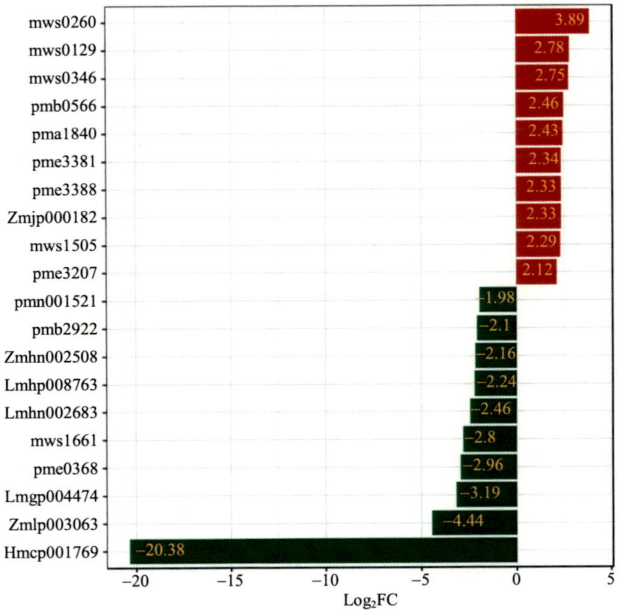

（b）CK vs IT

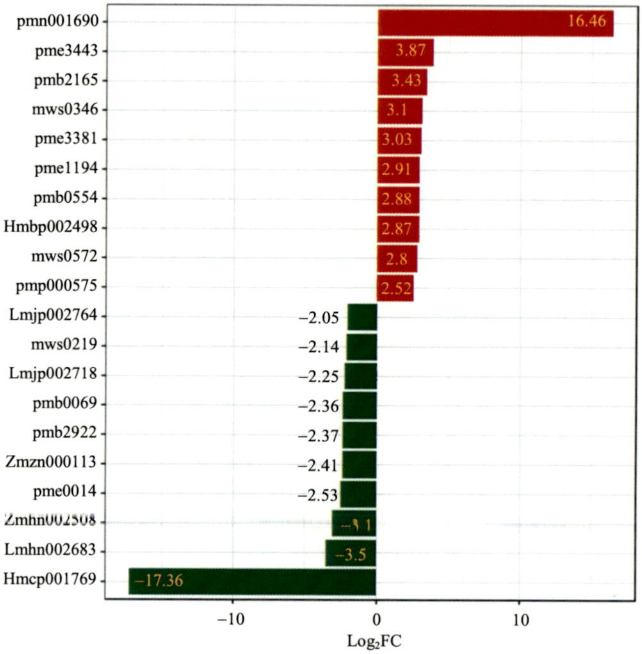

（c）DT vs IT

图 12-6 各组代谢物差异倍数

注：（1）横坐标表示差异倍数都是以 2 为底的对数值；纵坐标表示差异代谢物代号。HJAP011：金圣草黄素-8-*C*-葡萄糖苷（金雀花素）；Hmbp002498：东莨菪内酯-7-*O*-木糖基（1→6）葡糖苷；Hmcp001769：槲皮素-3-*O*-鼠李糖基（1→2）阿拉伯糖苷；Lmgp004474：5,7,4′-三羟基异黄酮-7-*O*-半乳糖苷-鼠李糖；Lmhn002683：对香豆酰咖啡酰酒石酸；Lmhp008763：溶血磷脂酰乙醇胺 16∶1（2n 异构）*；Lmjn004991：二氢青蒿素 D3；Lmjp002718：青蒿素 *A*；Lmjp002764：5,6-二甲氧基-7-羟基香豆素；Lmyp004318：山奈酚-3-*O*-（6″-对香豆酰）半乳糖苷；mws0129：芫花素（5,4′-二羟基-7-甲氧基黄酮）；mws0219：L-天冬氨酸；mws0260：L-精氨酸；mws0346：3-（3-羟基苯基）丙酸；mws0572：5-甲基胞嘧啶；mws0612：3,4-二甲氧基苯乙酸；mws1505：咖啡酸苯乙酯；mws1661：香叶木苷；mws4177：邻氨基苯甲酸甲酯；pma1840：对香豆酰胆碱；pmb0069：苯甲酰胺；pmb0554：天竺葵素-3-*O*-（6″-*O*-丙二酰）葡萄糖苷；pmb0566：木犀草素-7-*O*-葡萄糖苷-5-*O*-阿拉伯糖苷；pmb0608：金圣草黄素-7-*O*-（6″-丙二酰）葡萄糖苷；pmb2165：溶血磷脂酰胆碱 10∶0；pmb2922：尿苷 5′-二磷酸-D-葡萄糖；pme0014：L-谷氨酸；pme0368：异野漆树苷；pme1194：2′-脱氧胞苷；pme3207：己二烯二酸；pme3381：3-羟基苯基乙酸甲酯；pme3388：高精氨酸；pme3443：芥子醛；pmn001521：3-羟基-5-甲基苯酚-1-氧-（6′-没食子酰）葡萄糖苷；pmn001690：3-羟基-4-异丙基苯甲醇-3-*O*-葡萄糖苷；pmp000575：金合欢素-7-*O*-葡萄糖苷（煅树素）；pmp000581：芹菜素-7-*O*-（6″-乙酰）葡萄糖苷；pmp000585：芹菜素-7-*O*-（6″-丙二酰）葡萄糖苷：Blumeaene C；Zmhn002227：4-O-葡萄糖基芥子酸；Zmhn002508：4-对香豆酰鼠李糖基-（1→6）-D-葡萄糖；Zmjp000182：*N*-单甲基-L-精氨酸；Zmlp003063：木犀草素-7-*O*-（2″-*O*-鼠李糖基）芸香糖苷；Zmzn000113：L-苏式-3-甲基天冬氨酸。

（2）IT：增雨处理；CK：对照处理；DT：减雨处理。

表 12-3 3 种处理猪毛蒿具有显著差异的代谢物

序号	物质	物质一级分类	物质二级分类	VIP	*P*-value
1	*β*-羟基异戊酸	有机酸	有机酸	2.079	0.019
2	精氨基琥珀酸	有机酸	有机酸	1.928	0.018
3	*α*-酮戊二酸	有机酸	有机酸	1.815	0.015
4	2-吡啶甲酸	有机酸	有机酸	1.758	0.003
5	异烟酸	有机酸	有机酸	1.552	0.015
6	*γ*-氨基丁酸	有机酸	有机酸	1.439	0.030
7	3-（3-羟基苯基）丙酸	有机酸	有机酸	1.263	0.039
8	顺-10-十七碳烯酸	脂质	游离脂肪酸	2.262	0.042
9	二十碳二烯酸	脂质	游离脂肪酸	1.849	0.016
10	肉豆蔻酸	脂质	游离脂肪酸	1.270	0.022
11	秦皮乙素	木脂素和香豆素	香豆素	2.274	0.020
12	茵芋苷	木脂素和香豆素	香豆素	1.700	0.001
13	D-苏糖酸	其他类	糖及醇类	2.098	0.022
14	D-阿拉伯糖醇	其他类	糖及醇类	1.800	0.007
15	D-潘糖	其他类	糖及醇类	1.546	0.005
16	1-甲基组胺	其他类	其他	1.214	0.042
17	3-吲哚丙酸	生物碱	吲哚类生物碱	1.004	0.033
18	胆碱	生物碱	生物碱	2.163	0.023
19	*N*-苯亚甲基异甲胺	生物碱	生物碱	1.984	0.039
20	甜菜碱	生物碱	生物碱	1.858	0.021
21	二对香豆酰精胺	生物碱	酚胺	1.872	0.035
22	*N*-对香豆酰精胺	生物碱	酚胺	1.838	0.020
23	槲皮素-7-*O*-葡萄糖苷	黄酮	黄酮醇	2.241	0.010
24	槲皮素-3-*O*-葡萄糖苷（异槲皮苷）	黄酮	黄酮醇	2.234	0.019
25	槲皮素-3-*O*-半乳糖苷（金丝桃苷）	黄酮	黄酮醇	2.144	0.006
26	6-甲基山奈酚-3-*O*-葡萄糖苷	黄酮	黄酮	1.436	0.009
27	香叶木素-7-*O*-半乳糖苷	黄酮	黄酮	1.284	0.025
28	5-脱氧-5-甲硫腺苷	核苷酸及其衍生物	核苷酸及其衍生物	1.995	0.005
29	1-甲基腺嘌呤	核苷酸及其衍生物	核苷酸及其衍生物	1.963	0.047
30	2-（二甲基氨基）鸟苷	核苷酸及其衍生物	核苷酸及其衍生物	1.933	0.013
31	鸟苷	核苷酸及其衍生物	核苷酸及其衍生物	1.838	0.028
32	2′-脱氧尿苷	核苷酸及其衍生物	核苷酸及其衍生物	1.617	0.047
33	黄嘌呤	核苷酸及其衍生物	核苷酸及其衍生物	1.587	0.037
34	1′-*O*-（3,4-二羟基苯乙基）-*O*-咖啡酰基-葡萄糖苷	酚酸类	酚酸类	1.994	0.029
35	4-*O*-（6′-*O*-葡萄糖基咖啡酰）-3,4-二羟基苯甲酸	酚酸类	酚酸类	1.610	0.014
36	5-*O*-咖啡酰莽草酸	酚酸类	酚酸类	1.064	0.010
37	2-氨基异丁酸	氨基酸及其衍生物	氨基酸及其衍生物	2.137	0.025

序号	物质	物质一级分类	物质二级分类	VIP	*P*-value
38	L-脯氨酰-L-亮氨酸	氨基酸及其衍生物	氨基酸及其衍生物	2.006	0.020
39	L-苯丙氨酸	氨基酸及其衍生物	氨基酸及其衍生物	1.963	0.049
40	L-谷氨酸	氨基酸及其衍生物	氨基酸及其衍生物	1.718	0.019
41	*N*,*N*-二甲基甘氨酸	氨基酸及其衍生物	氨基酸及其衍生物	1.644	0.016
42	L-苏式-3-甲基天冬氨酸	氨基酸及其衍生物	氨基酸及其衍生物	1.521	0.000
43	5-羟基-L-色氨酸	氨基酸及其衍生物	氨基酸及其衍生物	1.158	0.014

12.2.5 差异代谢物聚类分析

为了更直观地比较各组样品代谢物的差异，对检测出的代谢物进行分级聚类分析。可以看出，不同降水条件下猪毛蒿代谢物的相对含量变化有明显差异。

在氨基酸及其衍生物中，*N*,*N*-二甲基甘氨酸、2-氨基异丁酸、L-苯丙氨酸、5-羟基-L-色氨酸、L-脯氨酰-L-亮氨酸在增水处理中的含量最高，L-谷氨酸和 L-苏式-3-甲基天冬氨酸在减水处理中最高；在有机酸中，*γ*-氨基丁酸、*β*-羟基异戊酸、异烟酸、2-吡啶甲酸和 3-（3-羟基苯基）丙酸的含量在增水处理中最高，*α*-酮戊二酸和精氨基琥珀酸的含量在减水处理中最高；所鉴定出的主要生物碱（胆碱、甜菜碱、*N*-苯亚甲基异甲胺、3-吲哚丙酸、*N*-对香豆酰精胺和二对香豆酰精胺）在增水处理中均较高；在核苷酸和衍生物中，除了 5-脱氧-5-甲硫腺苷在正常和减水处理中较高，1-甲基腺嘌呤、黄嘌呤、2′-脱氧尿苷、鸟苷和 2-（二甲基氨基）鸟苷均为增水处理最高；在黄酮类中，6-甲基山奈酚-3-*O*-葡萄糖苷和香叶木素-7-*O*-半乳糖苷在正常处理中较高，在减水处理中最低，槲皮素-3-*O*-葡萄糖苷（异槲皮苷）、槲皮素-3-*O*-半乳糖苷（金丝桃苷）和槲皮素-7-*O*-葡萄糖苷在增水处理中较高；在脂质中，肉豆蔻酸在减水处理中最低，顺-10-十七碳烯酸和二十碳二烯酸在增水处理中最高；在酚酸中，5-*O*-咖啡酰莽草酸在减水处理中最高，4-*O*-（6′-*O*-葡萄糖基咖啡酰）-3,4-二羟基苯甲酸和 1′-*O*-（3,4-二羟基苯乙基）-*O*-咖啡酰基-葡萄糖苷在减水处理中较低；在木脂素和香豆素中，秦皮乙素和茵芋苷在增水处理中较高；其他的，D-阿拉伯糖醇和 D-潘糖在增水处理中最低，在正常处理中较高，1-甲基组胺在减水处理中较高，D-苏糖酸在增水处理中较高，如图 12-7 所示。

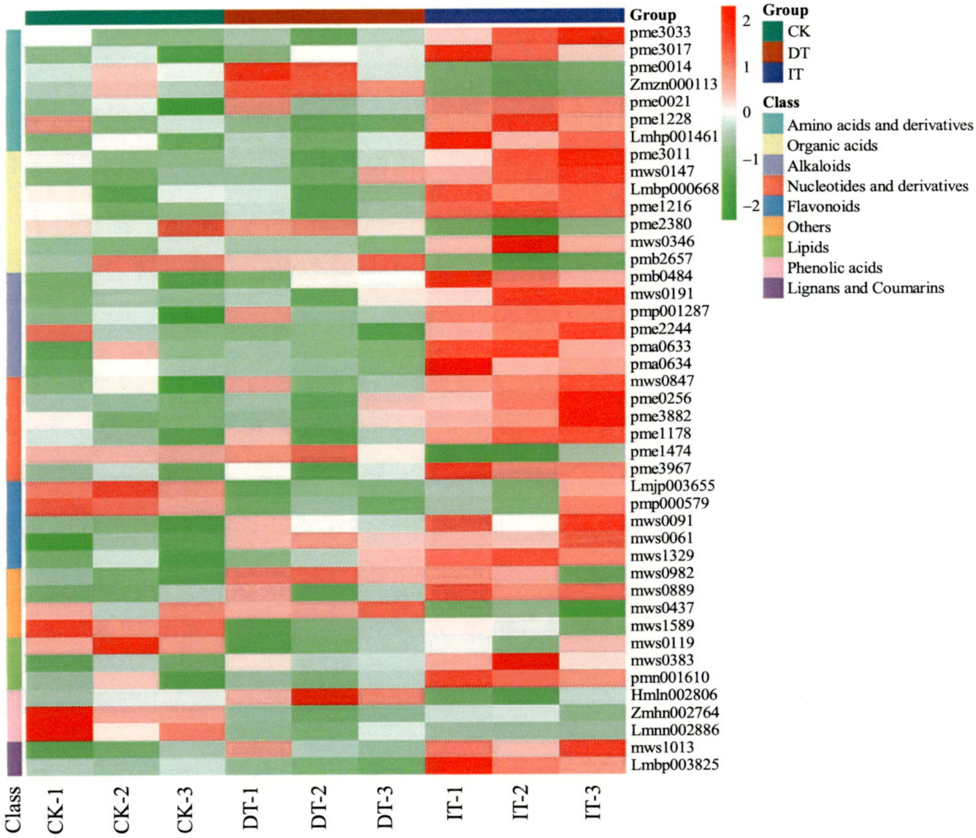

图 12-7 差异代谢物含量聚类分析

注：横向为样品名称，纵向为差异代谢物信息，不同颜色为相对含量标准化处理后得到值（红色代表高含量，绿色代表低含量），Group 为分组，Class 为不同物质类别。pme3033：*N*,*N*-二甲基甘氨酸；pme3017：2-氨基异丁酸；pme0014：L-谷氨酸；Zmzn000113：L-苏式-3-甲基天冬氨酸；pme0021：L-苯丙氨酸；pme1228：5-羟基-L-色氨酸；Lmhp001461：L-脯氨酰-L-亮氨酸；pme3011：*γ*-氨基丁酸；mws0147：*β*-羟基异戊酸；Lmbp000668：异烟酸；pme1216：2-吡啶甲酸；pme2380：*α*-酮戊二酸；mws0346：3-（3-羟基苯基）丙酸；pmb2657：精氨基琥珀酸；pmb0484：胆碱；mws0191：甜菜碱；pmp001287：*N*-苯亚甲基异甲胺；pme2244：3-吲哚丙酸；pma0633：*N*-对香豆酰精胺；pma0634：二对香豆酰精胺；mws0847：1-甲基腺嘌呤；pme0256：黄嘌呤；pme3882：2′-脱氧尿苷；pme1178：鸟苷；pme1474：5-脱氧-5-甲硫腺苷；pme3967：2-（二甲基氨基）鸟苷；Lmjp003655：6-甲基山奈酚-3-*O*-葡萄糖苷；pmp000579：香叶木素-7-*O*-半乳糖苷；mws0091：槲皮素-3-*O*-葡萄糖苷（异槲皮苷）；mws0061：槲皮素-3-*O*-半乳糖苷（金丝桃苷）；mws1329：槲皮素-7-*O*-葡萄糖苷；mws0982：1-甲基组胺；mws0889：D-苏糖酸；mws0437：D-阿拉伯糖醇；mws1589：D-潘糖；mws0119：肉豆蔻酸；mws0383：顺-10-十七碳烯酸；pmn001610：二十碳二烯酸；Hmln002806：5-*O*-咖啡酰莽草酸；Zmhn002764：4-*O*-（6′-*O*-葡萄糖基咖啡酰）-3,4-二羟基苯甲酸；Lmnn002886：1′-*O*-（3,4-二羟基苯乙基）-*O*-咖啡酰基-葡萄糖苷；mws1013：秦皮乙素；Lmbp003825：茵芋苷。

12.2.6 差异代谢物 Z 值图

Z 值图是通过计算 Z 值对不同样本中的差异代谢物做归一化处理，可以非常直观地看到每个差异代谢物在不同组间的分布情况。增水处理中 *N*-苯亚甲基异甲胺、二十碳二烯酸、2-（二甲基氨基）鸟苷、2′-脱氧尿苷、*N*,*N*-二甲基甘氨酸、2-氨基异丁酸、*γ*-氨基丁酸、5-羟基-L-色氨酸、2-吡啶甲酸、鸟苷、黄嘌呤、L-苯丙氨酸、胆碱、二对香豆酰精胺、*N*-对香豆酰精胺、槲皮素-7-*O*-葡萄糖苷、秦皮乙素、D-苏糖酸、1-甲基腺嘌呤、顺-10-十七碳烯酸、3-（3-羟基苯基）丙酸、甜菜碱、*β*-羟基异戊酸、L-脯氨酰-L-亮氨酸、茵芋苷、异烟酸等的代谢物含量相对丰富，而减水处理中含量丰富的代谢物主要是 L-苏式-3-甲基天冬氨酸、L-谷氨酸、1-甲基组胺和 5-*O*-咖啡酰莽草酸等。从不同处理下猪毛蒿的代谢物差异可知，增水处理主要引起了猪毛蒿体内生物碱、有机酸、氨基酸及其衍生物和核苷酸及其衍生物等的改变，减水处理则主要引起了氨基酸及其衍生物和酚酸类的改变，如图 12-8 所示。

12.2.7 差异代谢物 KEGG 分析

KEGG 数据库有助于研究者把代谢物含量作为一个整体网络进行研究。作为有关 Pathway 的主要公共数据库，KEGG 提供的整合代谢途径查询，包括碳水化合物、核苷和氨基酸等的代谢及有机物的生物降解，不仅提供了所有可能的代谢途径，而且对催化各步反应的酶进行了全面的注解，是进行生物体内代谢分析、代谢网络研究的强有力工具。

12.2.7.1 差异代谢物 KEGG 分类

分析不同降水变化条件下猪毛蒿体内代谢途径的变化情况，可以有助于了解植物对水分变化响应的代谢机制。为进一步分析差异代谢物所参与的代谢活动，本研究利用 KEGG 数据库对检测到的差异代谢物进行注释，以明确不同代谢物参与的代谢反应。在 CK vs DT 组鉴定到的 142 个差异代谢物中，共涉及 39 条代谢通路；在 CK vs IT 组鉴定到的 105 个差异代谢物中，共涉及 55 条代谢通路；在 DT vs IT 组鉴定到的 163 个差异代谢物中，共涉及 56 条代谢通路。在所有比较处理中，均注释到代谢途径下代谢物个数占被注释代谢物总数的比例最大，其次为次级代谢物的生物合成，如图 12-9 所示。

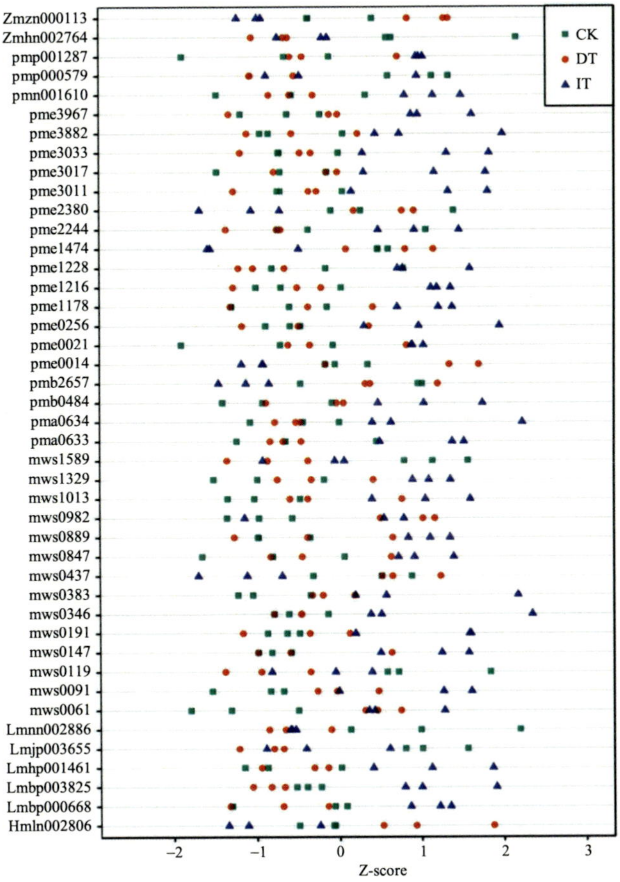

图 12-8　差异代谢物 Z 值图

注：横坐标为物质相对含量归一化处理后的数值，纵坐标是代谢物名称，不同颜色的点代表不同组的样品。Zmzn000113：L-苏式-3-甲基天冬氨酸；Zmhn002764：4-*O*-（6′-*O*-葡萄糖基咖啡酰）-3,4-二羟基苯甲酸；pmp001287：*N*-苯亚甲基异甲胺；pmp000579：香叶木素-7-*O*-半乳糖苷；pmn001610：二十碳二烯酸；pme3967：2-（二甲基氨基）鸟苷；pme3882：2′-脱氧尿苷；pme3033：*N*,*N*-二甲基甘氨酸；pme3017：2-氨基异丁酸；pme3011：*γ*-氨基丁酸；pme2380：*α*-酮戊二酸；pme2244：3-吲哚丙酸；pme1474：5-脱氧-5-甲硫腺苷；pme1228：5-羟基-L-色氨酸；pme1216：2-吡啶甲酸；pme1178：鸟苷；pme0256：黄嘌呤；pme0021：L-苯丙氨酸；pme0014：L-谷氨酸；pmb2657：精氨基琥珀酸；pmb0484：胆碱；pma0634：二对香豆酰精胺；pma0633：*N*-对香豆酰精胺；mws1589：D-潘糖；mws1329：槲皮素-7-*O*-葡萄糖苷；mws1013：秦皮乙素；mws0982：1-甲基组胺；mws0889：D-苏糖酸；mws0847：1-甲基腺嘌呤；mws0437：D-阿拉伯糖醇；mws0383：顺-10-十七碳烯酸；mws0346：3-（3-羟基苯基）丙酸；mws0191：甜菜碱；mws0147：*β*-羟基异戊酸；mws0119：肉豆蔻酸；mws0091：槲皮素-3-*O*-葡萄糖苷（异槲皮苷）；mws0061：槲皮素-3-*O*-半乳糖苷（金丝桃苷）；Lmnn002886：1′-*O*-（3,4-二羟基苯乙基）-*O*-咖啡酰基-葡萄糖苷；Lmjp003655：6-甲基山奈酚-3-*O*-葡萄糖苷；Lmhp001461：L-脯氨酰-L-亮氨酸；Lmbp003825：茵芋苷；Lmbp000668：异烟酸；Hmln002806：5-*O*-咖啡酰莽草酸。

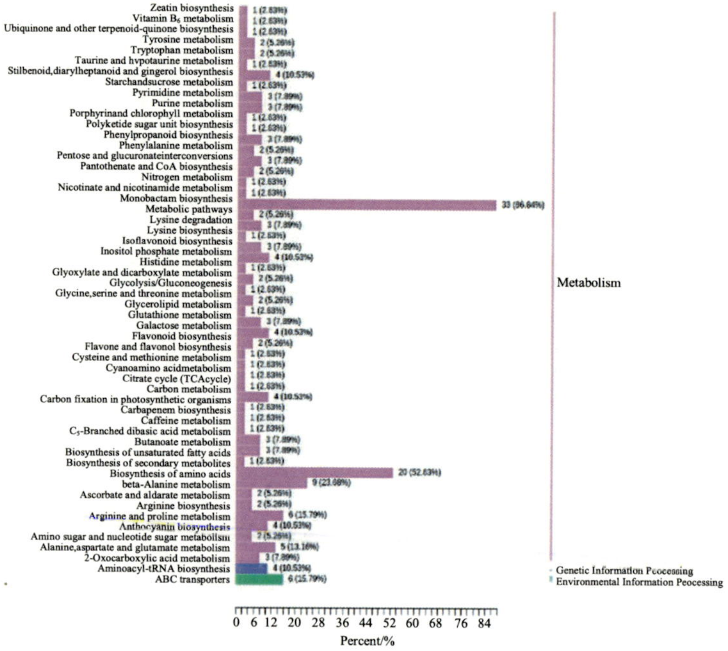

（a）CK vs DT

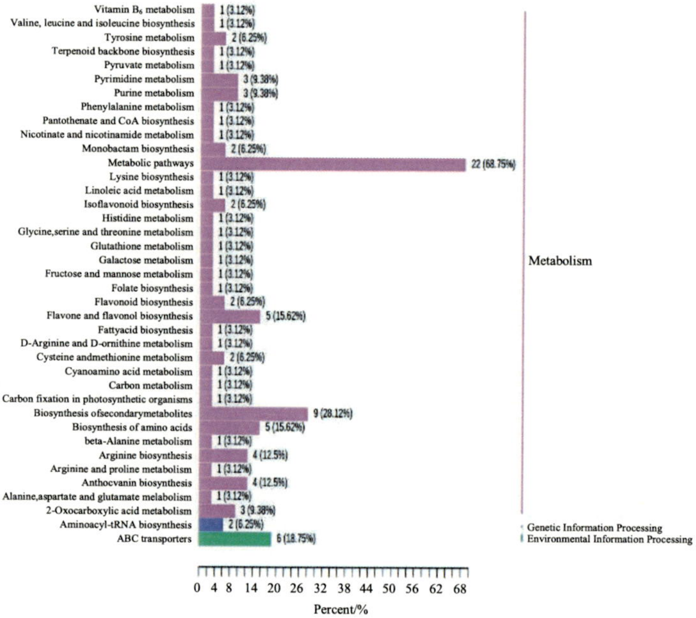

（b）CK vs IT

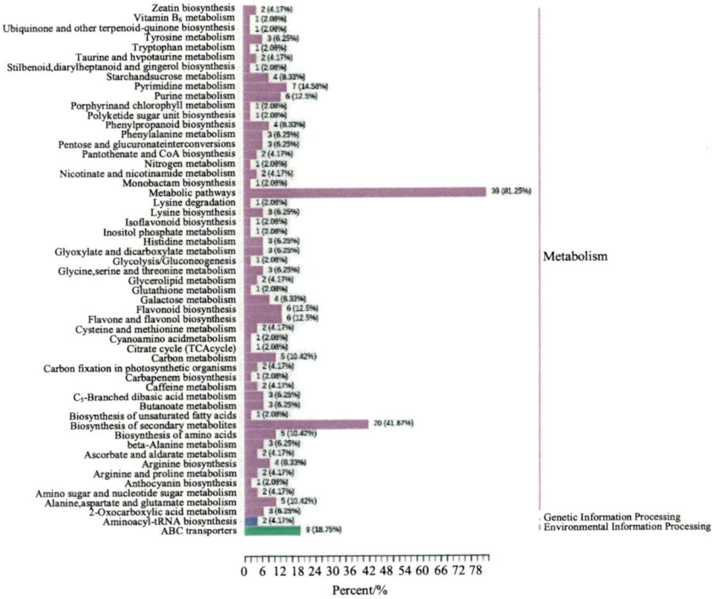

（c）DT vs IT

图 12-9 各组差异代谢物 KEGG 分类

注：（1）2-Oxocarboxylic acid metabolism 2-氧代羧酸代谢；ABC transporters ABC 转运蛋白；Alanine，aspartate and glutamate melabolism 丙氨酸、天冬氨酸和谷氨酸代谢；Amino sugar and nucleotide sugar metabolism 氨基糖和核苷酸糖代谢；Aminoacyl-tRNA biosynthesis 氨酰 tRNA 生物合成；Anthocvanin biosynthesis 花青素生物合成；Arainine and proline metabolism 阿拉宁和脯氨酸代谢；Arginine biosynthesis 精氨酸生物合成；Ascorbate and aldarate metabolism 抗坏血酸盐和醛酸盐代谢；beta-Alanine metabolism β-丙氨酸代谢；Biosynthesis of amino acids 氨基酸的生物合成；Biosynthesis of secondary metabolites 次级代谢物的生物合成；Biosynthesis of unsaturated fatty acids 不饱和脂肪酸的生物合成；Butanoate metabolism 丁酸代谢；C_5-Branched dibasic acid metabolism C_5-支链二元酸代谢；Caffeine metabolism 咖啡因代谢；Carbapenem biosynthesis 碳青霉烯生物合成；Carbon fixation in photosynthetic organisms 光合生物的固碳作用；Carbon metabolism 碳代谢；Citrate cycle（TCAcycle）柠檬酸循环；Cutin，suberine and wax biosynthesis 角质、次分泌和蜡生物合成；Cyanoamino acid metabolism 氰基氨基酸代谢；Cysteine and methionine metabolism 半胱氨酸和蛋氨酸代谢；D-Arginine and D-ornithine metabolism 精氨酸和鸟氨酸代谢；Fattyacid biosynthesis 脂肪酸生物合成；Flavone and flavonol biosynthesis 黄酮和黄酮醇生物合成；Flavonoid biosynthesis 类黄酮生物合成；Folate biosynthesis 叶酸生物合成；Fructose and mannose metabolism 果糖和甘露糖代谢；Galactose metabolism 半乳糖代谢；Glutathione metabolism 谷胱甘肽代谢；Glycerolipid metabolism 甘油脂代谢；Glycerophospholipid metabolism 甘油磷脂代谢；Glycine，serine and threonine metabolism 甘氨酸、丝氨酸和苏氨酸代谢；Glycolysis/Gluconeogenesis 糖酵解/糖异生；Glyoxylate and dicarboxylate metabolism 乙醛酸盐和二羧酸盐代谢；Histidine metabolism 组氨酸代谢；Inositol phosphate metabolism 磷酸肌醇代谢；Isoflavonoid biosynthesis 异黄酮生物合成；Linoleic acid metabolism 亚油酸代谢；Lysine biosynthesis 赖氨酸生物合成；Lysine degradation 赖氨酸降解；Metabolic pathways 代谢途径；Monobactam biosynthesis 单体生物合成；Nicotinate and nicotinamide metabolism 烟酸盐和烟酰胺代谢；Nitrogen metabolism 氮素代谢；2-Oxocarboxvlic acid metabolism 2-氧代羧酸代谢；Pantothenate and CoA biosynthesis 泛酸盐和 CoA 生物合成；Pentose and glucuronate interconversions 戊糖和葡糖醛酸相互转化；Phenylalanine metabolism 苯丙氨酸代谢；Phenylpropanoid biosynthesis 苯丙素生物合成；Polyketide sugar unit biosynthesis 聚酮化合物糖单位生物合成；Porphyrin and chlorophyll metabolism 卟啉和叶绿素代谢；Purine metabolism 嘌呤代谢；Pyrimidine metabolism 嘧啶代谢；Pyruvate metabolism 丙酮酸代谢；Sphingolipid metabolism 鞘脂代谢；Starch and sucrose metabolism 淀粉和蔗糖代谢；Stilbenoid，diarylheptanoid and gingerol biosynthesis 二苯乙烯、二芳基庚酸和姜酚的生物合成；Taurine and hvpotaurine metabolism 牛磺酸与维生素代谢；Terpenoid backbone biosynthesis 萜类骨架生物合成；Tryptophan metabolism 色氨酸代谢；Tyrosine metabolism 酪氨酸代谢；Ubiquinone and other terpenoid-quinone biosynthesis 泛醌和其他萜类醌生物合成；Valine，leucine and isoleucine biosynthesis 缬氨酸、亮氨酸和异亮氨酸的生物合成；Vitamin B_6 metabolism 维生素 B_6 代谢；Zeatin biosynthesis 玉米素生物合成。下同。

（2）IT：增雨处理；CK：对照处理；DT：减雨区。

12.2.7.2 差异代谢物 KEGG 富集

KEGG 注释只是对差异代谢物所参与的代谢途径进行了分析，但不能确定差异代谢物参与的代谢途径与处理条件之间的关系（李焕勇等，2020）。通过对不同降水改变处理下的差异代谢物所参与的主要代谢通路进行富集和拓扑分析，可以筛选出与代谢物差异性最高的关键通路。减水处理与对照处理分析比较发现，减水处理对猪毛蒿的花青素生物合成、精氨酸生物合成、异黄酮类生物合成等代谢通路影响比较明显，且富集到对应通路上的差异显著代谢物数量较多，而富集到氨基酸的生物合成和 2-氧代羧酸代谢通路上的差异代谢物数量虽然较多，但其富集不显著；增水处理与对照处理相比，对猪毛蒿的代谢途径、次级代谢物的生物合成、精氨酸生物合成、淀粉和蔗糖代谢等代谢通路影响明显，其中富集到代谢途径通路上的差异显著代谢物数量达到了近 30 种；增水处理与减水处理相比，代谢途径、淀粉和蔗糖代谢、嘧啶代谢、丙氨酸、天冬氨酸和谷氨酸代谢等代谢通路影响明显，同样是以富集到代谢途径通路上的差异显著代谢物数量最多，如图 12-10 所示。

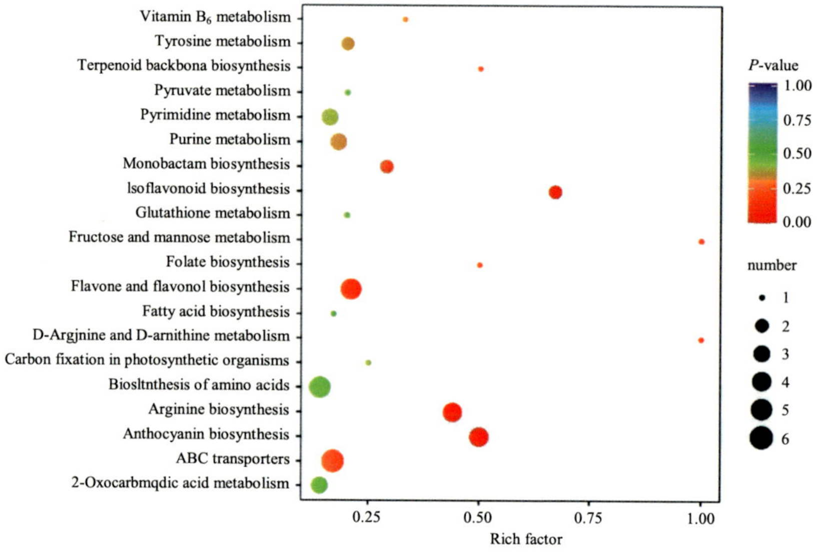

（a）CK vs DT

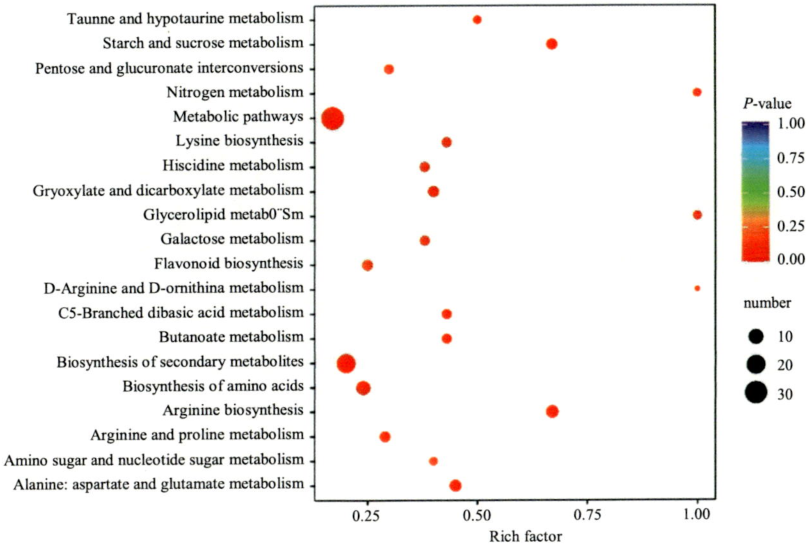

（b）CK vs IT

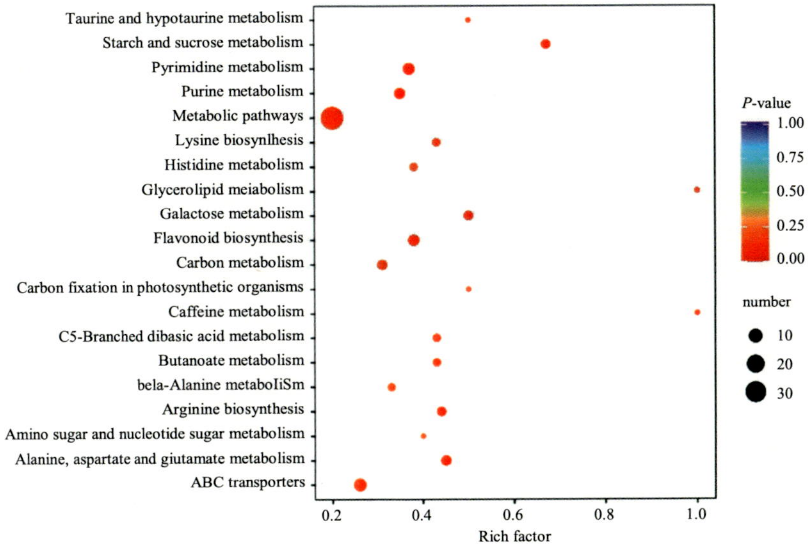

（c）DT vs IT

图 12-10　差异代谢物 KEGG 富集图

注：横坐标表示富集程度；纵坐标为通路名称；点的颜色表示 *P*-value，越红表示富集越显著；点的大小代表富集到的差异代谢物数量。

IT：增雨处理；CK：对照处理；DT：减雨区。

KEGG 通路富集分析是了解与生物学过程中相关代谢通路的主要方法，但是，筛选出来的差异代谢物只有一部分可以获得CID号且能够在KEGG数据库中进行通路分析（徐洪雨等，2020）。

以 $P<0.01$ 为阈值筛选显著富集通路，分析了富集极显著的 KEGG 路径。在减水处理和对照处理对比中，花青素生物合成通路具有显著富集，主要包括飞燕草素-3-*O*-（3″,6″-*O*-二丙二酰）葡萄糖苷、矢车菊素-3-*O*-（6″-*O*-丙二酰）葡萄糖苷、矢车菊素-3-*O*-葡萄糖苷和天竺葵素-3-*O*-（6″-*O*-丙二酰）葡萄糖苷等成分。

在增水处理和对照处理中，差异代谢物在精氨酸生物合成与淀粉和蔗糖代谢通路上富集显著，精氨酸生物合成途径主要包括 L-谷氨酰胺、*α*-酮戊二酸、L-瓜氨酸、L-谷氨酸、L-精氨酸和精氨基琥珀酸；淀粉和蔗糖代谢通路上主要包括尿苷 5′-二磷酸-D-葡萄糖、葡萄糖-1-磷酸、D-葡萄糖-6-磷酸和 D-果糖-6-磷酸。

这些显著富集的代谢通路可能是猪毛蒿应对水分变化而提高适应性的主要原因。通过对猪毛蒿代谢产物在这些通路上显著富集的了解有助于对后续研究关键代谢物、代谢途径上关键基因的功能、主要代谢产物的生物合成等，可为进一步研究其生物学特征奠定基础，见表 12-4。

表 12-4　3 种处理猪毛蒿差异代谢物显著富集通路

组别	通路名称	通路号	*P*-value	百分比/%	化合物/ID
CK vs DT	花青素生物合成	ko00942	0.008	12.5	飞燕草素-3-*O*-（3″,6″-*O*-二丙二酰）葡萄糖苷、矢车菊素-3-*O*-（6″-*O*-丙二酰）葡萄糖苷、矢车菊素-3-*O*-葡萄糖苷、天竺葵素-3-*O*-（6″-*O*-丙二酰）葡萄糖苷
CK vs IT	精氨酸生物合成	ko00220	0.000	15.79	L-谷氨酰胺、α-酮戊二酸、L-瓜氨酸、L-谷氨酸、L-精氨酸、精氨基琥珀酸
	淀粉和蔗糖代谢	ko00500	0.004	10.53	尿苷 5′-二磷酸-D-葡萄糖、葡萄糖-1-磷酸、D-葡萄糖-6-磷酸、D-果糖-6-磷酸

12.3 讨论与结论

代谢组学（Metabolomics）是基因组学和蛋白质组学之后新兴的一门学科（Fiehn et al.，2000）。Nicholson 等（1999）将生物系统对病原性刺激的代谢响应及分析结果定义为代谢组学范畴。之后，Fiehn（2003）将代谢产物和生物基因的功能联系起来，并提出代谢组学概念。我国学者许国旺（2008）将代谢组学定义为研究生物体系包括细胞、组织或生物体受刺激或扰动后，其代谢产物的变化或其随时间变化的一门科学。Sardans 等（2011）则从生态学角度提出了生态代谢组学概念，即研究某个生物体对环境变化的代谢物组水平的响应。说明代谢组学已成为研究生态学过程与功能及复杂相互作用等方面的有力工具（Baker，2011；Ram et al.，2005；Suthar et al.，2013），随着代谢组学技术的快速发展，与传统方法相比，能够快速筛选出更多处理与对照之间的差异物质，可以更加全面地了解植物对胁迫调控的代谢应答、代谢产物变化规律和代谢调控网络，显示出了巨大潜力并得到了广泛应用（Zhu et al.，2018；赵丹等，2015），更利于深入了解生物学现象的机制。

植物的生长发育依赖于水分运输和平衡，因此水分是限制干旱和半干旱地区植物生长的一个普遍因素（刘丽燕等，2020）。植物在干旱条件下，除了形态结构、生物量、根系构型等会发生变化，已有较多的研究结果。而植物激素的合成也会受到干旱胁迫的干扰，在长期的适应过程中已经进化出了复杂的代谢调节机制，其对胁迫的代谢响应可能是迅速和多样的，甚至会动员多个或全部代谢途径（郭瑞等，2016）。Carmo-Silva 等（2009）研究了 3 种 C_4 草本植物对干旱胁迫应答的代谢指纹图谱，发现了 5-hydroxynorvaline 这种特殊的非蛋白质氨基酸与植物的抗旱能力密切相关。Foito 等（2010）研究发现两种不同基因型的黑麦草在干旱胁迫下叶片中的代谢产物发生明显的变化，而丹参在干旱模式下的应激也不完全相同（Dai et al.，2010），说明土壤水分的变化会影响植物代谢通路及最终的代谢产物。此外，还有学者将生物个体的代谢物变化及转化数据叠加分析，建立代谢物组响应的动态模型（Josep et al.，2009）。代谢组学可以反映植物对复杂非生物因素的响应及其应答机制，有助于人们理解植物生态学功能与代谢响应间的关系（Dam et al.，2016；Gehlenborg et al.，2010）。本研究结果表明，降水除了引起猪毛蒿种群生物量、密度、株高和冠幅的变化，还同样改变了猪毛蒿代谢特征，差异代谢物主要有黄酮、酚酸类、有机酸、脂质、氨基酸及其衍生物和核苷酸及其衍生物等，其中 3,4-二甲氧基苯乙酸、3-羟基-4-异丙基苯甲醇-3-*O*-葡萄糖苷上调倍数较大，而槲皮素-3-*O*-鼠李糖基（1→2）阿拉伯糖苷下调倍数较大。

在代谢通路方面，降水改变主要影响了花青素生物合成通路、精氨酸生物合成与淀粉和蔗糖代谢通路。花青素是植物的一种黄酮类物质，具有较强的生物活性，花青素的生物合成途径是植物次生代谢产物研究最广泛的途径之一，在植物中，花青素衍生自黄烷酮，例如，柚皮素和圣草酚，它们本身衍生自苯丙烷途径（许倩等，2020）。精氨酸是植物体内重要的氮素储藏营养物质，是主要的氮储存和运输分子，同时也是多胺、一氧化氮等生物合成的前体物质，而多胺和一氧化氮则作为信号分子，参与植物的众多生理过程（杨洪强等，2007）。精氨酸在植物中的积极作用一定程度上与其分解代谢的发生并促进多胺、一氧化氮等信号分子的生物合成密切相关。有研究发现低温胁迫明显刺激了精氨酸分解代谢关键酶，包括精氨酸酶、精氨酸脱羧酶和一氧化氮合酶的活化，促进了精氨酸向其分解代谢的转变，进而提高了果实中多胺和一氧化氮水平（苏金龙等，2020）。绿色植物白天进行光合作用形成的同化产物在蔗糖和淀粉之间进行分配，蔗糖在白天起作用，对于高等植物而言，蔗糖是“源”和“库”最为主要的一种可溶性糖，也是光合产物的主要运输和贮存形式，运送至“库”中最终分解为己糖，为植物的生长发育提供能量（潘庆民等，2002），因此蔗糖代谢水平的高低直接关系到植物种子产量（崔光军等，2010）。淀粉是植物重要的储存多糖，是一种暂贮形式，供植物夜晚呼吸消耗，因此淀粉积累代表合成和降解之间平衡的结果。

本研究虽然发现了猪毛蒿在不同降水处理下差异明显的 KEGG 代谢通路，但每条通路具体的调控机制还需要进一步探究。此外，仅分析了猪毛蒿生长旺盛时期对降水变化的代谢响应，而植物不同生育期的代谢物对外界胁迫的表达是不一样的，因此后续需要进一步验证。

第 13 章 猪毛蒿种子萌发特征

水分是植物种子萌发及其生长最主要的限制因素（朱选伟等，2005），对植物种群分布具有重要的影响。在宁夏荒漠草原地区，降雨是土壤水分的主要来源，但该区年降雨量较小，时空分布不均（陈林等，2015），直接影响种子的萌发过程，进而影响植物的幼苗更新（Vile et al.，2012；Walck et al.，2011）。在全球气候变暖的背景下，北半球中高纬度地区的降雨量总体呈现增加的趋势（李克让等，2000）。而降水的变化将会使该区植物种子萌发状态发生改变，对于植物种群的更新及动态变化将产生重要的影响。因此，研究荒漠草原区降雨变化对猪毛蒿种子萌发的影响，对于预测气候变化背景下荒漠草原区猪毛蒿种群的发展变化趋势及草场的恢复与改良具有重要意义。

土壤种子库是指土壤及表面落叶层中所有具有生命力的种子的总和（Thompson et al.，1979），是潜在的植被种群，也是种群定居、生存、繁衍及扩散的基础，对于促进地上植被的更新具有重要意义（邓斌等，2012；王增如等，2008）。种子萌发在植物生长发育中十分重要，直接影响植物种群的建立。一般在适宜的水分条件下种子就能萌发，水分不足或水分过多都不利于种子萌发（鱼小军等，2006）。对于猪毛蒿这种能大量暴发的物种，其所需的“降雨阈值”没有明确界定。因此，为了解荒漠草原区猪毛蒿的分布特征，需明确影响其种子萌发的水分因子（王俊等，2006）。目前，对于土壤种子库及其萌发的研究很多，而关于降雨变化对猪毛蒿种子萌发的研究较少。基于此，本研究通过种子库萌发试验，试图从理论上找出一个最适宜猪毛蒿种子萌发的土壤水分区间，并进一步讨论降雨变化对土壤种子库中猪毛蒿萌发的影响，旨在为预测未来荒漠草原区降雨变化条件下，猪毛蒿种群的生存方向，以及为改良宁夏荒漠草原的草场质量提供理论支撑。

13.1 材料与方法

13.1.1 材料

2017 年 4 月，在盐池县猪毛蒿群落内，采集 0～5 cm 表层土，去除表层的枯落物，装入土袋，带回实验室，自然风干，用于土壤种子库萌发试验。室内土壤种子萌发试验，采用直接萌发法来预估种子库中猪毛蒿的萌发对降雨的响应。

13.1.2 试验设计与计算方法

13.1.2.1 试验设计

室内土壤种子萌发试验于 2017 年 12 月 3 日在宁夏大学西北退化生态系统恢复与重建教育部重点实验室进行。将采回来的猪毛蒿土壤种子库去除里面的杂质和石头，在冰箱中低温（–5℃）冷藏 48 h 后，混合均匀，置于 PVC 管做成的花盆（直径 16 cm，高 5 cm）中，底部铺 4 cm 厚的经过高温灭菌（120℃下烘 48 h）的沙子作为基质，将种子库均匀地平铺在基质上（土层约 1 cm）。

萌发试验在光温自动控制的培养箱（MGC-450HP-2）中进行，光照设为 12 h 光照或 12 h 黑暗，温度设为 25℃，空气湿度为 80%。根据当地 3—10 月的降水量值，将降水量梯度设置为 15 mm、30 mm、45 mm、60 mm、75 mm 和 90 mm，并按照日降雨量 0.5 mm、1.0 mm、1.5 mm、2.0 mm、2.5 mm 和 3.0 mm 对 6 个处理进行浇水，每个处理每天设 4 个重复。试验设置了 4 个空白对照，即放置 4 盆不经过任何处理的花盆。每天按照日降水梯度进行浇水，并观察并记录 1 次萌发情况。以开始萌发后可以辨认的幼苗进行鉴定，无法鉴定的幼苗继续生长，直至可以鉴定为止，是猪毛蒿的留下，不是猪毛蒿的拔掉。

13.1.2.2 萌发特征指数的测定及计算

由于猪毛蒿幼苗较小，很难与其他植物区分，因此播种 15 d 后，即自 12 月 18 日起，每天统计 1 次出土幼苗数，并做详细记录，当不再有幼苗萌发时，结束试验。

$$萌发指数\ \mathrm{GI} = G_t/D_t$$

式中，G_t——t 时间内的萌发数；

D_t——相应的萌发日数。

13.1.2.3 数据分析

采用 Microsoft Excel 2010 软件进行数据整理，采用 SPSS 22.0 软件中的单因素方差分析计算不同降雨条件下猪毛蒿萌发数量的差异及显著性，Origin Pro 2017 软件绘图。

13.2 结果与分析

13.2.1 不同降雨条件下猪毛蒿种子萌发的数量

单位面积土壤样品中萌发出的种子数量是计算土壤种子库密度的基础，也是判定一个地区植被群落生存状态的重要依据（徐海量等，2008）。从图 13-1 可以看出，不同降雨梯度下土壤种子库猪毛蒿萌发的数量存在明显差异。猪毛蒿种子萌发需要一定的降水条件，当降雨过低（日降雨量为 0.5 mm）时，没有猪毛蒿种子萌发出来。当日降雨量为 1～2.5 mm 时，猪毛蒿萌发的数量逐渐增多，但差异不显著（$P>0.05$），而当日降雨量为 3.0 mm 时，萌发的数量明显高于其他的降雨条件（$P<0.05$）。这说明降雨量直接影响土壤种子库中猪毛蒿的萌发。

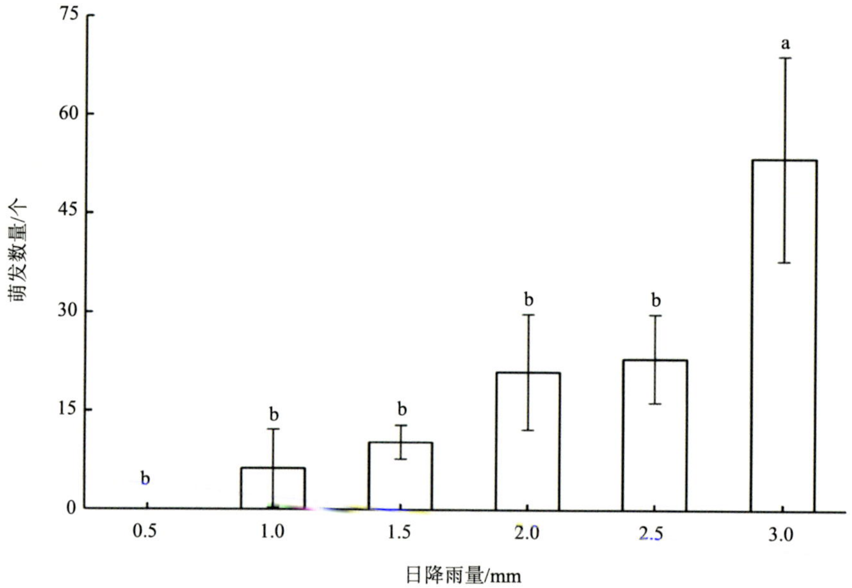

图 13-1　不同降雨条件下猪毛蒿的萌发数量

注：不同小写字母表示显著性差异在 0.05 的水平（$P<0.05$），下同。

13.2.2　不同降雨条件对猪毛蒿种子萌发指数的影响

萌发指数是反映种子萌发速度的指标，萌发指数越大表明种子的发芽速度越快（单立山等，2017）。从图 13-2 可以看出，降雨量与猪毛蒿的萌发指数具有极显著的相关性（$P<0.01$），二者的变化趋势呈指数函数 $y=-0.073\,8\times(1-3.499^x)$，回归系数 R^2 为 0.979 3。降雨量越大，猪毛蒿的萌发指数也随之越大，表明降雨量的增加有利于提高猪毛蒿种子的萌发速度。

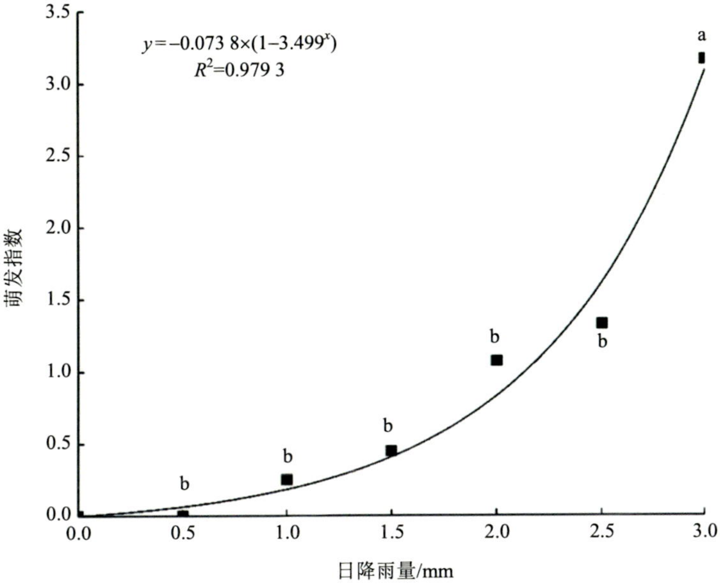

图 13-2　不同降雨条件下猪毛蒿的萌发指数及其关系

13.2.3　不同降雨条件对猪毛蒿种子萌发进程的影响

经过 43 d 的动态监测发现，土壤种子库中猪毛蒿萌发出苗主要集中在第 15～23 天（图 13-3），到第 23 天后，不同降雨条件下猪毛蒿的萌发数均呈不同程度的下降，其中日降雨量为 3.0 mm 的处理，下降时间早于其他降雨处理。当日降雨量为 2.0 mm、2.5 mm 和 3.0 mm 时，种子萌发达到最高峰出现在第 21～23 天，当日降雨量为 1.0 mm 和 1.5 mm 时，种子萌发则在第 26～29 天才达到最高峰。

在 6 种降雨处理下，无论前期的萌发数量有多大，自第 35 天后，各水分处理下猪毛蒿的萌发均产生"趋同现象"，即每盆中生存的猪毛蒿幼苗维持在 2～4 株。此外，第 31～43 天，当日降雨量为 2.0 mm、2.5 mm 和 3.0 mm 时，猪毛蒿幼苗的存活数略高于日降雨量 0.5 mm、1.0 mm 和 1.5 mm 猪毛蒿幼苗的存活数。

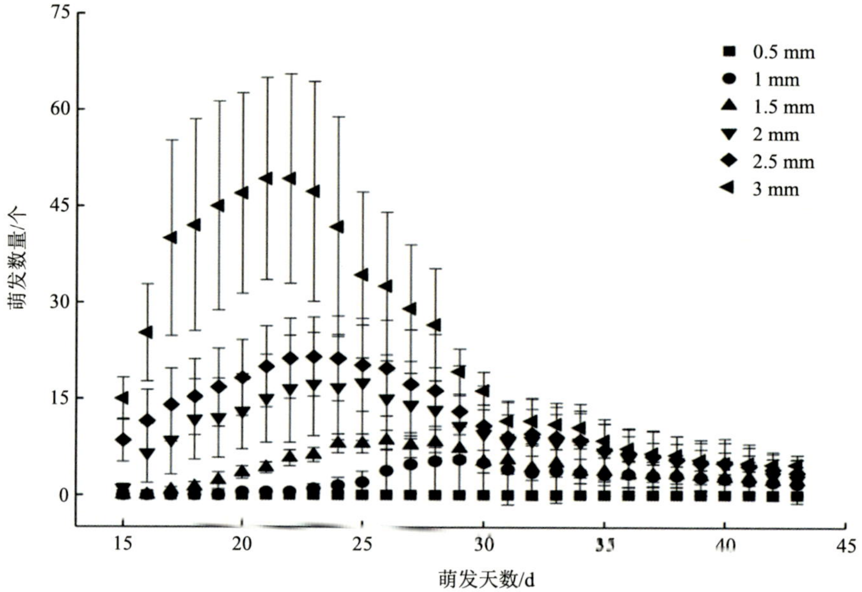

图 13-3 不同降雨条件下播种 15 d 后的猪毛蒿的出苗动态（平均值±标准误差）

13.3 讨论与结论

在干旱与半干旱地区，降雨是制约植物生长发育的重要因素，降雨的多少会影响该区植物的种子萌发，进而影响幼苗的生长及生存能力（Gillespie et al.，2004）。本研究表明，随着降雨量的增加，土壤种子库中猪毛蒿种子的萌发表现出逐渐增加的趋势，当日降雨量为 3 mm 时，萌发的数量显著高于其他的降雨条件（$P<0.05$）。这与干旱和半干旱区荒漠植物，如柠条、红砂和油蒿等的研究结果一致（Zhu et al.，2014；段桂芳，2016），即降水的增加提高了土壤水分，有利于种子的萌发。此外，根据花盆中猪毛蒿的最大萌发值［53 个/（200 cm^2），90 mm 处理下］，经过计算，土壤种子库中猪毛蒿的种子约达 2 638 粒/m^2，甚至更多。通过对该区已研究的土壤种子库（邵文山，2017）的对比发现，土壤种子库中猪毛蒿的数量是十分庞大的。这些猪毛蒿种子采取“机会型”策略，当降雨条件适合时，就开始萌发。由此就能解释猪毛蒿在荒漠草原区大范围的存在，由于其有较适应

的降雨条件以及大量的种子资源，遇上春季、夏季及秋季合适的降雨便能促使其萌发，不断补充地表种群的数量。

本研究发现，日降雨量与萌发指数的关系为：y=–0.073 8×（1–3.499^x），回归系数 R^2 为 0.979 3；日降雨量的增加极显著地提高了猪毛蒿种子的萌发指数（$P<0.01$），加快了种子的萌发进程，这表明猪毛蒿的种子萌发与降雨量存在着密切的联系，当日降雨量为 1 mm 时，就能打破种子的休眠，使得猪毛蒿进行萌发。猪毛菜、雾冰藜等在 5 mm 的降雨量条件下就能完成生活史（闫建成等，2013），科尔沁沙地尖头叶藜的萌发最小降雨量为 8 mm（马赟花等，2015），科威特的车前属物种萌发的最少降雨量要达到 4 mm（Brown，2002）。由此可见，不同植物种子萌发具有不同最小降雨阈量（马赟花等，2015），而猪毛蒿萌发的降雨阈量较小。这也印证了猪毛蒿为什么能在荒漠草原中广泛存在，其萌发时所需水分的阈值较小，只要降雨达到其萌发时的水分要求，就会出现大量的种子萌发出苗。因此，通过降雨量对猪毛蒿种子萌发影响的研究，找出其萌发阈值，对于认识荒漠植物猪毛蒿自然更新过程具有十分重要的意义。

降雨量变化对猪毛蒿种子的萌发进程产生影响。研究得出，当日降雨量为 2.0 mm、2.5 mm 和 3.0 mm 时，猪毛蒿种子的萌发最高峰早于日降雨量为 1.0 mm 和 1.5 mm，表明降雨量的增加能缩短种子萌发时间，使种子的萌发高峰时间提前。有学者认为种子萌发存在两种萌发机制：快速萌发和推迟萌发（单立山等，2017）。这两种萌发机制在猪毛蒿的萌发过程中均可见，先是少量萌发，然后快速达到萌发高峰，又开始下降。这种萌发特性正表明其对荒漠生境的较强的适应性，即使在适合萌发的水分条件下，并不是所有种子整体萌发。萌发后期，各降雨处理下猪毛蒿均产生“趋同现象”，即每盆中生存的猪毛蒿幼苗维持在 2～4 株。这可能是由于盆内基质中的养分较少，不能维持更多的猪毛蒿生长。这也印证了我们在野外环境中所见到的现象，猪毛蒿一年中有 2 次大量的萌发（彭文栋等，2013），即春萌和秋萌，萌发后的幼苗随处可见，但经过后期的生长，由于种内、种间竞争（杜峰等，2006a）等因素，使得成熟的植株个体数有所减少。

当日降雨量为 1.0 mm 时，是土壤种子库中的猪毛蒿萌发的最小降雨阈值，随着降雨量的增大，其萌发呈增加的趋势，且萌发高峰期提前。当日降雨量为 3.0 mm

时，萌发的数量显著高于其他的降雨条件（$P<0.05$）。萌发后期，各降雨处理下猪毛蒿猪毛蒿幼苗维持在 2～4 株。本研究虽是在实验室中进行的，与野外环境存在一定的差异，但试验得出的结论对于猪毛蒿的研究以及荒漠草原质的改良，具有重要的借鉴意义。

附录

附录 1　荒漠草原不同生境主要种群的生态位重叠值

附录表 1-1　风沙土—围封—短期

	S2	S3	S4	S5	S6	S7	S8	S9	S10	S11	S12	S13	S14	S15	S16	S17	S18	S19	S22	S23	S24	S25	S26	S27	S28	S29	S30	S31	S34	S35	S36
S1	0.86	0.81	0.80	0.79	0.56	0.87	0.39	0.79	0.66	0.53	0.68	0.74	0.88	0.82	0.48	0.38	0.63	0.61	0.60	0.53	0.79	0.53	0.61	0.36	0.58	0.49	0.42	0.60	0.50	0.71	0.23
S2		0.89	0.74	0.81	0.73	0.65	0.67	0.64	0.73	0.48	0.64	0.58	0.68	0.72	0.56	0.38	0.43	0.48	0.42	0.28	0.78	0.42	0.55	0.26	0.32	0.59	0.71	0.77	0.17	0.51	0.00
S3			0.61	0.78	0.75	0.57	0.85	0.14	0.69	0.44	0.60	0.62	0.65	0.85	0.61	0.31	0.46	0.48	0.52	0.37	0.85	0.37	0.52	0.60	0.48	0.54	0.53	0.67	0.44	0.63	0.00
S4				0.40	0.45	0.75	0.35	0.86	0.75	0.36	0.58	0.66	0.48	0.40	0.12	0.30	0.48	0.48	0.00	0.66	0.00	0.00	0.68	0.17	0.89	0.59	0.00	0.00	0.00	0.00	0.00
S5					0.82	0.55	0.70	0.70	0.52	0.38	0.33	0.76	0.65	0.72	0.54	0.29	0.23	0.25	0.67	0.00	0.89	0.56	0.37	0.67	0.16	0.44	0.68	0.79	0.32	0.63	0.18
S6						0.63	0.88	0.35	0.86	0.15	0.11	0.66	0.41	0.56	0.18	0.15	0.00	0.00	0.00	0.00	0.00	0.00	0.00	0.00	0.00	0.00	0.00	0.00	0.00	0.00	0.00
S7							0.39	0.78	0.58	0.44	0.60	0.67	0.80	0.64	0.28	0.19	0.66	0.53	0.21	0.49	0.31	0.46	0.72	0.00	0.48	0.24	0.00	0.19	0.29	0.44	0.18
S8								0.08	0.79	0.00	0.00	0.56	0.09	0.68	0.22	0.00	0.00	0.00	0.00	0.00	0.00	0.00	0.00	0.00	0.00	0.00	0.00	0.00	0.00	0.00	0.00
S9									0.36	0.37	0.25	0.80	0.45	0.04	0.00	0.37	0.00	0.00	0.00	0.00	0.00	0.00	0.00	0.00	0.00	0.00	0.00	0.00	0.00	0.00	0.00
S10										0.51	0.67	0.38	0.57	0.59	0.28	0.59	0.48	0.54	0.58	0.30	0.48	0.51	0.46	0.13	0.30	0.44	0.34	0.56	0.00	0.68	0.85
S11											0.48	0.28	0.56	0.32	0.00	0.84	0.34	0.20	0.44	0.00	0.24	0.95	0.76	0.00	0.03	0.44	0.99	0.66	0.00	0.29	0.54
S12												0.24	0.68	0.54	0.43	0.41	0.79	0.82	0.80	0.00	0.87	0.29	0.53	0.00	0.37	0.61	0.00	0.47	0.36	0.80	0.55
S13													0.56	0.62	0.41	0.06	0.36	0.26	0.44	0.65	0.53	0.35	0.46	0.76	0.39	0.15	0.00	0.27	0.17	0.38	0.18
S14														0.76	0.44	0.41	0.70	0.65	0.79	0.43	0.78	0.64	0.59	0.33	0.41	0.58	0.44	0.59	0.28	0.54	0.38
S15															0.66	0.28	0.60	0.64	0.66	0.54	0.81	0.50	0.32	0.57	0.56	0.27	0.34	0.61	0.59	0.88	0.41

	S2	S3	S4	S5	S6	S7	S8	S9	S10	S11	S12	S13	S14	S15	S16	S17	S18	S19	S22	S23	S24	S25	S26	S27	S28	S29	S30	S31	S34	S35	S36
S16																0.00	0.32	0.40	0.18	0.00	0.55	0.00	0.00	1.00	0.00	0.00	0.00	0.36	0.00	0.42	0.00
S17																	0.22	0.25	0.57	0.00	0.23	0.84	0.29	0.00	0.00	0.30	1.00	0.74	0.00	0.54	1.00
S18																		0.93	0.69	0.50	0.51	0.43	0.66	0.00	0.58	0.50	0.00	0.27	0.38	0.64	0.66
S19																			0.86	0.53	0.76	0.27	0.38	0.00	0.65	0.53	0.00	0.41	0.50	0.86	0.74
S22																				0.00	0.86	0.42	0.00	0.00	0.18	0.78	0.00	0.78	0.18	0.51	0.57
S23																					0.00	0.00	0.14	0.00	0.93	0.00	0.00	0.00	0.00	0.00	0.00
S24																						0.17	0.00	0.00	0.35	0.72	0.00	0.91	0.35	0.61	0.23
S25																							0.61	0.00	0.00	0.28	0.95	0.65	0.00	0.40	0.74
S26																								0.00	0.21	0.50	0.58	0.29	0.00	0.00	0.00
S27																									0.00	0.00	0.00	0.00	0.00	0.00	0.00
S28																										0.15	0.00	0.13	1.00	0.73	0.00
S29																											0.60	0.52	0.00	0.00	0.00
S30																												0.99	0.00	0.00	0.00
S31																													0.26	0.75	0.47
S34																														0.73	0.00
S35																															0.54

附录表 1-2　风沙土—围封—长期

	S2	S3	S4	S5	S6	S7	S11	S12	S14	S15	S16	S17	S18	S26	S27	S31	S34	S35	S37	S41
S1	0.75	0.62	0.56	0.62	0.61	0.94	0.75	0.72	0.72	0.58	0.33	0.75	0.50	0.71	0.49	0.94	0.88	0.92	0.49	0.30
S2		0.88	0.30	0.75	0.26	0.71	0.49	0.51	0.82	0.15	0.29	0.83	0.19	0.30	0.11	0.82	0.56	0.84	0.11	0.15
S3			0.40	0.88	0.00	0.74	0.53	0.67	0.92	0.00	0.51	0.80	0.39	0.27	0.00	0.59	0.60	0.66	0.00	0.45
S4				0.65	0.00	0.54	0.39	0.61	0.42	0.62	0.78	0.18	0.30	0.92	0.63	0.31	0.45	0.64	0.63	0.00
S5					0.12	0.68	0.31	0.53	0.70	0.02	0.83	0.51	0.17	0.46	0.00	0.50	0.48	0.71	0.00	0.20
S6						0.46	0.17	0.00	0.00	0.15	0.00	0.20	0.00	0.23	0.00	0.65	0.44	0.46	0.00	0.00
S7							0.85	0.86	0.85	0.46	0.37	0.83	0.70	0.63	0.40	0.85	0.97	0.80	0.40	0.58
S11								0.94	0.82	0.64	0.00	0.84	0.92	0.55	0.63	0.69	0.93	0.57	0.63	0.70
S12									0.87	0.59	0.30	0.77	0.89	0.65	0.59	0.57	0.89	0.59	0.59	0.69
S14										0.31	0.29	0.94	0.67	0.41	0.31	0.69	0.79	0.69	0.31	0.60
S15											0.00	0.31	0.48	0.85	0.99	0.48	0.53	0.56	0.99	0.00
S16												0.00	0.00	0.52	0.00	0.09	0.19	0.42	0.00	0.00
S17													0.65	0.27	0.28	0.81	0.81	0.67	0.28	0.59
S18														0.40	0.49	0.38	0.84	0.24	0.49	0.87
S26															0.82	0.51	0.59	0.74	0.82	0.00
S27																0.38	0.47	0.50	1.00	0.00
S31																	0.79	0.89	0.38	0.22
S34																		0.67	0.47	0.70
S35																			0.50	0.00
S37																				0.00

附录表 1-3 风沙土—放牧—轻度

	S2	S3	S4	S5	S7	S10	S11	S12	S13	S14	S15	S16	S18	S19	S24	S26	S29	S30	S31	S35
S1	0.63	0.94	0.75	0.98	0.64	0.58	0.70	0.91	0.62	0.79	0.77	0.52	0.37	0.88	0.96	0.48	0.74	0.58	0.79	0.61
S2		0.41	0.00	0.61	0.83	0.30	0.16	0.34	0.80	0.60	0.14	0.54	0.00	0.88	0.58	0.90	0.59	0.67	0.19	0.18
S3			0.86	0.97	0.46	0.71	0.73	0.90	0.40	0.63	0.74	0.41	0.62	0.76	0.90	0.28	0.69	0.44	0.90	0.77
S4				0.74	0.00	0.41	0.73	0.90	0.26	0.59	0.90	0.00	0.56	0.45	0.69	0.00	0.60	0.00	0.78	0.62
S5					0.64	0.70	0.68	0.87	0.53	0.69	0.68	0.53	0.52	0.87	0.94	0.45	0.73	0.58	0.84	0.71
S7						0.59	0.33	0.36	0.44	0.40	0.08	0.92	0.00	0.69	0.71	0.50	0.33	0.97	0.38	0.36
S10							0.67	0.52	0.00	0.22	0.13	0.68	0.73	0.45	0.72	0.00	0.40	0.66	0.64	0.93
S11								0.88	0.34	0.71	0.62	0.38	0.56	0.45	0.83	0.00	0.69	0.36	0.50	0.81
S12									0.55	0.84	0.88	0.30	0.46	0.69	0.91	0.25	0.78	0.33	0.71	0.67
S13										0.89	0.46	0.11	0.00	0.82	0.53	0.88	0.82	0.25	0.05	0.10
S14											0.72	0.19	0.20	0.78	0.76	0.61	0.90	0.28	0.29	0.39
S15												0.02	0.18	0.50	0.67	0.15	0.57	0.04	0.66	0.31
S16													0.00	0.42	0.66	0.13	0.08	0.99	0.43	0.41
S18														0.32	0.40	0.00	0.55	0.00	0.47	0.88
S19															0.79	0.83	0.82	0.54	0.51	0.46
S24																0.34	0.70	0.69	0.74	0.72
S26																	0.65	0.29	0.00	0.00
S29																		0.19	0.31	0.59
S30																			0.42	0.40
S31																				0.62

附录表 1-4 风沙土一放牧一中度

	S2	S3	S4	S5	S6	S7	S10	S11	S12	S13	S14	S15	S16	S17	S18	S19	S20	S21	S22	S23	S24	S25	S26	S27	S31	S34	S35
S1	0.94	0.84	0.60	0.70	0.33	0.79	0.63	0.51	0.71	0.78	0.78	0.88	0.58	0.63	0.45	0.67	0.58	0.45	0.53	0.45	0.43	0.45	0.54	0.36	0.71	0.41	0.45
S2		0.70	0.77	0.68	0.58	0.65	0.84	0.44	0.68	0.70	0.66	0.85	0.58	0.39	0.21	0.72	0.54	0.40	0.40	0.21	0.39	0.40	0.55	0.49	0.72	0.51	0.42
S3			0.40	0.46	0.00	0.78	0.44	0.69	0.58	0.64	0.78	0.72	0.54	0.65	0.87	0.49	0.09	0.14	0.77	0.87	0.44	0.57	0.53	0.22	0.79	0.13	0.00
S4				0.27	0.00	0.32	0.89	0.00	0.10	0.47	0.38	0.47	0.80	0.00	0.00	0.32	0.00	0.40	0.21	0.00	0.10	0.38	0.38	0.21	0.00	0.00	0.00
S5					0.45	0.66	0.47	0.27	0.64	0.82	0.54	0.65	0.07	0.55	0.34	0.47	0.73	0.29	0.22	0.34	0.35	0.82	0.48	0.58	0.00	0.88	0.44
S6						0.00	0.97	0.11	0.33	0.23	0.13	0.05	0.00	0.00	0.00	0.19	0.00	0.00	0.00	0.00	0.00	0.00	0.00	0.00	0.00	0.98	0.00
S7							0.50	0.42	0.61	0.69	0.77	0.68	0.15	0.67	0.65	0.44	0.47	0.24	0.51	0.65	0.55	0.85	0.61	0.23	0.14	0.17	0.55
S10								0.00	0.33	0.49	0.40	0.56	0.52	0.00	0.00	0.48	0.10	0.26	0.15	0.00	0.30	0.59	0.59	0.60	0.00	0.00	0.00
S11									0.52	0.60	0.46	0.49	0.57	0.74	0.00	0.67	0.00	0.00	0.00	0.00	0.50	0.00	0.93	0.21	0.67	0.21	0.00
S12										0.44	0.71	0.66	0.26	0.87	0.66	0.63	0.63	0.28	0.52	0.66	0.73	0.00	0.20	0.83	0.50	0.68	0.52
S13											0.67	0.83	0.44	0.92	0.60	0.70	0.77	0.58	0.30	0.60	0.30	0.68	0.68	0.00	0.00	0.00	0.00
S14												0.74	0.36	0.98	0.87	0.42	0.44	0.38	0.82	0.87	0.65	0.54	0.36	0.37	0.41	0.35	0.60
S15													0.62	0.73	0.38	0.74	0.87	0.54	0.49	0.38	0.46	0.54	0.64	0.23	0.85	0.00	0.53
S16														0.00	0.00	0.27	0.00	0.00	0.00	0.00	0.00	0.00	0.28	0.00	0.99	0.00	0.00
S17															0.74	0.81	0.60	0.67	0.74	0.74	0.74	0.00	0.00	0.00	0.00	0.00	0.00
S18																0.42	0.00	0.00	0.00	0.00	0.00	0.00	0.00	0.00	0.00	0.00	0.00
S19																	0.82	0.38	0.34	0.42	0.48	0.00	0.50	0.35	0.65	0.00	0.33
S20																		0.90	0.00	0.00	0.00	0.00	0.00	0.00	0.00	0.00	0.00
S21																			0.00	0.00	0.00	0.00	0.00	0.00	0.00	0.00	0.00
S22																				0.00	0.69	0.00	0.00	0.38	0.00	0.00	0.00
S23																					0.99	0.00	0.00	0.00	0.00	0.00	0.00
S24																						0.00	0.16	0.50	0.00	0.00	0.00
S25																							0.99	0.00	0.00	0.00	0.00
S26																								0.00	0.65	0.00	0.32
S27																									0.00	0.98	0.00
S31																										0.00	0.00
S34																											0.00

附录表 1-5　风沙土—放牧—重度

	S2	S4	S5	S7	S8	S10	S11	S12	S13	S14	S15	S16	S18	S22	S25	S26	S27	S30	S42
S1	0.82	0.81	0.76	0.38	0.00	0.73	0.00	0.61	0.59	0.91	0.70	0.67	0.00	0.00	0.00	0.00	0.60	0.66	0.38
S2		0.91	0.54	0.26	0.84	0.89	0.24	0.35	0.65	0.67	0.67	0.55	0.27	0.47	0.28	0.56	0.64	0.50	0.26
S4			0.59	0.47	0.50	0.91	0.55	0.44	0.74	0.57	0.69	0.71	0.18	0.62	0.38	0.70	0.74	0.50	0.47
S5				0.30	0.00	0.38	0.00	0.00	0.27	0.67	0.10	0.71	0.00	0.00	0.00	0.00	0.45	0.31	0.30
S7					0.00	0.45	0.00	0.00	0.59	0.00	0.33	0.85	0.00	0.00	0.00	0.00	0.93	0.00	1.00
S8						0.59	0.00	0.00	0.30	0.00	0.40	0.00	0.00	0.00	0.00	0.11	0.36	0.00	0.00
S10							0.54	0.51	0.77	0.52	0.78	0.65	0.41	0.58	0.33	0.64	0.68	0.59	0.45
S11									0.00	0.00	0.59	0.00	0.00	0.00	0.00	0.00	0.18	0.00	0.00
S12									0.19	0.71	0.77	0.00	0.00	0.00	0.00	0.00	0.17	0.31	0.00
S13										0.34	0.55	0.71	0.00	0.72	0.66	0.84	0.71	0.72	0.59
S14											0.67	0.34	0.00	0.00	0.00	0.00	0.23	0.66	0.00
S15												0.28	0.55	0.68	0.30	0.69	0.58	0.44	0.33
S16													0.00	0.00	0.00	0.00	0.87	0.32	0.85
S18														0.63	0.00	0.50	0.25	0.00	0.00
S22															0.40	0.98	0.62	0.40	0.00
S25																0.48	0.86	1.00	0.00
S26																	0.70	0.48	0.00
S27																		0.51	0.93
S30																			0.00

附录表 1-6 灰钙土—围封—短期

	S4	S5	S11	S12	S13	S14	S15	S18	S19	S22	S23	S24	S25	S26	S27	S28	S31	S35
S1	0.50	0.64	0.87	0.94	0.36	0.98	0.79	0.77	0.84	0.64	0.51	0.91	0.68	0.44	0.36	0.35	0.91	0.95
S4		0.31	0.79	0.60	0.74	0.64	0.45	0.85	0.64	0.27	0.00	0.48	0.47	0.00	0.74	0.68	0.25	0.73
S5			0.58	0.70	0.42	0.57	0.47	0.40	0.32	0.83	0.00	0.62	0.96	0.00	0.42	0.00	0.60	0.54
S11				0.94	0.74	0.90	0.54	0.86	0.91	0.42	0.27	0.69	0.74	0.40	0.74	0.36	0.59	0.94
S12					0.63	0.92	0.64	0.84	0.82	0.52	0.48	0.79	0.80	0.31	0.63	0.20	0.76	0.92
S13						0.40	0.00	0.65	0.52	0.00	0.00	0.14	0.64	0.00	1.00	0.00	0.00	0.49
S14							0.82	0.84	0.87	0.61	0.47	0.92	0.63	0.40	0.40	0.51	0.86	0.99
S15								0.72	0.47	0.74	0.54	0.97	0.40	0.00	0.00	0.67	0.91	0.79
S18									0.71	0.36	0.51	0.75	0.53	0.00	0.65	0.55	0.61	0.90
S19										0.26	0.29	0.62	0.48	0.70	0.52	0.39	0.57	0.89
S22											0.00	0.79	0.70	0.00	0.00	0.40	0.75	0.55
S23												0.51	0.00	0.00	0.00	0.00	0.61	0.45
S24													0.57	0.16	0.14	0.56	0.96	0.88
S25														0.09	0.64	0.00	0.52	0.62
S26															0.00	0.00	0.25	0.36
S27																0.00	0.00	0.49
S28																	0.37	0.54
S31																		0.80

附录表 1-7 灰钙土—围封—长期

	S2	S3	S5	S6	S10	S11	S12	S14	S15	S16	S17	S18	S19	S21	S22	S24	S25	S26	S27	S29	S30	S31	S32	S35	S36	S37	S38
S1	0.80	0.59	0.39	0.67	0.80	0.87	0.34	0.81	0.67	0.75	0.19	0.93	0.68	0.48	0.59	0.34	0.39	0.52	0.73	0.52	0.72	0.81	0.47	0.30	0.51	0.52	0.59
S2		0.69	0.20	0.80	0.98	0.56	0.00	0.74	0.53	0.45	0.37	0.76	0.67	0.00	0.69	0.00	0.18	0.63	0.66	0.63	0.36	0.77	0.68	0.34	0.18	0.63	0.69
S3			0.00	0.29	0.82	0.21	0.00	0.30	0.77	0.65	0.00	0.59	0.00	0.00	1.00	0.00	0.00	0.00	0.66	0.00	0.53	0.29	0.53	0.00	0.00	0.00	1.00
S5				0.00	0.16	0.57	0.85	0.66	0.54	0.00	0.53	0.38	0.28	0.00	0.00	0.85	1.00	0.00	0.31	0.00	0.00	0.20	0.45	0.80	0.26	0.00	0.00
S6					0.70	0.45	0.00	0.51	0.22	0.19	0.00	0.46	0.72	0.00	0.29	0.00	0.00	0.96	0.19	0.96	0.15	0.95	0.15	0.00	0.00	0.96	0.29
S10						0.50	0.00	0.67	0.63	0.54	0.30	0.77	0.53	0.00	0.82	0.00	0.15	0.49	0.71	0.49	0.43	0.68	0.69	0.28	0.15	0.49	0.82
S11							0.39	0.90	0.41	0.64	0.44	0.89	0.80	0.66	0.21	0.39	0.56	0.40	0.72	0.40	0.67	0.65	0.49	0.56	0.80	0.40	0.21
S12								0.34	0.64	0.00	0.00	0.18	0.00	0.00	0.00	1.00	0.87	0.00	0.00	0.00	0.00	0.24	0.00	0.36	0.00	0.00	0.00
S14									0.45	0.44	0.70	0.86	0.83	0.32	0.30	0.34	0.64	0.45	0.76	0.45	0.43	0.63	0.75	0.78	0.62	0.45	0.30
S15										0.50	0.00	0.57	0.00	0.00	0.77	0.64	0.56	0.00	0.50	0.00	0.40	0.37	0.40	0.23	0.00	0.00	0.77
S16											0.00	0.82	0.29	0.76	0.65	0.00	0.00	0.00	0.80	0.00	0.99	0.33	0.34	0.00	0.66	0.00	0.65
S17												0.44	0.53	0.00	0.00	0.00	0.49	0.00	0.57	0.00	0.00	0.00	0.85	0.93	0.49	0.00	0.00
S18													0.69	0.58	0.59	0.18	0.37	0.31	0.92	0.31	0.80	0.60	0.68	0.47	0.72	0.31	0.59
S19														0.39	0.00	0.00	0.26	0.75	0.49	0.75	0.33	0.76	0.45	0.50	0.60	0.75	0.00
S21															0.00	0.00	0.00	0.00	0.49	0.00	0.85	0.19	0.00	0.00	0.87	0.00	0.00
S22																0.00	0.00	0.00	0.66	0.00	0.53	0.29	0.53	0.00	0.00	0.00	1.00
S24																	0.87	0.00	0.00	0.00	0.00	0.24	0.00	0.36	0.00	0.00	0.00
S25																		0.00	0.28	0.00	0.00	0.21	0.42	0.78	0.24	0.00	0.00
S26																			0.00	1.00	0.00	0.91	0.00	0.00	0.00	1.00	0.00
S27																				0.00	0.76	0.28	0.83	0.54	0.71	0.00	0.66
S29																					0.00	0.91	0.00	0.00	0.00	1.00	0.00
S30																						0.31	0.28	0.00	0.74	0.00	0.53
S31																							0.15	0.09	0.16	0.91	0.29
S32																								0.79	0.42	0.00	0.53
S35																									0.46	0.00	0.00
S36																										0.00	0.00
S37																											0.00

附录表 1-8 灰钙土—放牧—轻度

	S2	S3	S4	S5	S6	S7	S10	S11	S12	S13	S14	S15	S17	S18	S19	S20	S22	S23	S24	S25	S26	S27	S31	S34	S35
S1	0.54	0.66	0.53	0.54	0.40	0.49	0.66	0.57	0.93	0.50	0.72	0.83	0.50	0.51	0.94	0.32	0.63	0.73	0.69	0.81	0.52	0.40	0.46	0.32	0.88
S2		0.85	0.56	0.37	0.90	0.20	0.78	0.58	0.70	0.58	0.58	0.70	0.56	0.72	0.68	0.00	0.19	0.00	0.61	0.73	0.26	0.90	0.15	0.00	0.35
S3			0.72	0.80	0.68	0.69	0.97	0.78	0.76	0.81	0.78	0.86	0.81	0.84	0.64	0.49	0.66	0.09	0.90	0.89	0.72	0.68	0.65	0.49	0.66
S4				0.55	0.15	0.60	0.86	0.99	0.70	0.22	0.97	0.85	0.22	0.22	0.45	0.15	0.57	0.03	0.89	0.50	0.73	0.15	0.50	0.16	0.43
S5					0.22	0.97	0.80	0.65	0.52	0.83	0.65	0.69	0.84	0.72	0.36	0.90	0.94	0.17	0.85	0.77	0.94	0.22	0.97	0.90	0.77
S6						0.00	0.52	0.19	0.49	0.64	0.21	0.41	0.62	0.79	0.59	0.00	0.00	0.00	0.32	0.65	0.00	1.00	0.00	0.00	0.25
S7							0.74	0.68	0.46	0.68	0.68	0.66	0.69	0.54	0.25	0.88	0.96	0.17	0.84	0.64	0.98	0.00	0.99	0.88	0.73
S10								0.91	0.79	0.68	0.90	0.92	0.68	0.69	0.60	0.46	0.71	0.09	0.97	0.82	0.81	0.52	0.69	0.46	0.65
S11									0.73	0.33	0.98	0.88	0.33	0.32	0.47	0.27	0.65	0.05	0.93	0.58	0.80	0.19	0.59	0.27	0.51
S12										0.46	0.83	0.86	0.46	0.51	0.94	0.20	0.53	0.47	0.80	0.85	0.54	0.49	0.41	0.20	0.72
S13											0.35	0.53	1.00	0.98	0.46	0.77	0.66	0.15	0.62	0.85	0.60	0.64	0.72	0.77	0.68
S14												0.94	0.35	0.34	0.62	0.28	0.68	0.24	0.94	0.65	0.79	0.21	0.59	0.28	0.63
S15													0.52	0.54	0.72	0.34	0.73	0.43	0.90	0.74	0.74	0.41	0.59	0.34	0.79
S17														0.97	0.45	0.79	0.67	0.15	0.62	0.84	0.62	0.62	0.73	0.79	0.68
S18															0.53	0.61	0.52	0.12	0.58	0.86	0.48	0.79	0.57	0.61	0.61
S19																0.10	0.37	0.60	0.58	0.81	0.30	0.59	0.22	0.10	0.70
S20																	0.86	0.19	0.54	0.56	0.79	0.00	0.93	1.00	0.67
S22																		0.42	0.80	0.65	0.95	0.00	0.96	0.86	0.87
S23																			0.13	0.29	0.15	0.00	0.18	0.19	0.75
S24																				0.80	0.90	0.32	0.78	0.54	0.69
S25																					0.64	0.65	0.64	0.56	0.76
S26																						0.00	0.95	0.79	0.71
S27																							0.00	0.00	0.25
S31																								0.93	0.73
S34																									0.67

附录表 1-9　灰钙土—放牧—中度

	S2	S3	S4	S5	S7	S10	S11	S12	S14	S15	S16	S18	S19	S21	S24	S26	S27	S31	S32	S35	S36	S38
S1	0.73	0.48	0.58	0.68	0.54	0.52	0.38	0.96	0.94	0.87	0.63	0.78	0.87	0.56	0.67	0.51	0.48	0.75	0.58	0.73	0.38	0.79
S2		0.50	0.82	0.66	0.57	0.00	0.00	0.74	0.88	0.75	0.67	0.24	0.55	0.86	0.37	0.56	0.50	0.65	0.46	0.64	0.00	0.64
S3			0.15	0.00	0.99	0.00	0.00	0.57	0.57	0.75	0.93	0.48	0.00	0.00	0.00	0.00	1.00	0.00	0.92	0.00	0.00	0.00
S4				0.89	0.18	0.20	0.00	0.67	0.77	0.54	0.22	0.19	0.65	0.89	0.43	0.22	0.15	0.53	0.14	0.84	0.00	0.67
S5					0.03	0.30	0.42	0.73	0.73	0.44	0.07	0.45	0.83	0.79	0.77	0.20	0.00	0.53	0.16	0.82	0.42	0.68
S7						0.00	0.00	0.60	0.62	0.80	0.97	0.47	0.06	0.08	0.03	0.14	0.99	0.12	0.91	0.05	0.00	0.09
S10							0.00	0.52	0.42	0.49	0.00	0.57	0.66	0.00	0.19	0.00	0.00	0.45	0.00	0.65	0.00	0.64
S11								0.35	0.18	0.00	0.00	0.67	0.40	0.00	0.88	0.00	0.00	0.00	0.38	0.00	1.00	0.00
S12									0.97	0.90	0.64	0.80	0.81	0.53	0.64	0.30	0.57	0.60	0.66	0.74	0.35	0.71
S14										0.92	0.69	0.63	0.78	0.69	0.53	0.43	0.57	0.70	0.59	0.78	0.18	0.77
S15											0.83	0.64	0.60	0.42	0.27	0.35	0.75	0.59	0.70	0.62	0.00	0.65
S16												0.45	0.16	0.22	0.08	0.36	0.93	0.31	0.86	0.13	0.00	0.23
S18													0.65	0.00	0.70	0.00	0.48	0.25	0.70	0.37	0.67	0.36
S19														0.63	0.75	0.45	0.00	0.80	0.15	0.89	0.40	0.90
S21															0.42	0.60	0.00	0.72	0.00	0.75	0.00	0.73
S24																0.23	0.00	0.38	0.34	0.45	0.88	0.42
S26																	0.00	0.85	0.00	0.36	0.00	0.64
S27																		0.00	0.92	0.00	0.00	0.00
S31																			0.00	0.78	0.00	0.95
S32																				0.00	0.38	0.00
S35																					0.00	0.93
S36																						0.00

附录表 1-10　基岩风化沉积土—围封—短期

	S2	S3	S5	S7	S9	S10	S11	S12	S13	S14	S15	S17	S19	S20	S22	S24	S25	S26	S29	S31	S37	S39	S40
S1	0.92	0.95	0.55	0.84	0.26	0.33	0.81	0.70	0.24	0.97	0.78	0.56	0.54	0.44	0.93	0.92	0.89	0.62	0.26	0.98	0.37	0.26	0.44
S2		0.99	0.58	0.81	0.28	0.49	0.82	0.89	0.58	0.89	0.82	0.73	0.50	0.45	0.97	0.82	0.93	0.83	0.28	0.92	0.31	0.28	0.45
S3			0.60	0.78	0.39	0.54	0.88	0.85	0.48	0.94	0.82	0.76	0.48	0.45	0.98	0.83	0.93	0.81	0.39	0.97	0.31	0.39	0.45
S5				0.55	0.45	0.48	0.49	0.72	0.19	0.64	0.23	0.59	0.86	0.16	0.48	0.72	0.81	0.62	0.45	0.67	0.86	0.45	0.16
S7					0.00	0.17	0.41	0.76	0.43	0.75	0.81	0.44	0.73	0.00	0.69	0.79	0.86	0.41	0.00	0.77	0.54	0.00	0.00
S9						0.92	0.61	0.27	0.00	0.47	0.27	0.78	0.00	0.00	0.31	0.11	0.39	0.41	1.00	0.42	0.00	1.00	0.00
S10							0.65	0.56	0.40	0.50	0.48	0.95	0.06	0.00	0.46	0.15	0.54	0.63	0.92	0.48	0.00	0.92	0.00
S11								0.60	0.21	0.88	0.58	0.75	0.18	0.66	0.91	0.68	0.72	0.80	0.61	0.88	0.08	0.61	0.66
S12									0.77	0.69	0.69	0.78	0.64	0.22	0.77	0.67	0.91	0.85	0.27	0.75	0.49	0.27	0.22
S13										0.18	0.57	0.57	0.16	0.00	0.44	0.11	0.47	0.63	0.00	0.25	0.00	0.00	0.00
S14											0.74	0.68	0.52	0.41	0.91	0.88	0.90	0.65	0.47	0.99	0.38	0.47	0.41
S15												0.66	0.24	0.00	0.76	0.51	0.74	0.47	0.27	0.72	0.00	0.27	0.00
S17													0.25	0.12	0.68	0.39	0.76	0.79	0.78	0.68	0.13	0.78	0.12
S19														0.00	0.36	0.76	0.74	0.35	0.00	0.56	0.97	0.00	0.00
S20															0.61	0.51	0.25	0.61	0.00	0.47	0.00	0.00	1.00
S22																0.81	0.85	0.82	0.31	0.94	0.19	0.31	0.61
S24																	0.86	0.59	0.11	0.91	0.66	0.11	0.51
S25																		0.76	0.39	0.93	0.59	0.39	0.25
S26																			0.41	0.72	0.26	0.41	0.61
S29																				0.42	0.00	1.00	0.00
S31																					0.42	0.42	0.47
S37																						0.00	0.00
S39																							0.00

附录表 1-11　基岩风化沉积土—放牧—中度

	S2	S3	S5	S11	S12	S13	S14	S15	S17	S19	S22	S24	S25	S26	S27	S31	S34	S35	S42
S1	0.84	0.88	0.93	0.98	0.70	0.39	0.88	0.88	0.90	0.44	0.89	0.92	0.86	0.74	0.94	0.84	0.66	0.39	0.41
S2		0.67	0.91	0.92	0.85	0.60	0.49	0.85	0.96	0.35	0.90	0.93	0.91	0.82	0.73	0.92	0.62	0.60	0.67
S3			0.67	0.85	0.37	0.53	0.88	0.62	0.78	0.61	0.60	0.77	0.81	0.83	0.96	0.74	0.62	0.53	0.00
S5				0.95	0.86	0.36	0.69	0.95	0.90	0.25	0.97	0.96	0.84	0.68	0.78	0.89	0.63	0.36	0.68
S11					0.76	0.48	0.78	0.89	0.93	0.45	0.90	0.97	0.93	0.84	0.91	0.92	0.71	0.48	0.48
S12						0.12	0.32	0.73	0.76	0.34	0.85	0.76	0.76	0.53	0.56	0.64	0.68	0.12	0.91
S13							0.21	0.47	0.64	0.00	0.39	0.52	0.47	0.66	0.35	0.73	0.00	1.00	0.00
S14								0.67	0.62	0.38	0.62	0.71	0.62	0.56	0.88	0.62	0.52	0.21	0.00
S15									0.88	0.00	0.98	0.91	0.69	0.56	0.67	0.90	0.37	0.47	0.61
S17										0.34	0.91	0.90	0.87	0.78	0.80	0.90	0.53	0.64	0.55
S19											0.11	0.32	0.66	0.63	0.68	0.17	0.84	0.00	0.00
S22												0.90	0.75	0.57	0.69	0.86	0.47	0.39	0.73
S24													0.91	0.83	0.82	0.96	0.67	0.52	0.52
S25														0.94	0.88	0.84	0.86	0.47	0.46
S26															0.82	0.83	0.75	0.66	0.19
S27																0.73	0.77	0.35	0.19
S31																	0.48	0.73	0.43
S34																		0.00	0.37
S35																			0.00

附录 2　从全球生物多样性信息网络（GBIF）获取猪毛蒿地理分布数据

截至 2019 年 2 月 11 日共获得 2 075 条记录。

```
install.packages(c('dismo', 'jsonlite'))
library(dismo)
library(jsonlite)
#install.packages(c('raster', 'rgdal', 'dismo', 'rJava'))
# loads the dismo (distribution modeling) library
#using an example file that is installed with the dismo package
library(dismo)
Zhumaohao= gbif("Artemisia", "scoparia")
#Use '*' to download the entire genus.
#Append '*' to the species name to get all naming variants
#Zhumaohao= gbif("Camptotheca", "acuminata",extent(85,125,10,55))
# how many rows and colums?
dim(Zhumaohao)
#select the records that have longitude and latitude data
colnames(Zhumaohao)
Zhumaohao$lon
ZMHgeo <- subset(Zhumaohao, !is.na(lon) & !is.na(lat))
dim(ZMHgeo)
#remove duplicated record
dups <- duplicated(ZMHgeo[, c('lon', 'lat')])
ZMHfin=ZMHgeo[!dups,]
dim(ZMHfin)
# show some values
```

```
#opne world simple map
install.packages('maptools')
library(maptools)
data(wrld_simpl)
plot(wrld_simpl, xlim=c(-180,180), ylim=c(0,90), axes=TRUE, col="light yellow")
# restore the box around the map
box()
# plot points
points(ZMHfin$lon,ZMHfin$lat, col='orange', pch=20, cex=0.75)
# plot points again to add a border, for better visibility
points(ZMHfin$lon,ZMHfin$lat, col='red', cex=0.75)
#clean data
range(ZMHfin$lon)
range(ZMHfin$lat)
ZMHfin[,c("lon","lat")]
#
ZMHfin = subset(ZMHfin, lon>70&lat<34)
dim(ZMHfin)
# show all records
ZMHfin[, c("lon","lat")]
#recreated data
plot(wrld_simpl, xlim=c(85,125), ylim=c(10,55), axes=TRUE,col="light yellow")
# restore the box around the map
box()
# plot points
points(ZMHfin$lon,ZMHfin$lat, col='orange', pch=20, cex=0.75)
# plot points again to add a border, for better visibility
points(ZMHfin$lon,ZMHfin$lat, col='red', cex=0.75)
```

```
#Predictors
#we use 'bioclimatic variables',
#see: http://www.worldclim.org/bioclim
#res=10 minutes
library(raster)
wc <- getData('worldclim', res=10, var='bio')
#plot(wc[[c(1, 12)]], nr=2)
plot(wc[[1]])
#extract climate data for the locations of our observations
bfc <- extract(wc, ZMHfin[, c("lon","lat")])
dim(ZMHfin)
dim(bfc)
head(bfc)
# extent of all points
e <- extent(SpatialPoints(ZMHfin[, c("lon","lat")]))
e
# 1 000 random samples from extent e
set.seed(0)
bg <- sampleRandom(wc, 1 000, ext=e)
dim(bg)
head(bg)
d <- rbind(cbind(pa=1, bfc), cbind(pa=0, bg))
d <- data.frame(d)
dim(d)
head(d)
##fit logistic model
#m1 = glm(pa ~bio1+bio12,family=binomial, data=d)
#summary(m1)
```

```
m2 = glm(pa ~bio1,family=binomial, data=d)
summary(m2)
range(d$bio1)
xweight <- seq(9,284,1)
#Now we use the predict() function to create the model for all of the values of xweight
yweight <- predict(m2, list(bio1 = xweight),type="response")
#Now we plot.
plot(d$bio1,d$pa, pch = 16, xlab = "Annual Temperature", ylab = "Camptotheca
acuminata")
lines(xweight, yweight,col=4,lwd=4)
#new points
new=data.frame(lon=115,lat=35)
newwc= as.data.frame(extract(wc, new))
predict(m2,newwc["bio1"],type="response")
newwc["bio1"]
2.502914-0.023289*143
exp(-0.827 413)/(1+exp(-0.827 413))
```

附录 3　基于 *R* 的猪毛蒿繁殖特征与植株性状特征间相关性

```
install.packages("dplyr")
library(dplyr)
install.packages("PerformanceAnalytics")
library(PerformanceAnalytics)
do<-read.csv("data.csv", header=T)
names(do)
Fig.do =    select(do,
                   Ra,
                   Cnp,
                   Eam,
                   Cmp,
                   Cov,
                   Hei,
                   SB,
                   RL,
                   RW,
                   AB,
                   TB,
                   RS,
                   RB,
                   CW,
                   SD)

chart.Correlation(Fig.do, method="pearson", histogram=F, pch=16)
```

参考文献

Agrawal AA，2001. Phenotypic plasticity in the interactions and evolution of species[J]. Science，294：321-326.

Ares A，Fownes JH，1999. Water supply regulates structure，productivity，and water use efficiency of Acacia koa forest in Hawaii[J]. Oecologia，121：458-466.

Arroyo AI，Pueyo Y，Pellissier F，et al.，2017. Phytotoxic effects of volatile and water soluble chemicals of Artemisia herba-alba[J]. Journal of Arid Environments，151：1-8.

Bai Y，Han X，Wu J，et al.，2004. Ecosystem stability and compensatory effects in the Inner Mongolia grassland[J]. Nature，431：181-184.

Bailón-Moreno R，Jurado-Alameda E，Ruiz-Baños R，et al.，2005. Analysis of the field of physical chemistry of surfactants with the Unified Scienctometric Model. Fit of relational and activity indicators[J]. Scientometrics，63：259-276.

Bais H，Vepachedu R，Gilroy S，et al.，2003. Allelopathy and exotic plant invasion：from molecules and genes to species interactions[J]. Science，301：1377-1380.

Baker M，2011. Metabolomics：from small molecules to big ideas[J]. Nature Methods，8：117-121.

Baldwin IT，Halitschke R，Paschold A，et al.，2006. Volatile signaling in plant-plant interactions："Talking Trees" in the genomics era[J]. Science，311：812-815.

Belvaux G，Wolsey LA，2000. A specialized branch-and-cut system for lot-sizing problems[J]. Management Science，46：724-738.

Berndtsson R，Chen H，1994. Variability of soil water content along a transect in a desert area[J]. Journal of Arid Environments，27：127-139.

Bertness MD，Callaway R，1994. Positive interactions in communities[J]. Trends in Ecology & Evolution，9：191.

Biedrzycki ML，Bais HP，2010. Kin recognition in plants：a mysterious behaviour unsolved[J]. Journal of Experimental Botany，61：4123-4128.

Boughalleb F，Hajlaoui H，2011. Physiological and anatomical changes induced by drought in two olive cultivars（cv Zalmati and Chemlali）[J]. Acta Physiologiae Plantarum，33：53-65.

Bremer K，Humphries CJ，1993. Generic monograph of the Asteraceae-Anthemideae[J]. Bulletin of the Natural History Museum Botany，23：71-177.

Brown G，2002. Community composition and population dynamics in response to artificial rainfall in an undisturbed desert annual community in Kuwait[J]. Basic & Applied Ecology，3：145-156.

Brunet J，1996. Male reproductive success and variation in fruit and seed set in Aquilegia Caerulea（Ranunculaceae）[J]. Ecology，77：2458-2471.

Cahill JF，Mcnickle GG，2011. The behavioral ecology of nutrient foraging by plants[J]. Annual Review of Ecology Evolution，Evolution，and Systematics，42：289-311.

Callaway RM，Erick G，Lewis MR，et al.，2010. Plant neighbor identity influences plant biochemistry and physiology related to defense[J]. BMC Plant Biology，10：1-14.

Callaway RM，Pennings SC，Richards CL，2003. Phenotypic plasticity and interactions among plants[J]. Ecology，84：1115-1128.

Callaway RM，Ridenour WM，2004. Novel weapons：invasive success and the evolution of increased competitive ability[J]. Frontiers in Ecology and the Environment，2：436-443.

Carmo-Silva AE，Beale MH，Baker JM，et al.，2009. Drought stress increases the production of 5-hydroxynorvaline in two C_4 grasses[J]. Phytochemistry，70：664-671.

Chen BJW，During HJ，Anten NPR，2012. Detect thy neighbor：Identity recognition at the root level in plants[J]. Plant Science，195：157-167.

Chen C，2004. Searching for intellectual turning points：progressive knowledge domain visualization[J]. Proceedings of the National Academy of Sciences of the United States of America，101：5303-5310.

Chen C，2006. CiteSpace II：Detecting and visualizing emerging trends and transient patterns in scientific literature[J]. Journal of the American Society for Information Science and Technology，57：359-377.

Chen C，2012. Predictive effects of structural variation on citation counts[J]. Journal of the American Society for Information Science and Technology，63：431-449.

Chen C，Hu Z，Liu S，et al.，2012b. Emerging trends in regenerative medicine：a scientometric analysis in CiteSpace[J]. Expert Opinion on Biological Therapy，12：593-608.

Chen C，Ibekwe-Sanjuan F，Hou J，2010. The structure and dynamics of cocitation clusters：A multiple-perspective cocitation analysis[J]. Journal of the American Society for Information Science and Technology，61：1386-1409.

Chen C，Leydesdorff L，2014. Patterns of connections and movements in dual-map overlays：A new method of publication portfolio analysis[J]. Journal of the Association for Information Science and Technology，65：334-351.

Chen C，Morris S，2003. Visualizing evolving networks：minimum spanning trees versus pathfinder networks [C]//；City. 67-74.

Chen JS，Yu D，Liu Q，et al.，2004. Clonal integration of the stoloniferous herb Fragaria vesca from different altitudes in Southwest China[J]. Flora-Morphology，Distribution，Functional Ecology of Plants，199：342-350.

Chen W，Gong L，Guo Zl，et al.，2013. A Novel Integrated Method for Large-Scale Detection，Identification，and Quantification of Widely Targeted Metabolites：Application in the Study of Rice Metabolomics[J]. Molecular Plant，6：1769-1780.

Chen Y，Bonkowski M，Shen Y，et al.，2020. Root ethylene mediates rhizosphere microbial community reconstruction when chemically detecting cyanide produced by neighbouring plants[J]. Microbiome，8：4-4.

Cheplick GP，1995. Life history trade-offs in *Amphibromus scabrivalvis*（Poaceae）：allocation to clonal growth，storage，and cleistogamous reproduction. American Journal of Botany，82：621-629.

Chesson P，2000. Mechanisms of maintenance of species diversity[J]. Annual Review of Ecology & Systematics，31：343-366.

Chiu W-T，Ho Y-S，2007. Bibliometric analysis of tsunami research[J]. Scientometrics，73：3-17.

Chomel M，Guittonny-Larchevêque M，Fernandez C，et al.，2016. Plant secondary metabolites：a key driver of litter decomposition and soil nutrient cycling[J]. Journal of Ecology，104：1527-1541.

Chompalov，Ivan，1999. Institutional Collaboration in Science：A Typology of Technological Practice[J]. Science，Technology Human Values，24：338-372.

Chou CH，Lin HJ，1976. Autointoxication mechanism of *Oryza sativa* I. Phytotoxic effects of decomposing rice residues in soil[J]. Journal of Chemical Ecology，2：353-367.

Cipollini K，Wagner KTC，2012. Allelopathic effects of invasive species（*Alliaria petiolata*，*Lonicera maackii*，*Ranunculus ficaria*）in the Midwestern United States[J]. Allelopathy Journal，29：63-76.

D R E，Meehl GA，Parmesan C，et al.，2000. Climate extremes：observations，modeling，and impacts[J]. Science，289：2068-2074.

Dai H，Xiao Cn，Liu Hb，et al.，2010. Combined NMR and LC-MS analysis reveals the metabonomic changes in *Salvia miltiorrhiza* Bunge induced by water depletion[J]. Journal of Proteome Research，9：1460-1475.

Dam NM，Bouwmeester HJ，2016. Metabolomics in the rhizosphere：Tapping into belowground chemical communication[J]. Trends in plant science，21：256-265.

Davis MA，Grime JP，Thompson K，2000. Fluctuating resources in plant communities：a general theory of invasibility[J]. Journal of Ecology，88：528-534.

Deangelis KM，2016. Chemical communication connects soil food webs[J]. Soil Biology and Biochemistry，102：48-51.

Dolph S，2009. Evidence for ecological speciation and its alternative[J]. Science，323：737-741.

Eck NJV，Waltman L，Dekker R，et al.，2010. A comparison of two techniques for bibliometric mapping：Multidimensional scaling and VOS[J]. Journal of the American Society for Information Science Technology，61：2405-2416.

Erb M，Veyrat N，Robert CAM，et al.，2015. Indole is an essential herbivore-induced volatile priming signal in maize[J]. Nature Communications，6：6273.

Fabbro T，Korner C，2004. Altitudinal differences in flower traits and reproductive allocation[J]. Flora，199：70-81.

Fan DM，Yang YP，2009. Altitudinal variations in flower and bulbil production of an alpine perennial，Polygonum viviparum L.（Polygonaceae）[J]. Plant Biology，11：493-497.

Fang H，Cheng S，Lin E，et al.，2015. Elevated atmospheric carbon dioxide concentration stimulates soil microbial activity and impacts water-extractable organic carbon in an agricultural soil[J]. Biogeochemistry，122：253-267.

Farquhar GD，Hubick KT，Condon AG，et al.，1989. Carbon Isotope Fractionation and Plant Water-Use Efficiency[M]. Springer，New York.

Farquhar GD，O'leary MH，Berry JA，1982. On the Relationship Between Carbon Isotope Discrimination and the Intercellular Carbon Dioxide Concentration in Leaves[J]. Functional Plant Biology，9：281-292.

Fiehn O，2003. Metabolic networks of Cucurbita maxima phloem[J]. Phytochemistry，62：875-886.

Fiehn O，Kopka J，Dörmann P，et al.，2000. Metabolite profiling for plant functional genomics[J]. Nature Biotechnology，18：1157-1161.

Flessa H，Ludwig B，Heil B，et al.，2015. The origin of soil organic C，dissolved organic C and respiration in a long-term maize experiment in Halle，Germany，determined by ^{13}C natural abundance[J]. Journal of Plant Nutrition and Soil Science，163：157-163.

Flexas J，Bota J，Galmés J，et al.，2006. Keeping a positive carbon balance under adverse conditions：responses of photosynthesis and respiration to water stress[J]. Physiologia Plantarum，127：343-352.

Flores HE，Vivanco JM，Loyola-Vargas VM，1999. 'Radicle' biochemistry：the biology of root-specific metabolism[J]. Trends in plant science，4：220-226.

Foito A，Byrne SL，Shepherd T，et al.，2010. Transcriptional and metabolic profiles of lolium perenne l. genotypes in response to a peg-induced water stress[J]. Plant Biotechnology Journal，7：719-732.

Gehlenborg N，O'donoghue SI，Baliga NS，et al.，2010. Visualization of omics data for systems biology[J]. Nature Methods，7，S56-S68.

Gélin U，Wilson ME，Cripps J，et al.，2016. Individual heterogeneity and offspring sex affect the growth-reproduction trade-off in a mammal with indeterminate growth[J]. Oecologia，180：1127-1135.

Gillespie IG，Loik ME，2004. Pulse events in Great Basin Desert shrublands：physiological responses of Artemisia tridentata and Purshia tridentata seedlings to increased summer precipitation[J]. Journal of Arid Environments，59：41-57.

Goodacre R，Vaidyanathan S，Dunn WB，et al.，2004. Metabolomics by numbers：acquiring and understanding global metabolite data[J]. Trends in Biotechnology，22：245-252.

Gray AN，Spies TA，1997. Microsite controls on tree seedling establishment in conifer forest canopy gaps[J]. Ecology，78：2458-2473.

Grime JP，1979. Plant strategies and vegetation processes[J]. Biologia Plantarum，23：254-254.

Hde K，Schieving F，1991. Resource allocation patterns as a function of clonal morphology：a general model applied to a foraging clonal plant[J]. Journal of Ecology，79：519-530.

Heil M，Karban R，2010. Explaining evolution of plant communication by airborne signals[J]. Trends in Ecology & Evolution，25：137-144.

Hemborg AM，Karlsson PS，1998. Altitudinal variation in size effects on plant reproductive effort and somatic costs of reproduction[J]. Ecoscience，5：517-525.

Hendry AP，2016. Key questions on the role of phenotypic plasticity in eco-evolutionary dynamics[J]. Journal of Heredity，107：25-41.

Hodge A，2004. The plastic plant：Root responses to heterogeneous supplies of nutrients[J]. New Phytologist，162：9-24.

Hui AN，Guoqi LI，2015. Effects of grazing on carbon and nitrogen in plants and soils in a semiarid desert grassland，China[J]. Journal of Arid Land，7：341-349.

Hyun Y，Vincent C，Tilmes V，et al.，2019. A regulatory circuit conferring varied flowering response to cold in annual and perennial plants[J]. Science，363：409-412.

Inderjit，1996. Plant phenolics in allelopathy[J]. Botanical Review，62：186-202.

Inderjit，Wardle DA，Richard K，et al.，2011. The ecosystem and evolutionary contexts of allelopathy[J]. Trends in Ecology & Evolution，26：655-662.

Jalili A，Hamzeh'ee B，Asri Y，et al.，2003. Soil seed banks in the Arasbaran Protected Area of Iran and their significance for conservation management[J]. Biological Conservation，109：425-431.

Jansen PA，Visser MD，Joseph WS，et al.，2014. Negative density dependence of seed dispersal and seedling recruitment in a neotropical palm[J]. Ecology Letters，17：1111-1120.

Jassbi AR，Zamanizadehnajari S，Baldwin IT，2010. Phytotoxic volatiles in the roots and shoots of Artemisia tridentata as detected by headspace solid-phase microextraction and gas chromatographic-mass spectrometry analysis[J]. Journal of Chemical Ecology，36：1398-1407.

Jensen CG，Ehlers BK，2010. Genetic variation for sensitivity to a thymic monoterpene in associated plant species[J]. Oecologia，162：1017-1025.

Jiang G，1996. Application of Stable Carbon Isotope Technique in Plant Physiological Ecology Research[J]. cje，1：49-54.

Jiao F，Yao Jun BU，Jiao JY，2005. Natural restoration of vegetation and dynamic changes of species diversity in gully regions on Loess plateau[J]. Research of Soil & Water Conservation，12：1-3.

Johnson BG，Verburg PS，Rd AJ，2016. Plant species effects on soil nutrients and chemistry in arid ecological zones[J]. Oecologia，182：1-19.

Jones E，Nuismer S，Gomulkiewicz R，2013. Revisiting Darwin's conundrum reveals a twist on the relationship between phylogenetic distance and invasibility[J]. Proceedings of the National Academy of Sciences of the United States of America，110：20627-20632.

Josep P，Jordi S，2009. Ecology：Elementary factors[J]. Nature，460：803-804.

Kaligariä M，Meister MH，Kornik SÅ，et al.，2011. Grassland succession is mediated by umbelliferous colonizers showing allelopathic potential[J]. Plant Biosystems，145：688-698.

Kalske A，Shiojiri K，Uesugi A，et al.，2019. Insect herbivory selects for volatile-mediated plant-plant communication[J]. Current Biology，29：3128-3133.

Karban R. 2015. Plant sensing and communication[M]. University of Chicago Press；Chicago，USA.

Karban R，Wetzel WC，Shiojiri K，et al.，2014. Deciphering the language of plant communication：volatile chemotypes of sagebrush[J]. New Phytologist，204：380-385.

Karban R，Yang LH，Edwards KF，2014b. Volatile communication between plants that affects herbivory：a meta-analysis[J]. Ecology Letters，17：44-52.

Keire D，Anton P，Faull K，et al.，2001. Diethyl phthalate，a chemotactic factor secreted by Helicobacter pylori[J]. Journal of Biological Chemistry，276：48847-48853.

Kendall BE，Fox GA，Fujiwara M，et al.，2011. Demographic heterogeneity，cohort selection，and population growth[J]. Ecology，92：1985-1993.

Kimura F，Sato M，Kato-Noguchi H，2015. Allelopathy of pine litter：Delivery of allelopathic substances into forest floor[J]. Journal of Plant Biology，58：61-67.

Kirschner J，Štěpánek J，1990. The plant book[J]. Folia Geobotanica et Phytotaxonomica，25：226-226.

Koltes S，2006. Vegetation and fertilization effects on soil water soluble organic carbon[J]. Current Applied Physics，6：182.

Körner C，Diemer M，1994. Evidence that Plants from High Altitudes Retain their Greater Photosyntheti Efficiency Under Elevated CO_2[J]. Functional Ecology，8：58-68.

L'hérault V，Franke A，Lecomte N，et al.，2013. Landscape heterogeneity drives intra-population niche variation and reproduction in an arctic top predator[J]. Ecology & Evolution，3：2867-2879.

Lankau RA，Kliebenstein DJ，2010. Competition，herbivory and genetics interact to determine the accumulation and fitness consequences of a defence metabolite[J]. Journal of Ecology，97：78-88.

Lankau RA，Strauss SY，2007. Mutual feedbacks maintain both genetic and species diversity in a plant community[J]. Science，317：1561-1563.

Larsen PO，Ins MV，2010. The rate of growth in scientific publication and the decline in coverage provided by Science Citation Index[J]. Scientometrics，84：575-603.

Larson JE，Funk JL，2016. Regeneration：an overlooked aspect of trait-based plant community assembly models[J]. Journal of Ecology，104：1284-1298.

Levine JM，Hillerislambers J，2009. The importance of niches for the maintenance of species diversity[J]. Nature，461：254-257.

Li L，Sun J，Zhang F，et al.，2006. Root distribution and interactions between intercropped species[J]. Oecologia，147：280-290.

Li LL，Ding G，Feng N，et al.，2009. Global stem cell research trend：Bibliometric analysis as a tool for mapping of trends from 1991-2006[J]. Scientometrics，80：39-58.

Li LL，Zhao HH，Kong CH，2020.（-）-Loliolide，the most ubiquitous lactone，is involved in barnyardgrass-induced rice allelopathy[J]. Journal of Experimental Botany，71：1540-1550.

Li Q，Zhu Q，Zheng J，et al.，2015. Soil moisture response to rainfall in forestland and vegetable plot in Taihu Lake Basin，China[J]. Chinese Geographical Science，25：426-437.

Li YH，Xia ZC，Kong CH，2016. Allelobiosis in the interference of allelopathic wheat with weeds[J]. Pest Management Science，72：2146-2153.

Li Z，Yang L，Lu W，et al.，2015b. Spatial patterns of leaf carbon，nitrogen stoichiometry and stable carbon isotope composition of Ranunculus natans C.A. Mey.（Ranunculaceae） in the arid zone of northwest China[J]. Ecological Engineering，77：9-17.

Liang S，Zhang J，Wang Z，2008. Inhibition of Ageratina adenophora on spore germination and gametophyte development of *Macrothelypteris torresiana*[J]. Journal of Integrative Plant Biology，50：559-564.

Liao J，Huang Y，2014. Global trend in aquatic ecosystem research from 1992-2011[J]. Scientometrics，98：1203-1219.

Liu B，Zhao Wz，Liu Zl，et al.，2015. Changes in species diversity，aboveground biomass，and vegetation cover along an afforestation successional gradient in a semiarid desert steppe of China[J]. Ecological Engineering，81：301-311.

Luo Wc，Zhao Wz，Liu B，2016. Growth stages affect species richness and vegetation patterns of nebkhas in the desert steppes of China[J]. Catena，137：126-133.

Machin DC，Hamon-Josse M，Bennett T，2020. Fellowship of the rings：a saga of strigolactones and other small signals[J]. New Phytologist，225：621-636.

Mahall BE，Callaway RM，1996. Effects of regional origin and genotype on intraspecific root communication in the desert shrub *Ambrosia dumosa*（Asteraceae）[J]. American Journal of Botany，83：93-98.

Marco J，Barbera O，1990. Natural products from the genus *Artemisia* L[J]. Studies in Natural Products Chemistry，7：201-264.

Maria O，Malou R，Artemio M，et al.，2002. Why phenolic acids are unlikely primary allelochemicals in rice[J]. Journal of Chemical Ecology，28：229-242.

Martin B，Tauer CG，Lin RK，1999. Carbon Isotope Discrimination as a Tool to Improve Water-Use Efficiency in Tomato[J]. Crop Science，39：1775-1783.

Martínez-Medina A，Fernandez I，Lok GB，et al.，2017. Shifting from priming of salicylic acid- to jasmonic acid-regulated defences by Trichoderma protects tomato against the root knot nematode *Meloidogyne incognita*[J]. New Phytologist，213：1363-1377.

Mayer C，Adler L，Armbruster WS，et al.，2011. Pollination ecology in the 21st Century：Key questions for future research[J]. Journal of Pollination Ecology，3：8-23.

Meiners SJ，2014. Functional correlates of allelopathic potential in a successional plant community[J]. Plant Ecology，215：661-672.

Meiners SJ，Kong CH，2012. Introduction to the special issue on allelopathy[J]. Plant Ecology，213：1857-1859.

Metlen K，Aschehoug E，Callaway R，2009. Plant behavioural ecology：dynamic plasticity in secondary metabolites[J]. Plant Cell & Environment，32：641-653.

Metlen KL，Aschehoug ET，Callaway RM，2010. Plant behavioural ecology：dynamic plasticity in secondary metabolites[J]. Plant Cell & Environment，32：641-653.

Miller JM，Williams RJ，Farquhar GD，2001. Carbon isotope discrimination by a sequence of Eucalyptus species along a subcontinental rainfall gradient in Australia[J]. Functional Ecology，15：222-232.

Morecroft MD，Woodward FI，1990. Experimental investigations on the environmental determinations of $\delta^{13}C$ at different altitudes[J]. Journal of Experimental Botany，41：1303-1308.

Morvillo CM，Eb DLF，Gil A，et al.，2011. Competitive and allelopathic interference between soybean crop and annual wormwood（Artemisia annua L.）under field conditions[J]. European Journal of Agronomy，34：211-221.

Murrell DJ，Law R，2010. Heteromyopia and the spatial coexistence of similar competitors[J]. Ecology Letters，6：48-59.

Nederhof AJ，2006. Bibliometric monitoring of research performance in the Social Sciences and the Humanities：A Review[J]. Scientometrics，66：81-100.

Neill RL，Rice EL，1971. Possible role of Ambrosia psilostachya on pattern and succession in old-fields[J]. American Midland Naturalist，86：344-357.

Newman MEJ，2001. The structure of scientific collaboration networks[J]. Proceedings of the National Academy of Sciences of the United States of America，98：404-409.

Ni L，Acharya K，Hao X，et al.，2012. Isolation and identification of an anti-algal compound from *Artemisia annua* and mechanisms of inhibitory effect on algae[J]. Chemosphere，88：1051-1057.

Nicholson JK，Lindon JC，Holmes E，1999. 'Metabonomics'：understanding the metabolic responses of living systems to pathophysiological stimuli via multivariate statistical analysis of biological NMR spectroscopic data[J]. Xenobiotica，29：1181-1189.

Nicotra AB，Atkin OK，Bonser SP，et al.，2010. Plant phenotypic plasticity in a changing climate[J]. Trends in plant science，15：684-692.

Olmo M，Lozano AM，Barrón V，et al.，2016. Spatial heterogeneity of soil biochar content affects soil quality and wheat growth and yield[J]. Science of the Total Environment，562：690-700.

Palmer MW，Dixon PM，2010. Small-scale environmental heterogeneity and the analysis of species distributions along gradients[J]. Journal of Vegetation Science，1：57-65.

Pfennig DW，2016. Ecological evolutionary developmental biology[J]. Encyclopedia of Evolutionary Biology，474-481.

Phillips N，2016. Nature index 2016 collaborations[J]. Nature，539，S1-S1.

Piconcochard C，Coll L，Balandier P，2006. The role of below-ground competition during early stages of secondary succession：the case of 3-year-old Scots pine（*Pinus sylvestris* L.）seedlings in an abandoned grassland[J]. Oecologia，148：373-383.

Pierik R，Mommer L，Voesenek LA，2013. Molecular mechanisms of plant competition：neighbour detection and response strategies[J]. Functional Ecology，27：841-853.

Ping AN，Xiangjun LI，Zheng Y，et al.，2015. Distribution of plant species and species-soil relationship in the east central Gurbantunggut Desert，China[J]. Journal of Geographical Sciences，25：101-112.

Poorter H，Niklas KJ，Reich PB，et al.，2012. Biomass allocation to leaves，stems and roots：meta-analyses of interspecific variation and environmental control[J]. New Phytologist，193：30-50.

Pritchard A，1969. Statistical Bibliography or Bibliometrics?[J]. Journal of Documentation，25：348-349.

Rabara RC，Tripathi P，Reese RN，et al.，2015. Tobacco drought stress responses reveal new targets for Solanaceae crop improvement[J]. BMC Genomics，16：484.

Ram RJ，Verberkmoes NC，Thelen MP，et al.，2005. Community proteomics of a natural microbial biofilm[J]. Science，308：1915-1920.

Ran N，2006. Long-distance dispersal of plants[J]. Science，313：786-788.

Ratzke C，Barrere J，Gore J，2020. Strength of species interactions determines biodiversity and stability in microbial communities[J]. Nature Ecology & Evolution，4：376-383.

Ray IM，Townsend MS，Muncy CM，1999. Heritabilities and Interrelationships of Water-Use Efficiency and Agronomic Traits in Irrigated Alfalfa[J]. Crop Science，39：1088-1092.

Rice EL，1964. Inhibition of nitrogen-fixing and nitrifying bacteria by seed plants[J]. Ecology，45：824-837.

Rice EL，1979. Allelopathy：an update[J]. Botanical Review，45：15-109.

Rice EL，1983. Allelopathy（Second edition）[M]. Academic Press Inc；New York.

Richards CL，Bossdorf O，Muth NZ，et al.，2006. Jack of all trades，master of some？ On the role of phenotypic plasticity in plant invasions[J]. Ecology Letters，9：981-993.

Richter S，Kipfer T，Wohlgemuth T，et al.，2012. Phenotypic plasticity facilitates resistance to climate change in a highly variable environment[J]. Oecologia，169：269-279.

Rodr'iguez-Pérez J，Wiegand T，Traveset A，2012. Adult proximity and frugivore's activity structure the spatial pattern in an endangered plant[J]. Functional Ecology，26：1221-1229.

Sánchez-Coronado ME，Coates R，Castro-Colina L，et al.，2007. Improving seed germination and seedling growth of *Omphalea oleifera* （Euphorbiaceae） for restoration projects in tropical rain forests[J]. Forest Ecology & Management，243：144-155.

Sardans J，Peñuelas J，Rivas-Ubach A，2011. Ecological metabolomics：overview of current developments and future challenges[J]. Chemoecology，21：191-225.

Sawada Y，Akiyama K，Sakata A，et al.，2009. Widely targeted metabolomics based on large-scale MS/MS data for elucidating metabolite accumulation patterns in plants[J]. Plant Cell Physiol，50：37-47.

Scaglia B，Adani F，2009. Biodegradability of soil water soluble organic carbon extracted from seven different soils[J]. Journal of Environmental Sciences，21：641-646.

Scurlock JMO，Johnson K，Olson RJ，2002. Estimating net primary productivity from grassland biomass dynamics measurements[J]. Global Change Biology，8：736-753.

Semchenko M，Saar S，Lepik A，2014. Plant root exudates mediate neighbour recognition and trigger complex behavioural changes[J]. New Phytologist，204：631-637.

Shen X，Dong Z，Chen Y，2015. Drought and UV-B radiation effect on photosynthesis and antioxidant parameters in soybean and maize[J]. Acta Physiologiae Plantarum，37：25.

Shimono Y，Kudo G，2003. Intraspecific variations in seedling emergence and survival of *Potentilla matsumurae* （Rosaceae） between alpine fellfield and snowbed habitats[J]. Annals of Botany，91：21-29.

Shugart HH，Davies I，2010. Spatial Pattern and Process in Forest Stands within the Virginia Piedmont[J]. Journal of Vegetation Science，16：37-48.

Silvertown J，2004. Plant coexistence and the niche[J]. Trends in Ecology & Evolution，19：605-611.

Singh AK，Rai A，Pandey V，et al.，2017. Contribution of glomalin to dissolve organic carbon under different land uses and seasonality in dry tropics[J]. Journal of Environmental Management，192：142-149.

Singh HP，Kaur S，Mittal S，et al.，2009. Essential Oil of *Artemisia scoparia* Inhibits Plant Growth by Generating Reactive Oxygen Species and Causing Oxidative Damage[J]. Journal of Chemical Ecology，35：154-162.

Song G，An N，Ning Z，He Y，et al.，2018. Climate warming impacts on soil organic carbon fractions and aggregate stability in a Tibetan alpine meadow[J]. Soil Biology & Biochemistry，116：224-236.

Stuiver M，Braziunas TF，1987. Tree cellulose $^{13}C/^{12}C$ isotope ratios and climatic change[J]. Nature，328：58-60.

Su B，Han XG，Li LH，et al.，2000. Responses of $\delta^{13}C$ value and water use efficiency of plant species to environmental gradients along the grassland zone of northeast China transect[J]. Acta

Phytoecologica Sinica，24.

Sugiyama S，Bazzaz FA，1998. Size dependence of reproductive allocation：The influence of resource availability，competition and genetic identity[J]. Functional Ecology，12：280-288.

Sui X，Zhou G，Zhuang Q，2013. Sensitivity of carbon budget to historical climate variability and atmospheric CO_2 concentration in temperate grassland ecosystems in China[J]. Climatic Change，117：259-272.

Sultan SE，2000. Phenotypic plasticity for plant development，function and life history[J]. Trends in plant science，5：537-542.

Sultan SE，2010. Plant developmental responses to the environment：eco-devo insights[J]. Current Opinion in Plant Biology，13：96-101.

Suthar MS，Brassil MM，Gabriele B，et al.，2013. A systems biology approach reveals that tissue tropism to West Nile virus is regulated by antiviral genes and innate immune cellular processes[J]. Plos Pathogens，9：e1003168.

Sy LK，Brown GD，Haynes R，1998. A novel endoperoxide and related sesquiterpenes from Artemisia annua which are possibly derived from allylic hydroperoxides[J]. Tetrahedron，54：4345-4356.

Sy LK，Brown GD，2002. The role of the 12-carboxylic acid group in the spontaneous autoxidation of dihydroartemisinic acid[J]. Tetrahedron，58：909-923.

Sy LK，Zhu NY，Brown GD，2001. Syntheses of dihydroartemisinic acid and dihydro- epi -deoxyarteannuin B incorporating a stable isotope label at the 15-position for studies into the biosynthesis of artemisinin[J]. Tetrahedron，57：8495-8510.

Synnestvedt MB，Chen C，Holmes JH，2005. CiteSpace II：visualization and knowledge discovery in bibliographic databases[C]. AMIA … Annual Symposium proceedings/AMIA Symposium. AMIA Symposium，724-728.

Tang S，Wang C，Wilkes A，et al.，2013. Contribution of grazing to soil atmosphere CH_4 exchange during the growing season in a continental steppe[J]. Atmospheric Environment，67：170-176.

Tang ZS，An H，Shangguan ZP，2015. The impact of desertification on carbon and nitrogen storage in the desert steppe ecosystem[J]. Ecological Engineering，84：92-99.

Thompson K，Grime JP，1979. Seasonal variation in the seed banks of herbaceous species in ten contrasting habitats[J]. Journal of Ecology，67：893-921.

Tilman D，2000. Causes，consequences and ethics of biodiversity[J]. Nature，405：208-211.

Torrell M，Vallès J，2001. Genome size in 21 *Artemisia* L. species（Asteraceae，Anthemideae）：systematic，evolutionary，and ecological implications[J]. Genome，44：231-238.

Valladares F，Wright SJ，Lasso E，et al.，2000. Plastic phenotypic response to light of 16congeneric shrubs from a Panamanian rainforest[J]. Ecology，81：1925-1936.

Vallès J，Mcarthur ED，2001. Artemisia systematics and phylogeny：cytogenetic and molecular insights[D]. Department of Agriculture Forest Service，67-74.

Vavrek MC，Mcgraw JB，Yang HS，1997. Within-population variation in demography of *Taraxacum officinale*: Season- and size-dependent survival, growth and reproduction[J]. Journal of Ecology，85：277-287.

Vile D，Pervent M，Belluau M，et al.，2012. Arabidopsis growth under prolonged high temperature and water deficit：independent or interactive effects?[J] Plant Cell & Environment，35：702.

Walck JL，Hidayati SN，Dixon KW，et al.，2011. Climate change and plant regeneration from seed[J]. Global Change Biology，17：2145-2161.

Wang C，Liu Y，Li X，et al.，2015. A bibliometric analysis of scientific trends in phytoplankton research[J]. Annales de Limnologie - International Journal of Limnology，51：249-259.

Wang G，Zhou L，Liu M，et al.，2010. Altitudinal trends of leaf $\delta^{13}C$ follow different patterns across a mountainous terrain in north China characterized by a temperate semi-humid climate[J]. Rapid Communications in Mass Spectrometry Rcm，24：1557-1564.

Wang NQ，Kong CH，Wang P，et al.，2020. Root exudate signals in plant-plant interactions[J]. Plant，Cell & Environment，n/a.

Wang S，Fu B，Gao G，et al.，2013. Responses of soil moisture in different land cover types to rainfall events in a re-vegetation catchment area of the Loess Plateau，China[J]. Catena，101：122-128.

Wang XG，Li CS，Yong L，et al.，2016. The impact of nitrogen amendment and crop growth on dissolved organic carbon in soil solution[J]. Journal of Mountain Science，13：95-103.

Wang Z，Wang Y，2011. Carbon flux dynamics and its environmental controlling factors in a desert steppe[J]. Acta Ecologica Sinica，31：49-54.

Wei F，Grubesic TH，Bishop BW，2015. Exploring the GIS Knowledge Domain Using CiteSpace[J]. Professional Geographer，67：1-11.

Weiner J，2004. Allocation，plasticity and allometry in plants[J]. Perspectives in Plant Ecology Evolution & Systematics，6：207-215.

Weiner J，Campbell LG，Pino J，et al.，2009. The allometry of reproduction within plant populations[J]. Journal of Ecology，97：1220-1233.

Wen J，Shi H，Xu Z，et al.，2010. Dimeric Guaianolides and Sesquiterpenoids from Artemisia anomala[J]. Journal of Natural Products，73：67-70.

Went FW，1973. Competition among plants[J]. Proceedings of the National Academy of Sciences of the United States of America，70：585-590.

White RP，Murray S，Rohweder M，et al.，2000. Pilot analysis of global ecosystems：Grassland ecosystems[J]. 4，275.

Wilbur HM，1976. Life history evolution in seven milkweeds of the genus Asclepias[J]. Journal of Ecology，64：223-240.

Wu CW，Ke TS，Chang YJ，et al.，2013. Chlorophyll Fluorescence and Leaf-Air Temperature Difference as Potential Shade-Tolerance Indexes of Ornamental Plants[J]. Journal of Computational Theoretical Nanoscience，19：3063-3066.

Xia ZC，Kong CH，Chen LC，et al.，2016. A broadleaf species enhances an autotoxic conifers growth through belowground chemical interactions[J]. Ecology，97：2283-2292.

Xu Z，1999. Plant development and reproduction：advances and prospectives[J]. Acta Botanica Sinica，41：909-920.

Xue FL，Jian W，Ding H，et al.，2011. Allelopathic potential of Artemisia frigida and successional changes of plant communities in the northern China steppe[J]. Plant & Soil，341：383-398.

Yang B，Tang J，Yu Z，et al.，2019. Light Stress Responses and Prospects for Engineering Light Stress Tolerance in Crop Plants[J]. Journal of Plant Growth Regulation，38：1489-1506.

Yang FL，Zhou GS，2013. Sensitivity of temperate desert steppe carbon exchange to seasonal droughts and precipitation variations in Inner Mongolia，China[J]. Plos One，8，e55418.

Yokoya NS，Jr ON，Martins AP，et al.，2007. Growth responses and photosynthetic characteristics of wild and phycoerythrin-deficient strains of *Hypnea musciformis*（Rhodophyta）[J]. Journal of Applied Phycology，19：197-205.

Zhang DY，Jiang XH，2002. Size-dependent resource allocation and sex allocation in herbaceous perennial plants[J]. Journal of Evolutionary Biology，15：74-83.

Zhang G，Xie S，Ho YS，2010. A bibliometric analysis of world volatile organic compounds research trends[J]. Scientometrics，83：477-492.

Zhang SY，Zhang GC，Gu SY，et al.，2010b. Critical responses of photosynthetic efficiency of goldspur apple tree to soil water variation in semiarid loess hilly area[J]. Photosynthetica，48：589-595.

Zhang Z，Liu Y，Brunel C，et al.，2020. Evidence for Elton's diversity-invasibility hypothesis from belowground[J]. Ecology，101，e03187.

Zhu G，Wang S，Huang Z，et al.，2018. Rewiring of the fruit metabolome in tomato breeding[J]. Cell，172：249-261.

Zhu Y，Yang X，Baskin CC，et al.，2014．Effects of amount and frequency of precipitation and sand burial on seed germination，seedling emergence and survival of the dune grass Leymus secalinus in semiarid China[J]. Plant & Soil，374：399-409.

Zimmerman JK，Aide TM，1989．Patterns of fruit production in a Neotropical Orchid：pollinator vs. resource limitation[J]. American Journal of Botany，76：67-73.

艾沙江·阿不都沙拉木．2018．异质生境对二型花柱植物雪地报春花性状分化的影响[J]．西北植物学报，38：158-165.

白晓航，张金屯．2017．小五台山森林群落优势种的生态位分析[J]．应用生态学报，28：3815-3826.

白永飞，陈世苹．2018．中国草地生态系统固碳现状、速率和潜力研究[J]．植物生态学报，42：261-264.

白永飞，黄建辉，郑淑霞，等．2014．草地和荒漠生态系统服务功能的形成与调控机制[J]．植物生态学报，38：93-102.

白永飞，赵玉金，王扬，等．2020．中国北方草地生态系统服务评估和功能区划助力生态安全屏障建设[J]．中国科学院院刊，35：675-689.

鲍士旦．2000．土壤农化分析（第三版）[M]．北京：中国农业出版社.

蔡建国，韦孟琪，章毅，等．2017．遮阴对绣球光合特性和叶绿素荧光参数的影响[J]．植物生态学报，41：570-576.

曹生奎，冯起，司建华，等．2009．植物叶片水分利用效率研究综述[J]．生态学报，29：3882-3892.

曹生奎，冯起，司建华，等．2012．不同立地条件下胡杨叶片稳定碳同位素组成及水分利用效率的变化[J]．冰川冻土，34：155-160.

曹杨，上官铁梁，张金屯，等．2005．山西五台山蓝花棘豆群落的数量分类和排序[J]．植物资源与环境学报，14：1-6.

曾任森，骆世明．1993．香茅，胜红蓟和三叶鬼针草植物他感作用研究[J]．华南农业大学学报，14：8-14.

陈波，周兴民．1995．三种嵩草群落中若干植物种的生态位宽度与重叠分析[J]．植物生态学报，19：158-169.

陈晶，朱元贵，雍武，等．2014．中国神经科学领域发展态势：基于 WOS 数据库 10 年文献计量分析[J]．科学通报，59：2310-2319.

陈亮，孙宝玉，韩广轩，等．2017．降雨量增减对黄河三角洲滨海湿地土壤呼吸和芦苇光合特性的影响[J]．应用生态学报，28：2794-2804.

陈林．2019．荒漠草原猪毛蒿的生态适应对策[D]．银川：宁夏大学.

陈林，李月飞，苏莹，等．2018．荒漠草原不同土壤生境猪毛蒿个体大小依赖的繁殖分配[J]．草业学报，27：79-93.

陈林，宋乃平，王磊，等. 2017. 基于文献计量分析的蒿属植物研究进展[J]. 草业学报，26：223-235.

陈林，宋乃平，杨新国，等. 2017. 具有野外增减雨和活动围栏作用的组合试验装置[M]//实用新型专利；中国.

陈林，苏莹，李月飞，等. 2019. 荒漠草原异质生境下猪毛蒿种群动态[J]. 应用生态学报，30：2654-2666.

陈林，苏莹，李月飞，等. 2019b. 荒漠草原土壤相对湿度对猪毛蒿表型可塑性的影响[J]. 生态学报，39：3547-3556.

陈林，王磊，杨新国，宋乃平，等. 2019c. 荒漠草原猪毛蒿种群繁殖特征的土壤驱动因子分析[J]. 植物生态学报，43：65-76.

陈林，杨新国，翟德苹，等. 2015. 柠条秸秆和地膜覆盖对土壤水分和玉米产量的影响[J]. 农业工程学报，31：108-116.

陈敏玲，张兵伟，任婷婷，等. 2016. 内蒙古半干旱草原土壤水分对降水格局变化的响应[J]. 植物生态学报，40：658-668.

陈世苹，白永飞，韩兴国，等. 2004. 沿土壤水分梯度黄囊苔草碳同位素组成及其适应策略的变化[J]. 植物生态学报，28：515-522.

陈亨，王一峰. 2014. 青藏高原东缘大耳叶风毛菊繁殖特征对海拔的响应[J]. 生态学杂志，33：3216-3221.

陈拓，杨梅学，冯虎元，等. 2003. 青藏高原北部植物叶片碳同位素组成的空间特征[J]. 冰川冻土，25：83-87.

陈远征，马祥庆，冯丽贞，等. 2006. 濒危植物沉水樟的种群生命表和谱分析[J]. 生态学报，26：4267-4272.

陈云，王婷，李培坤，等. 2016. 河南木札岭温带落叶阔叶林群落特征及主要乔木空间分布格局[J]. 植物生态学报，40：1179-1188.

陈佐忠，汪诗平. 2000. 中国典型草原生态系统[M]. 北京：科学出版社.

储诚进，王酉石，刘宇，等. 2017. 物种共存理论研究进展[J]. 生物多样性，25：345-354.

崔光军，刘风珍，万勇善. 2010. 花生荚果干物质积累与蔗糖代谢的相关性研究[J]. 中国农业科学，43：3965-3973.

崔强. 2012. 毛乌素沙地不同生境条件下油蒿群落格局分析研究[D]. 北京：中国林业大学.

崔骁勇，杜占池，王艳芬. 2000. 内蒙古半干旱草原区沙地植物群落光合特征的动态研究[J]. 植物生态学报，24：541-546.

代锋刚，蔡焕杰. 2015. 基于 CiteSpace 的农业节水研究进展与发展趋势[J]. 水资源与水工程学报，26：212-218.

单立山，李毅，张正中，等. 2017. 人工模拟降雨格局变化对红砂种子萌发的影响[J]. 生态学报，37：5382-5390.

邓斌，任国华，刘志云，等．2012．封育三年对三种高寒草地群落土壤种子库的影响[J]．草业学报，21：23-31.

董林水，张旭东，周金星，等．2007．晋西黄土区与土石山区交错地带灌木种生态位及排序分析[J]．南京林业大学学报（自然科学版），31：15-20.

董鸣．1996．异质性生境中的植物克隆生长：风险分摊[J]．植物生态学报，20：543-548.

杜峰，梁宗锁，山仑，等．2006．黄土丘陵区不同立地条件下猪毛蒿种内、种间竞争[J]．植物生态学报，30：601-609.

杜峰，山仑，梁宗锁，等．2006b．陕北黄土丘陵区撂荒演替生态位研究[J]．草业学报，15：27-35.

杜华栋，焦菊英，寇萌，等．2016．黄土高原先锋种猪毛蒿叶片形态解剖与生理特征对立地的适应性[J]．生态学报，36：2914-2925.

杜青林．2006．中国草业可持续发展战略[M]．北京：中国农业出版社.

段桂芳．2016．模拟降水格局变化对红砂种子萌发和幼苗生长的影响[D]．甘肃：甘肃农业大学.

樊宝丽，赵志刚，孟金柳，等．2008．露蕊乌头（*Aconitum gymnandrum Maxim*）花序内位置依赖的性分配[J]．生态学报，28：2909-2915.

樊登星，余新晓．2016．北京山区栓皮栎林优势种群点格局分析[J]．生态学报，36：318-325.

方精云，白永飞，李凌浩，等．2016．我国草原牧区可持续发展的科学基础与实践[J]．科学通报，61：155-164.

冯广，姚兰，艾训儒，等．2016．鄂西南亚热带常绿落叶阔叶混交林土壤空间异质性[J]．生态学报，36：7635-7643.

冯虎元，安黎哲，陈拓，等．2003．马先蒿属（*Pedicularis* L.）植物稳定碳同位素组成与环境因子之间的关系[J]．冰川冻土，25：88-93.

冯虎元，安黎哲，王勋陵．2000．环境条件对植物稳定碳同位素组成的影响[J]．植物学报，17：312-318.

付忠，谢世清，徐文果，等．2016．不同光照强度下谢君魔芋的光合作用及能量分配特征[J]．应用生态学报，27：1177-1188.

高松，苏培玺，严巧娣．2011．荒漠植物梭梭群体和叶片水平气体交换对不同土壤水分的响应[J]．中国科学：生命科学，41：226-237.

高雪峰，韩国栋，张国刚．2017．短花针茅荒漠草原土壤微生物群落组成及结构[J]．生态学报，37：5129-5136.

高杨．2014．土壤营养异质性对鹅绒委陵菜种群分布格局和空间拓展的影响[D]．长春：东北师范大学.

龚容，高琼，王亚林．2016．围封对温带半干旱典型草原群落种间关联的影响[J]．植物生态学报，40：554-563.

拱健婷，张子龙．2015．植物化感作用影响因素研究进展[J]．生物学杂志，32：73-77.

顾梦鹤，周立华，王睿，等．2017．防护林对库布其沙漠土壤理化性质的影响[J]．兰州大学学报（自然科学版），53：646-651.

关保华，葛滢，樊梅英，等．2003．华荠苧响应不同土壤水分的表型可塑性[J]．生态学报，23：259-263.

桂钦昌，刘承良，董璐瑶，等．2016．国外交通地理学研究的知识图谱与进展[J]．人文地理，31：10-18.

郭红超，严成，魏岩．2015．准噶尔荒漠大翅霸王的生殖物候及结实格局[J]．生态学报，35：5738-5744.

郭华，王孝安，王世雄，等．2011．黄土高原子午岭辽东栎（*Quercus liaotungensis*）幼苗动态生命表及生存分析[J]．干旱区研究，28：1005-1010.

郭京衡，曾凡江，李尝君，等．2014．塔克拉玛干沙漠南缘三种防护林植物根系构型及其生态适应策略[J]．植物生态学报，38：36-44.

郭美玉，李文涛，杨晓龙，等．2017．鳗草在荣成天鹅湖不同生境中生长的适应性[J]．应用生态学报，28：1498-1506.

郭瑞，周际，杨帆，等．2016．拔节孕穗期小麦干旱胁迫下生长代谢变化规律[J]．植物生态学报，40：1319-1327.

韩春，陆嘉惠，陈晓翠，等．2016．5 种甘草属植物花序和种子生产的位置效应及繁殖资源分配模式初步研究[J]．植物资源与环境学报，25：72-79.

韩玲，赵成章，冯威，等．2017．张掖湿地芨芨草叶脉密度和叶脉直径的权衡关系对 3 种生境的响应[J]．植物生态学报，41：872-881.

韩文轩，方精云．2008．幂指数异速生长机制模型综述[J]．植物生态学报，32：951-960.

韩小冰，马玲，马伟，等．2008．不同方法提取蒿属植物有效物质的抑菌活性研究[J]．森林工程，24：13-16.

郝日明，李晓征，毛志滨，等．2004．醉香含笑和金叶含笑幼苗期的动态生命表[J]．植物资源与环境学报，13：40-43.

何军，赵聪蛟，清华，等．2009．土壤水分条件对克隆植物互花米草表型可塑性的影响[J]．生态学报，29（7）：3518-3524.

何维明，钟章成．1997．植物繁殖对策的概念及其研究内容[J]．生物学杂志，14：1-3.

何玉惠，赵哈林，刘新平，等．2010．沙地恢复过程中两种一年生植物种子萌发和幼苗种群动态研究[J]．中国沙漠，30：1331-1335.

何玉惠，赵哈林，刘新平，等．2009．不同类型沙地长穗虫实的繁殖分配及其与个体大小的关系[J]．干旱区研究，26：59-64.
贺超城，吴江，魏子瑶，等．2020．科研合作中机构间科研主导力及邻近性机理——以中国生物医学领域为例[J]．情报学报，39：28-37.
侯林丽．2013．试述 CNKI 分析工具在科学研究中的应用[J]．图书馆工作与研究，210：48-50.
侯勤正，叶广继，马小兵，等．2016．青藏高原不同生境下湿生扁蕾（*Gentianopsis paludosa*）个体大小依赖的繁殖分配[J]．生态学报，36：2686-2694.
侯向阳．2016．可持续挖掘草原生产潜力的途径、技术及政策建议[J]．中国农业科学，49：3229-3238.
侯学煜，林厚萱，李安仁，等．1953．河北省北戴河海滨附近植物群落的初步研究[J]．植物学报，2：431-465.
胡尔查，王晓江，张文军，等．2013．乌拉山自然保护区白桦种群的年龄结构和点格局分析[J].生态学报，33：2867-2876.
胡润生，李宝珍，陈玫．1965．滨蒿 利胆有效成分的研究——Ⅰ．提取物的水溶部分[J]．药学学报，12：289-294.
黄至欢，陆奇丰，陈颖卓．2017．地锦苗在石灰岩土壤和红壤生境中的繁殖成功的比较[J]．生物多样性，25：972-980.
霍举颂，刘卫国，刘建国，等．2017．影响阜康荒漠-绿洲过渡带荒漠植物数量特征的土壤驱动力分析[J]．生态学报，37：8304-8313.
姬明飞，丁东粮，吴寿方，等．2013．4 种蒿属植物的光合光响应曲线及其拟合模型[J]．草业科学，30：716-722.
江波，周先容，尚进，等．2018．中国特有植物巴山榧树的种群结构与动态[J]．生态学报，38：1016-1027.
江洪．1992．云杉种群生态学[M]．北京：中国林业出版社.
姜春林，陈玉光．2010．CSSCI 数据导入 Bibexcel 实现共现矩阵的方法及实证研究[J]．图书馆杂志，29：58-63，42.
姜春林，刘盛博，丁堃．2008．《中国科技期刊研究》研究热点及其演进知识图谱[J]．中国科技期刊研究，19：954-958.
姜汉侨，段昌群，杨树华，等．2010．植物生态学[M]．第 2 版．北京：高等教育出版社.
姜圆圆．2012．放牧绵羊排泄物养分降解及其对温室气体排放的贡献[D]．呼和浩特：内蒙古农业大学.
姜在民，和子森，宿昊，等．2018．濒危植物羽叶丁香种群结构与动态特征[J]．生态学报，38：2471-2480.
蒋颖．2006．1995—2004 年文献计量学研究的共词分析[J]．情报学报，25：504-512.

焦德志，姜秋旭，曹瑞，等．2018．扎龙湿地不同生境芦苇种群根茎数量特征及动态[J]．生态学报，38：3432-3440.

焦菊英，张振国，贾燕锋，等．2008．陕北丘陵沟壑区撂荒地自然恢复植被的组成结构与数量分类[J]．生态学报，28：2981-2997.

金海洙，金锺熙．2001．猪毛蒿对其他植物生长的他感作用[J]．烟台大学学报（自然科学与工程版），14：180-184.

靳瑰丽．2009．伊犁绢蒿荒漠退化草地植物生态适应对策的研究[D]．乌鲁木齐：新疆农业大学.

井光花，程积民，苏纪帅，等．2015．黄土区长期封育草地优势物种生态位宽度与生态位重叠对不同干扰的响应特征[J]．草业学报，24：43-52.

孔垂华．2020．植物种间和种内的化学作用[J]．应用生态学报，31：2141-2150.

孔垂华，徐涛，胡飞，等．2000．环境胁迫下植物的化感作用及其诱导机制[J]．生态学报，20：849-854.

雷润玲，杨超，张幸芝．2016．指数分析——基于 CNKI 的在线分析工具[J]．科技文献信息管理，30：12-19.

黎华寿，黄京华，张修玉，等．2005．香茅天然挥发物的化感作用及其化学成分分析[J]．应用生态学报，16：763-767.

黎家，李传友．2019．新中国成立 70 年来植物激素研究进展[J]．中国科学：生命科学，49：1227-1281.

黎磊，耿宇鹏，兰志春，等．2016．异质生境中水生植物表型可塑性的研究进展[J]．生物多样性，24：216-227.

李柏贞，周广胜．2014．干旱指标研究进展[J]．生态学报，34：1043-1052.

李斌，李素清，张金屯．2010．云顶山亚高山草甸优势种群生态位研究[J]．草业学报，19：6-13.

李冰，刘左军，赵志刚，等．2013．海拔对钝裂银莲花不同花色居群间繁殖特征及繁殖分配的影响[J]．草业学报，22：10-19.

李博．1997．中国北方草地退化及其防治对策[J]．中国农业科学，30：1-9.

李博．2000．生态学[M]．北京：高等教育出版社.

李彩虹，阮学平．2014．CNKI、万方与 SCIE 数据库的在线分析工具比较[J]．中华医学图书情报杂志，23：69-74.

李德全，高辉远，孟庆伟．2004．植物生理学[M]．北京：中国农业科学技术出版社.

李国旗，邵文山，赵盼盼，等．2018．封育对荒漠草原两种植物群落土壤种子库的影响[J]．草业学报，27：52-61.

李焕勇，杨秀艳，唐晓倩，等．2020．盐胁迫下西伯利亚白刺根代谢组学分析[J]．植物生理学报，56：1617-1626.

李佳，刘济明，文爱华，等. 2019. 米槁幼苗光合作用及光响应曲线模拟对干旱胁迫的响应[J]. 生态学报，39：913-922.

李江，刘源浩，黄萃，等. 2015. 用文献计量研究重塑政策文本数据分析——政策文献计量的起源、迁移与方法创新[J]. 公共管理学报，12：138-144，159.

李杰，郭晓宏，姜亢，等. 2013. 安全科学知识图谱的初步研究——以 *Safety Science* 期刊数据为例[J]. 中国安全科学学报，23：152-158.

李克昌，郭思加. 2012. 宁夏主要饲用及有毒有害植物[M]. 北京：阳光出版社.

李克让，陈育峰，黄玫，等. 2000. 气候变化对土地覆被变化的 影响及其反馈模型[J]. 地理学报，55：57-63.

李力，张祥星，郑睿，等. 2016. 夏玉米光合特性及光响应曲线拟合[J]. 植物生态学报，40：1310-1318.

李香云，岳平，郭新新，等. 2020. 荒漠草原植物群落光合速率对水氮添加的响应[J]. 中国沙漠，40：116-124.

李翔，侯璐，李双喜，等. 2018. 濒危树种庙台槭种群数量特征及动态分析[J]. 植物科学学报，36：524-533.

李晓娟，王强，倪穗，等. 2013. 栗与美国板栗化感作用的比较[J]. 植物生态学报，37：173-182.

李永强，李治国，董智，等. 2016. 内蒙古荒漠草原放牧强度对风沙通量和沉积物粒径的影响[J]. 植物生态学报，40：1003-1014.

李钰，赵成章，侯兆疆，等. 2013. 高寒退化草地狼毒种群个体大小与茎、叶的异速生长[J]. 生态学杂志，32：241-246.

李媛媛，董世魁，朱磊，等. 2013. 青藏高原高寒草甸退化与人工恢复过程中植物群落的繁殖适应对策[J]. 生态学报，33：4683-4691.

李肇晨，罗微，陈永富，等. 2015. 海南霸王岭陆均松空间分布格局及其与微生境异质性的关系[J]. 生态学报，35：2545-2554.

李真，陈素梅，陈发棣，等. 2011. 45S rDNA 在蒿属 5 种植物染色体中的分布[J]. 园艺学报，38：353-360.

廖万金，张全国，张大勇. 2003. 不同海拔藜芦种群繁殖特征的初步研究[J]. 植物生态学报，27：240-248.

林勇，艾训儒，姚兰，等. 2017. 木林子自然保护区不同群落类型主要优势种群的生态位研究[J]. 自然资源学报，32：223-234.

林有润. 1982. 论蒿属的演化系统——兼论蒿属与邻近属的亲缘关系[J]. 植物研究，2：1-60.

刘方，王世杰，罗海波，等. 2008. 喀斯特森林生态系统的小生境及其土壤异质性[J]. 土壤学报，45：1055-1062.

刘方炎，张志翔，王小庆，等. 2011. 生境异质性对金沙江干热河谷锥连栎天然更新幼苗早期生长的影响[J]. 应用与环境生物学报，17：338-344.

刘刚，张璐璐，孔彬彬，等. 2016. 外来种粗毛牛膝菊在秦巴山区的种群发展动态[J]. 生态学报，36：3350-3361.

刘国军，张希明，李建贵，等. 2010. 准噶尔盆地东南缘天然更新梭梭苗期动态生命表及生存分析[J]. 干旱区研究，27：83-87.

刘建锋，杨文娟，江泽平，等. 2011. 遮阴对濒危植物崖柏光合作用和叶绿素荧光参数的影响[J]. 生态学报，31：5999-6004.

刘丽燕，冯锦霞，刘文鑫，等. 2020. 干旱胁迫对转 PtPIP2；8 基因 84K 杨苗木光合，生长和根系结构的影响[J]. 植物生态学报，44：99-108.

刘荣杰，李正才，王斌，等. 2013. 浙西北丘陵地区次生林与杉木林土壤水溶性有机碳季节动态[J]. 生态学杂志，32：1385-1390.

刘文亭，卫智军，吕世杰，等. 2017. 放牧对短花针茅荒漠草原植物多样性的影响[J]. 生态学报，37：3394-3402.

刘贤赵，张勇，宿庆，等. 2014. 现代陆生植物碳同位素组成对气候变化的响应研究进展[J]. 地球科学进展，29：1341-1354.

刘小丹，张克斌，王黎黎，等. 2015. 封育对半干旱区沙化草地群落特征的影响[J]. 北京林业大学学报，37：48-54.

刘志民，蒋德明，高红瑛，等. 2003. 植物生活史繁殖对策与干扰关系的研究[J]. 应用生态学报，14：418-422.

刘志民，赵晓英，范世香. 2003b. Grime 的植物对策思想和生态学研究理念[J]. 地球科学进展，18：603-608.

刘左军，杜国祯，陈家宽. 2002. 不同生境下黄帚橐吾（*Ligularia virgaurea*）个体大小依赖的繁殖分配[J]. 植物生态学报，26：44-50.

刘左军，杜国祯，陈家宽. 2003. 黄帚橐吾花序结构的资源配置与环境的关系[J]. 植物生态学报，27：344-351.

娄永根，孔垂华，孙晓玲. 2018. 调控与利用生态功能分子：一种安全有效的有害生物防控新途径[J]. 植物保护学报，45：925-927.

吕程瑜，刘艳红. 2018. 不同遮荫条件下梓叶槭幼苗生长与光合特征的种源差异[J]. 应用生态学报，29：2307-2314.

吕晓敏，周广胜，王玉辉，等. 2014. 短花针茅（*Stipa breviflora*）功能性状对水热协同作用的敏感性和适应性[J]. 科学通报，59：3378-3387.

马德滋. 1986. 宁夏植物志[M]. 银川：宁夏人民出版社.

马瑞君，王明理，赵坤，等. 2006. 高寒草场优势杂草黄帚橐吾水浸液对牧草的化感作用[J]. 应用生态学报，17：845-850.

马瑞君，王明理，朱学泰，等. 2005. 黄帚橐吾挥发物的化感作用及其主要成分分析[J]. 应用生态学报，16：1826-1829.

马文红，方精云. 2006. 中国北方典型草地物种丰富度与生产力的关系[J]. 生物多样性，14：21-28.

马文红，杨元合，贺金生，等. 2008. 内蒙古温带草地生物量及其与环境因子的关系[J]. 中国科学：生命科学，38：84-92.

马赟花，张铜会，刘新平，等. 2015. 春季小降雨事件对科尔沁沙地尖头叶藜萌发的影响[J]. 生态学报，35：4063-4070.

马志波，肖文发，黄清麟，等. 2017. 生态学中的点格局研究概况及其在国内的应用[J]. 生态学报，37：6624-6632.

孟丽华，王政昆，刘春燕，等. 2011. 高山植物圆穗蓼的繁殖资源分配[J]. 西北植物学报，31：1157-1163.

孟庆会，黄红娟，刘艳，等. 2009. 假高粱挥发油化学成分及其化感潜力[J]. 植物保护学报，36：277-282.

缪丽华，王媛，高岩，等. 2012. 再力花地下部水浸提液对几种水生植物幼苗的化感作用[J]. 生态学报，32：4488-4495.

缪宁，刘世荣，史作民，等. 2011. 青藏高原东缘林线杜鹃-岷江冷杉原始林的空间格局[J]. 生态学报，31：1-9.

尼玛次仁，格桑顿珠，格桑次仁，等. 2009. HPLC 法测定藏药猪毛蒿中绿原酸的含量[J]. 中国民族医药杂志，15：51-52.

牛丽丽，余新晓，岳永杰. 2008. 北京松山自然保护区天然油松林不同龄级立木的空间点格局[J]. 应用生态学报，19：1414-1418.

潘庆民，韩兴国，白永飞，等. 2002. 植物非结构性贮藏碳水化合物的生理生态学研究进展[J]. 植物学通报，19：30-38.

潘晓云，耿宇鹏，张文驹，等. 2006. 喜旱莲子草沿河岸带不同生境的盖度变化及形态可塑性[J]. 植物生态学报，30：835-843.

潘元琪，杜彦君，陈文德，等. 2020. 植物物候是否能解释物种共存：以浙江古田山亚热带常绿阔叶林为例[J]. 中国科学：生命科学，50：362-372.

彭少麟，邵华. 2001. 化感作用的研究意义及发展前景[J]. 应用生态学报，12：780-786.

彭文栋，朱建宁，王川，等. 2013. 以猪毛蒿为优势种荒漠化草场补播改良技术研究[J]. 宁夏农林科技，54：16-18.

彭文俊，王晓鸣. 2016. 生态位概念和内涵的发展及其在生态学中的定位[J]. 应用生态学报，

27：327-334.
齐化龙．2008．盐池沙地沙泉湾示范区土壤水分动态及“四水”转换分析研究[D]．银川：宁夏大学．
钱凤魁，王卫雯，张靖野，等．2016．基于 CiteSpace 的土地利用领域研究态势分析[J]．农业工程学报，32：344-351.
钱逸凡，伊力塔，胡军飞，等．2012．普陀山主要植物种生态位特征[J]．生态学杂志，31：561-568.
乔美玉，张雅君，刘立安，等．2019．光波动频率影响黄瓜幼苗光合作用的机制[J]．中国科学：生命科学，49：90-98.
秦晓楠，卢小丽，武春友．2014．国内生态安全研究知识图谱——基于 CiteSpace 的计量分析[J]．生态学报，34：3693-3703.
邱均平，段宇锋，陈敬全，等．2003．我国文献计量学发展的回顾与展望[J]．科学学研究，21：143-148.
屈天鹏．2009．基于 SCI 的辽宁省高校自然科学学科分布与合作网络知识图谱[D]．大连：大连理工大学．
全杜娟，魏岩，周晓青，等．2012．角果藜的生长动态及其生殖配置[J]．生态学报，32：3352-3358.
任继周．1998．草业科学研究方法[M]．北京：中国农业出版社．
任明迅，姜新华，张大勇．2012．植物繁殖生态学的若干重要问题[J]．生物多样性，20：241-249.
茹文明，张桂萍，毕润成，等．2007．濒危植物脱皮榆种群结构与分布格局研究[J]．应用与环境生物学报，13：14-17.
尚利娜，袁海滨，魏春艳，等．2010．猪毛蒿精油对玉米象体内 4 种解毒酶活力的抑制[J]．东北师大学报（自然科学版），42：116-120.
邵文山．2017．荒漠草原区 4 种植物群落土壤特性和种子库的研究[D]．银川：宁夏大学．
沈海花，朱言坤，赵霞，等．2016．中国草地资源的现状分析[J]．科学通报，61：139-154.
沈艳，刘彩凤，马红彬，等．2015．荒漠草原土壤种子库对草地管理方式的响应[J]．生态学报，35：4725-4732.
沈玉芳，陶武辉，李世清．2011．黄土高原水蚀风蚀交错区施肥对黑麦草农田土壤水溶性有机碳、氮的影响[J]．自然资源学报，26：1387-1393.
沈泽昊，方精云．2001．基于种群分布地形格局的两种水青冈生态位比较研究[J]．植物生态学报，25：392-398.
施月红，谷文祥．1998．生化他感作用研究中的生物测定方法[J]．生态科学，17：84-89.
石红霄，侯向阳，师尚礼，等．2016．高寒草甸高原早熟禾个体性状对放牧与围封的响应[J]．生态学报，36：3601-3608.
宋玲玲，李宗杰，田青．2017．摩天岭北坡东南段草本植物多样性对地形因子的响应[J]．兰州大学学报（自然科学版），53：659-663.
宋乃平，杜灵通，王磊．2015．盐池县2000—2012年植被变化及其驱动力[J]．生态学报，35：7377-7386.
宋乃平，王兴，陈林，等．2018．荒漠草原“土岛”生境群落物种共存机制[J]．生物多样性，26：667-677.
苏金龙，王小璐，李素方，等．2020．水杨酸延缓猕猴桃果实采后衰老与精氨酸分解代谢的关系[J]．西北植物学报，40：94-101.
苏莹，陈林，李月飞，等．2020．宁夏荒漠草原猪毛蒿碳同位素组成及与环境因子的关系[J]．兰州大学学报：自然科学版，56：112-117.
苏嫄，焦菊英，王志杰．2014．陕北黄土丘陵沟壑区坡沟立地环境下幼苗的存活特征[J]．植物生态学报，38：694-709.
孙庆花，张超，刘国彬，等．2016．黄土丘陵区草本群落演替中先锋种群茵陈蒿浸提液的化感作用[J]．生态学报，36：2233-2242.
孙艳芝，沈镭．2016．关于我国四大足迹理论研究变化的文献计量分析[J]．自然资源学报，31：1463-1473.
孙雨生，仇蓉蓉，邓兴．2014．国内知识图谱研究进展——基于 CiteSpace Ⅱ的分析[J]．现代情报，34：84-88.
唐成林，罗夫来，赵致，等．2018．半夏植株腐解液对8种作物的化感作用及化感物质成分分析[J]．核农学报，32：1639-1648.
唐以杰，余世孝，柯芝军．2006．红树林区软体动物生态位的三种分析方法[J]．生态学杂志，25：1442-1448.
滕春红，谭洪鹤，刘永双，等．2016．猪毛蒿化感除草活性物质的分离及结构鉴定[J]．农药，569-571.
滕中秋，付卉青，贾少华，等．2011．植物应答非生物胁迫的代谢组学研究进展[J]．植物生态学报，35：110-118.
童泽宇，黄双全．2019．协同演化概念的发展、使用误区与研究证据[J]．中国科学：生命科学，49：421-435.
屠呦呦．国家最高科学技术奖[M].
万方浩，刘万学，郭建英，等．2011．外来植物紫茎泽兰的入侵机理与控制策略研究进展[J]．中国科学：生命科学，41：13-21.
万树青，陈兴聪，杨天梁．2004．几种植物提取物光活化他感生长抑制作用研究[J]．杂草学报，1：5-8.
王超，刘杨，李新辉，等．2016．基于文献计量学的直链藻属的研究进展[J]．生态学报，36：

5276-5283.
王丹，关洋，苟海刚，等．2015．国道 309 线周边植物表型可塑性浅析[J]．中国农学通报，31：217-223.
王刚．1990．生态位理论若干问题探讨[J]．兰州大学学报：自然科学版，26：109-113.
王国安，韩家懋，刘东生．2003．中国北方黄土区 C—3 草本植物碳同位素组成研究[J]．中国科学，33：550-556.
王辉，谢永生，程积民，等．2012．基于生态位理论的典型草原铁杆蒿种群化感作用[J]．应用生态学报，23：673-678.
王慧杰，常顺利，张毓涛，等．2016．天山雪岭云杉森林群落的密度制约效应[J]．生物多样性，24：252-261.
王建成，施翔，张道远，等．2009．沙丘坡面异质性小生境中准噶尔无叶豆对水分条件变化的响应[J]．生态学报，29：3641-3648.
王俊，白瑜．2006．土壤种子库研究的几个热点问题[J]．生态环境学报，15：1372-1379.
王兰州．1996．植物群落趋中生态适应对策的机理[J]．西北师范大学学报（自然科学版），32：46-51.
王雷，董鸣，黄振英．2010．种子异型性及其生态意义的研究进展[J]．植物生态学报，34：578-590.
王敏，苏永中，杨荣，等．2013．黑河中游荒漠草地地上和地下生物量的分配格局[J]．植物生态学报，37：209-219.
王明明，刘新平，何玉惠，等．2020．科尔沁沙质草地生物量积累过程对降水变化的响应模拟[J]．生态学报，40：113-122.
王朋，王莹，孔垂华．2008．植物挥发性单萜经土壤载体的化感作用——以三裂叶豚草（*Ambrosia trifida* L.）为例[J]．生态学报，28：62-68.
王强，张欣薇，黄英金，等．2021．光环境和温度对商陆净光合速率、蒸腾速率和瞬时水分利用效率的协同影响[J]．植物生理学报，57：187-194.
王巧利，贾燕锋，王宁，等．2012．黄土丘陵沟壑区自然恢复坡面植物根系的分布特征[J]．水土保持研究，19：16-22.
王姝，周道玮．2017．植物表型可塑性研究进展[J]．生态学报，37：8161-8169.
王硕，慕小倩，杨超，等．2006．黄花蒿浸提液对小麦幼苗的化感作用及其机理研究[J]．西北农林科技大学学报：自然科学版，34：106-110.
王兮之，张景光．2001．人工固沙区一年生植物小画眉草的竞争调节[J]．中国沙漠，21：240-243.
王小龙．2017．牛皮杜鹃生态适应能力研究[D]．长春：吉林大学.
王晓娟，张龙冲，赵志刚．2010．半扭卷马先蒿个体内的种子生产模式及其对资源的响应[J]．草业学报，19：236-242.

王鑫，刘钦，黄琴，等．2017．崖柏群落优势种生态位及 CCA 排序分析[J]．北京林业大学学报，39：60-67.

王鑫厅，侯亚丽，刘芳，等．2011．羊草+大针茅草原退化群落优势种群空间点格局分析[J]．植物生态学报，35：1281-1289.

王鑫厅，王炜，刘佳慧，等．2006．植物种群空间分布格局测定的新方法：摄影定位法[J]．植物生态学报，30：571-575.

王一峰，靳洁，侯宏红，等．2015．川西风毛菊花期资源分配随海拔的变化[J]．植物生态学报，39：901-908.

王一峰，李梅，李世雄，等．2012．青藏高原东缘星状风毛菊生殖分配对海拔的响应[J]．植物生态学报，36：1145-1153.

王一峰，刘启茜，裴泽宇，等．2012b．青藏高原 3 种风毛菊属植物的繁殖分配与海拔高度的相关性[J]．植物生态学报，36：39-46.

王一峰，岳永成．2014．青藏高原东缘不同海拔波缘风毛菊资源分配及花部特征对种子数目和质量的影响[J]．植物生态学报，38：366-374.

王勇，梁宗锁，龚春梅，等．2014．干旱胁迫对黄土高原 4 种蒿属植物叶形态解剖学特征的影响[J]．生态学报，34：4535-4548.

王赟，胡莉娟，段元文，等．2010．岩白菜（虎耳草科）不同海拔居群的繁殖分配[J]．云南植物研究，32：270-280.

王芸芸，师帅，蔺菲，等．2014．长白山阔叶红松林木本植物繁殖特征及其关联性[J]．科学通报，59：2407-2415.

王增如，徐海量，尹林克，等．2008．不同水分处理对激活土壤种子库的影响——以塔里木河下游为例[J]．自然科学进展，18：389-396.

王正文，祝廷成．2004．松嫩草原主要草本植物的生态位关系及其对水淹干扰的响应[J]．草业学报，13：27-33.

魏胜林，刘竞男，王陶，等．2004．N～+注入对甘草种子萌发和根发育效应及作用机制[J]．草业学报，13：112-115.

温超，单玉梅，晔薷罕，等．2020．氮和水分添加对内蒙古荒漠草原放牧生态系统土壤呼吸的影响[J]．植物生态学报，44：84-96.

吴彬彬，王京，宋海涛．2014．基于 CiteSpace 的复杂网络可视化研究图谱[J]．计算机系统应用，23：7-15.

吴会峰，宋丽娟，杜峰，等．2017．黄土丘陵区草地主要种群生态位及其环境解释[J]．应用生态学报，28：3494-3504.

吴健，王敏，靳志辉，等．2016．土壤环境中多环芳烃研究的回顾与展望——基于 Web of Science

大数据的文献计量分析[J]．土壤学报，53：1085-1096.
武月红．2014．六种蒿属植物提取物抑菌效果的比较研究[J]．北方园艺，121-125.
鲜果，曾刚，曹贤忠．2018．中国城市间创新网络结构及其邻近性机理[J]．世界地理研究，27：139-149.
项国鹏，宁鹏，黄玮，等．2016．工业生态学研究足迹迁移——基于 CiteSpace Ⅱ的分析[J]．生态学报，36：7168-7178.
肖红，徐长林，张德罡，等．2018．模拟践踏和降水对高寒草甸阴山扁蓿豆有性繁殖特征的影响[J]．生态学杂志，37：1976-1982.
肖列，刘国彬，李鹏，等．2017．氮素添加和 CO_2 浓度升高对白羊草根际和非根际土壤水溶性有机碳、氮的影响[J]．应用生态学报，28：64-70.
谢田朋．2014．青藏高原高寒草甸典型克隆植物黄帚橐吾的繁殖对策研究[D]．兰州大学：82-82.
谢田朋，杜国祯，张格非，等．2010．黄帚橐吾种子生产的花序位置效应及其对幼苗建植的影响[J]．植物生态学报，34：418-426.
幸赞品，颜长珍，冯坤，等．2018．1975—2015 年宁夏生态系统格局宏观变化分析[J]．生态学报，38：7912-7920.
熊欢欢，张含国，张磊，等．2019．干旱胁迫下长白落叶松的代谢组学分析[J]．东北林业大学学报，47：1-7.
徐波，王金牛，石福孙，等．2013．青藏高原东缘野生暗紫贝母生物量分配格局对高山生态环境的适应[J]．植物生态学报，37：187-196.
徐彩琳，李自珍．2002．荒漠一年生植物小画眉草的种群动态调节与模拟[J]．西北植物学报，22：1415-1420.
徐承哲．2015．异质生境下克隆植物鹅绒委陵菜不同龄级的表型可塑性与氮素利用策略[M]．长春：东北师范大学.
徐高峰，申时才，张付斗．2014．异质环境下入侵植物薇甘菊的适应性与繁殖特性[J]．生态环境学报，1258-1264.
徐海量，叶茂，李吉枚，等．2008．不同水分供应对塔里木河下游土壤种子库种子萌发的影响[J]. 干旱区地理（汉文版），31：650-658.
徐汉虹，周俊．1994．猪毛蒿精油杀虫的有效成分[J]．昆虫学报，37：411-416.
徐洪雨，李向林．2020．控水处理对紫花苜蓿抗寒性影响的代谢组学分析[J]．草业学报，29：109-119.
徐佳慧，代宇佳，罗晓峰，等．2020．植物激素研究中的化学生物学思路与应用[J]．植物学报，55：116-128.

徐朗然，张继敏，丁士友．1997．黄土高原白羊草草原的基本特征及其地理学意义[J]．西北植物学报，88-93.
徐治国，何岩，闫百兴，等．2007．三江平原典型沼泽湿地植物种群的生态位[J]．应用生态学报，18：783-787.
许国旺．2008．代谢组学——方法与应用[M]．北京：科学出版社．
许倩，张晨，吴嘉维，等．2020．花青素的生物合成研究进展[J]．林产化学与工业，40：1-11.
许强，吕金枝，苗艳明，等．2016．翅果油树群落主要物种空间分布格局及其关联性[J]．植物学报，51：49-57.
闫宝龙，王忠武，屈志强，等．2018．围封对内蒙古典型草原与荒漠草原植被-土壤系统碳密度的影响[J]．植物生态学报，42：2-6.
闫海冰，韩有志，杨秀清，等．2010．华北山地典型天然次生林群落的树种空间分布格局及其关联性[J]．生态学报，30：2311-2321.
闫纪红，李柏林．2020．智能制造研究热点及趋势分析[J]．科学通报，65：684-694.
闫建成，梁存柱，付晓玥，等．2013．草原与荒漠一年生植物性状对降水变化的响应[J]．草业学报，22：68-76.
闫金定．2014．基于文献计量分析的纳米科学技术发展趋势[J]．科学通报，59：3637-3644.
阎欣，安慧．2017．宁夏荒漠草原沙漠化过程中土壤粒径分形特征[J]．应用生态学报，28：3243-3250.
杨成，刘丛强，宋照亮，等．2007．贵州喀斯特山区植物叶片碳同位素组成研究[J]．地球与环境，35：33-38.
杨贺雨，卫海燕，桑满杰，等．2016．华中五味子叶表型可塑性及环境因子对叶表型的影响[J]．植物学报，51：322-334.
杨洪强，高华君．2007．植物精氨酸及其代谢产物的生理功能[J]．植物生理与分子生物学学报，33：1-8.
杨立荣，张治礼，云勇，等．2018．濒危植物海南龙血树的种群结构与动态[J]．生态学报，38：2802-2815.
杨立新，王宾生，邬碧芳，等．1985．青蒿素特殊毒性的研究[J]．中药药理与临床，208-209.
杨俏俏，黄林芳．2018．基于文献计量学的药用植物基因组学国际研究态势分析[J]．中国科学：生命科学，48：498-508.
叶子飘，杨小龙，康华靖．2016．C_3和C_4植物光能利用效率和水分利用效率的比较研究[J]．浙江农业学报，28：1867-1873.
叶子飘，于强．2008．光合作用光响应模型的比较[J]．植物生态学报，32：1356-1361.
尤海舟，刘兴良，缪宁，等．2010．川滇高山栎种群不同海拔空间格局的尺度效应及个体间空间关联[J]. 生态学报，30：4004-4011.
余敏，周志勇，康峰峰，等. 2013. 山西灵空山小蛇沟林下草本层植物群落梯度分析及环境解释[J]. 植物生态学报，37：373-383.
鱼小军，师尚礼，龙瑞军，等. 2006. 生态条件对种子萌发影响研究进展[J]. 草业科学，23：44-49.
袁亚鹏，赵阳，赵传燕，等. 2015. 黑河下游不同生境胡杨（*Populus euphratica*）叶片碳同位素组成特征[J]. 中国沙漠，35：1505-1511.
原野，赵中秋，白中科，等. 2016. 安太堡露天煤矿不同复垦模式下草本植物优势种生态位[J]. 生态学杂志，35：3215-3222.
岳远西，史彬林，张鹏飞，等. 2015. 蒿属植物对动物的生物学作用研究进展[J]. 中国畜牧杂志，51：79-82.
岳跃民，王克林，熊鹰. 2012. 基于植被光谱监测喀斯特异质性生境可行性研究[J]. 光谱学与光谱分析，32：1891-1894.
翟红娟，董世魁. 2018. 澜沧江流域中下游地区乔木分布格局及其环境影响因子分析[J]. 植物资源与环境学报，27：65-71.
翟偲涵，王平，盛连喜. 2017. 竞争条件下植物功能性状的表型可塑性研究进展[J]. 北华大学学报（自然科学版），18：538-546.
张北赢，徐学选，刘文兆，等. 2008. 黄土丘陵沟壑区不同降水年型下土壤水分动态[J]. 应用生态学报，19：1234-1240.
张成岗. 2015. 青蒿素研发及屠呦呦获得诺贝尔奖的启示[J]. 科技导报，33：86-89.
张大勇. 2004. 植物生活史进化与繁殖生态学[M]. 北京：科学出版社.
张大勇，姜新华. 2001. 植物交配系统的进化、资源分配对策与遗传多样性[J]. 植物生态学报，25：130-143.
张海艳，孙国俊，季敏，等. 2013. 苏南丘陵茶园秋季杂草种间生态关系及群落分类[J]. 生态学杂志，32：2289-2297.
张会巍，李启正，徐石勇. 2016. 基于 CiteSpaceIII的我国服装数字化技术文献知识图谱[J]. 浙江理工大学学报：社会科学版，36：354-360.
张继义，赵哈林，张铜会，等. 2003. 科尔沁沙地植物群落恢复演替系列种群生态位动态特征[J]. 生态学报，23：2741-2746.
张霁，郭兰萍，黄璐琦，等. 2013. 异速生长及其在道地药材研究中的应用展望[J]. 中国科学：生命科学，43：457-463.
张介玲，姜子涛. 1991. 猪毛蒿挥发油化学成分的研究[J]. 中草药，561-562.
张金屯. 1998. 植物种群空间分布的点格局分析[J]. 植物生态学报，22：344-349.

张景光，李新荣，王新平，等．2001．沙坡头地区固定沙丘一年生植物小画眉草种群动态研究[J]．中国沙漠，21：232-235.
张景光，王新平，李新荣，等．2005．荒漠植物生活史对策研究进展与展望[J]．中国沙漠，25：306-314.
张俊，张华，常畅，等．2020．基于文献计量的凋落物研究现状及热点分析[J]．生态学报，40：2166-2173.
张开梅，沈羽，周晓丽，等．2019．21 世纪以来蕨类植物研究论文的发表情况：基于 Web of Science 的数据统计[J]．生物多样性，27：1245-1250.
张茜，赵成章，董小刚，等．2014．高寒退化草地狼毒种群不同海拔花大小-数量的权衡关系[J]．植物生态学报，38：452-459.
张苏芳，张真，王鸿斌，等．2012．植物防御的新发现：植物-植物相互交流[J]．植物生态学报，36：1120-1124.
张岁岐，李秧秧．1996．施肥促进作物水分利用机理及对产量影响的研究[J]．水土保持研究，3：185-191.
张维，贾风勤，纳森巴特，等．2014．新疆西天山峡谷不同坡向野核桃幼苗种群动态及生长分析[J]．生态学杂志，33：2596-2602.
张炜平，潘莎，贾昕，等．2013．植物间正相互作用对种群动态和群落结构的影响：基于个体模型的研究进展[J]．植物生态学报，37：571-582.
张小彦，焦菊英，王宁，等．2010．陕北黄土丘陵沟壑区 14 种植物的萌发特性[J]．植物研究，30：604-611.
张晓芳，王金信，谢娜，等．2011．白三叶草挥发物的化感作用及其化学成分分析[J]．植物保护学报，38：374-378.
张璇，苏楠，杨红岗，等．2012．2000—2011 年国际电子政务的知识图谱研究——基于 CiteSpace 和 VOSviewer 的计量分析[J]．情报杂志，51-57.
张颖，陈桂芬．2016．基于 CiteSpace 的土壤肥力知识图谱可视化挖掘与分析[J]．中国农机化学报，37：209-213.
张影，巩杰，马学成，等．2016．基于文献计量的近 20 多年来土地利用对土壤有机碳影响研究进展与热点[J]．土壤通报，47：480-488.
张治来，拓飞，尚华，等．2009．不同立地类型大果沙棘生长及生态适应对策差异[J]．西南林业大学学报（自然科学版），29：12-15.
张宗勇，刘俊国，王凯，等．2020．水-粮食-能源关联系统述评：文献计量及解析[J]．科学通报，65：1569-1581.
章芳芳．2018．根系分泌物对间作体系种间根系相互作用的调控及其关键成分研究[D]．北京：

中国农业大学.

赵巴音那木拉，红梅，梁存柱，等. 2014. 施肥对内蒙古短花针茅荒漠草原土壤呼吸的影响[J]. 应用生态学报，25：687-694.

赵丙军，王旻霞，司虎克. 2012. 基于 CiteSpace 的国内知识图谱研究[J]. 图书情报工作网刊，57：25-33.

赵成章，张静，盛亚萍. 2013. 高寒山区一年生混播牧草生态位对密度的响应[J]. 生态学报，33：5266-5273.

赵丹，程军回，刘耘华，等. 2017. 荒漠植物梭梭稳定碳同位素组成与环境因子的关系[J]. 生态学报，37：2743-2752.

赵丹，刘鹏飞，潘超，等. 2015. 生态代谢组学研究进展[J]. 生态学报，35：4958-4967.

赵方，杨永平. 2008. 中华山蓼不同海拔居群的繁殖分配研究[J]. 植物分类学报，46：830-835.

赵慧莎，李向韬，王金莲. 2016. 1998—2014 年国内区域旅游研究发展知识图谱——基于 CiteSpace 的科学计量分析[J]. 干旱区资源与环境，30：203-208.

赵连春，赵成章，王小鹏，等. 2017. 秦王川湿地柽柳分布与环境因子的关系[J]. 生态学报，38.

赵锐锋，周华荣，钱亦兵，等. 2006. 塔里木河中下游湿地及周边植物群落与环境因子的关系初探[J]. 应用生态学报，17：955-960.

赵伟. 2017. 荒漠草原人工柠条林灌草植被的水分来源[D]. 银川：宁夏大学.

赵文赛，孙永林，刘西平. 2016. 干旱-复水-再干旱处理对玉米光合能力和生长的影响[J]. 植物生态学报，40：594-603.

赵志刚，杜国祯，任青吉. 2004. 5 种毛茛科植物个体大小依赖的繁殖分配和性分配[J]. 植物生态学报，28：9-16.

赵自国，赵凤娟，夏江宝，等. 2019. 地下水矿化度对黄河三角洲柽柳光合及耗水特征的影响[J]. 34：2588-2600.

郑莹，刘家益，左璇，等. 2016. 基于文献计量和内容挖掘的转基因玉米科研态势研究[J]. 生物技术通报，32：203-213.

中国生态学学会. 2020. 中国生态学学科 40 年发展回顾[M]. 北京：科学出版社.

中华人民共和国农业部畜牧兽医司，全国畜牧兽医总站. 1996. 中国草地资源[M]. 北京：中国科学技术出版社.

钟兰芳. 2008. 稳定性碳同位素对植物水分利用效率的指示作用[J]. 林业与环境科学，24：92-97.

周娟. 2017. 基于 GF-1/WFV 时间序列的荒漠草原猪毛蒿群落提取及时空特征研究[D]. 银川：宁夏大学.

周凯，郭维明，徐迎春. 2004. 菊科植物化感作用研究进展[J]. 生态学报，24：1776-1784.

周利娟，桑晓清，孙永艳，等. 2012. 蒿属植物的农药活性及其有效成分[J]. 江西农业大学学报，34：699-705.

周资行，李毅，焦健. 2011. 兰州市南北两山不同生境红砂种群数量动态研究[J]. 自然资源学报，26：1726-1737.

朱国栋. 2016. 内蒙古荒漠草原植物、土壤、放牧牛羊粪便及毛发的稳定性碳同位素特征[D]. 呼和浩特：内蒙古农业大学.

朱金方，陆兆华，夏江宝，等. 2013. 盐旱交叉胁迫对柽柳幼苗渗透调节物质含量的影响[J]. 西北植物学报，33：357-363.

朱林，许兴. 2005. 植物水分利用效率的影响因子研究综述[J]. 干旱地区农业研究，23：204-209.

朱选伟，黄振英，张淑敏，等. 2005. 浑善达克沙地冰草种子萌发、出苗和幼苗生长对土壤水分的反应[J]. 生态学报，25：364-370.

卓露，管开云，李文军，等. 2014. 不同生境下细叶鸢尾表型可塑性及生物量分配差异性[J]. 生态学杂志，33：618-623.

字洪标，阿的鲁骥，刘敏，等. 2016. 高寒草甸不同类型草地群落特征及优势种植物生态位差异[J]. 应用与环境生物学报，22：546-554.

祖艳红，张慧，傅倩，等. 2016. 基于 CiteSpace 的学科领域研究热点与前沿可视化分析——以液体燃料在催化化学领域为例[J]. 复旦学报（自然科学版），55：527-533.

左小安，赵学勇，赵哈林，等. 2009. 沙地退化植被恢复过程中灌木发育对草本植物和土壤的影响[J]. 生态环境学报，18：643-647.